KYOTO UNIVERSITY
DESIGN SCHOOL
TEXTBOOK SERIES
4

情報デザイン

INFORMATION
DESIGN

田中克己・黒橋禎夫［編］

共立出版

まえがき

本書について

本書は，京都大学デザインスクールで2013年から毎年開講している大学院講義「インフォメーションデザイン論」の内容をまとめたものである。情報のデザインとは何だろうか。情報を「デザイン」するとは，一体，何のために，何を，どのようにして「デザイン」するのであろうか。コンピュータサイエンスカリキュラムにおいても，「情報デザイン」という教育科目は設定されておらず，また，学術領域として「情報デザイン」がありえるのかどうかも定かではない。本書の著者らは，このような根源的な問題意識をもって，この講義を行ってきた。情報デザインの「教科書」を目指して本書を執筆する過程においても，この問題意識が常に根底にあった。

情報デザインとは何か

どんなに価値のある情報も人から人にきちんと伝えられなければ意味がない。伝えたい情報が受け手にきちんと伝わるためには，受け手にとってわかりやすく，理解・共感しやすいような情報表現を行う必要がある。この意味で，情報デザイン（information design）とは，情報の受け手が理解しやすいように，情報を表現・提示するプロセスであるといえる。「インフォグラフィックス（infographics）」の専門家である木村は，本書の中で，「インフォグラフィックスとは，『伝えたいメッセージ』を『伝わるメッセージ』にすることである」と明確に述べている。適切な情報デザインを行えれば，社会で生成されるさまざまな情報を，受け手にとって理解しやすく，わかりやすい形で提示することができる。

情報の表現・提示

我々は，伝えたい情報を，ことば，音声，図式，画像，映像などさまざまなメディアを用いて表現し伝えている。この意味では，情報デザインは，情報の表現・提示に関する方法論ということもできる。実際，本書で述べるように，言語表現，グラフィック表現，音声表現，画像・映像表現などの情報表現で，情報の受け手に効果的に情報を伝えるための方法論を多く提供している。たとえば，映像表現の場合は，映像文法が重要な方法論である。また，消費者に訴求する広告やキャッチコピーの制作は，消費者にとってわかりやすく共感しやすい形でことばや映像で情報表現したものである。さらに，ユーザインタフェースやインタラクションは人と機械の対話を効果的に行うものであり，対話のデザインも重要になる。

情報の構造化

伝えたい情報をわかりやすく表現するためには，伝えたい情報の「構造化」が必要といわれている。情報の構造化とは，単純に言えば，情報の分類である。本書では，情報の分類手法に加えて，情報の概念構造を表現する概念モデリングについても述べている。ピクトグラム（絵文字）のデザインを取り上げ，概念モデリングを行うことで，統一感の高いピクトグラムをデザインできることを示唆している。

情報の理解と共感

情報が「わかりやすい」，「理解しやすい」とはどういうことであろうか。また，「理解」にも分析的理解と比喩的理解があるように，そもそも「理解」とはどういうことであろうか。情報デザインにおいては，情報の受け手がその情報を理解しやすい，わかりやすいと感じることが重要である。さらに，感情的な情報や人の思いの情報の場合は，理解できるだけでなく，受け手が共感できるような表現を行うことが重要である。また，情報の「わかりやすさ」は受け手に依存する部分もある。この意味では，「(表現された）情報のわかりやすさ」は人間の認知的特性である。このことから，情報デザインの中での根源的な学術的事項として認知心理学，認知言語学などの知見が重要となる。

情報デザインの役割

情報デザインとは，情報を対象者に的確，効果的に伝えるための規範・方法論であると割り切ってみよう。伝えたい情報を受け手がわかりやすく感じるように情報表現を行うことが情報デザインの役割といってよいと考えられる。そのための規範や方法論は多々あるが，本書では，主に，読みやすさ（可読性），普遍性 / 専門性，具体性 / 抽象性，ストーリー性，図式表現，視点の転換，比喩，映像文法，演出などを取り上げている。驚くべきことであるが，これら多くの規範・方法論は，表現するメディア（ことば，グラフィック，映像，対話など）とは独立である。たとえば，視点の転換は，ことばのデザイン，映像のデザイン（映像文法），インフォグラフィックスのデザインに頻出する方法論である。また，比喩は，ことば（詩歌）のデザイン，インタフェースのデザインの中で多用されている。本書の読者がこのことに気づいていただければ著者らの望外の喜びである。

謝辞

最後に，本書の作成にご協力いただいた関係各位，筆の遅い（一部の？）著者への督促や緻密な校正を行っていただいた共立出版（株）の石井徹也氏に感謝申し上げる。

2018 年 4 月

田中 克己・黒橋 禎夫

CONTENTS
INFORMATION DESIGN

CHAPTER

1

情報のデザイン

情報デザイン（information design）とは，情報の受け手が理解しやすいように，情報を表現・提示するプロセスである。本章では，情報デザインのために使用されてきた種々の方法論を概観する。

（田中 克己）

1 情報デザインとは

どんなに価値のある情報も，人間に対して効果的に伝達できなければ意味がない。情報を効果的に伝達するには，情報を構造化し，人間にとって理解しやすいように表現する必要がある。

情報デザイン（information design）とは，情報の受け手が理解しやすいように，情報を表現・提示するプロセスである。適切な情報デザインを行うことで，社会で生成されるさまざまな情報を，受け手にとって理解しやすい，わかりやすい形で提示することができる。言語表現，グラフィック表現，音声表現，映像表現など，さまざまなメディアで情報デザインが行われてきている。情報デザインは，情報の受け手に効果的に情報を伝えるための方法論を多く提供している。

情報デザインに関するテキストとしては，すでに，文献［1］，［2］，［3］，［4］，［5］がある。本書では，主に，さまざまなメディアにおける情報デザインのための方法論を解説していく。

情報デザインという用語は，特に**グラフィックデザイン**の分野でよく用いられてきている。グラフィックデザインも，魅力的な表現や芸術的表現を目的とするというよりは，むしろ情報をわかりやすく表現・提示することを目的としているからである。また，情報デザインは，

- 大量の科学データを「見える」ようにする**データ可視化**（data visualization）
- 統計データを視覚化する**統計グラフィックス**（statistical graphics）
- コンピュータ内の大量の情報を可視化し操作しやすくする**情報可視化**（information visualization）
- **インフォグラフィックス**（infographics）

などの分野と密接な関連がある。

インフォグラフィックス（information graphics または infographics）[6]は，情報デザインで中心的なものの1つであり，情報やデータや知識を，文字，図形，グラフィックス，映像を用いて視覚的に表現する手法である。特に，そのグラフィック表現によってパターンや傾向を視覚的に認知させることに役立っている。

2 インフォグラフィックス

この節では，インフォグラフィックスにおける古典的な作品例を取りあげて，情報デザインとは何かを考えていこう。

図 1-1 は，フローレンス・ナイチンゲール（Florence Nightingale，1820-1910）が作成した，パイチャート（pie chart）の一種である鶏頭図（polar area diagram）である。この鶏頭図は，クリミア戦争（1984 ～ 1986 年）における東部での英国軍隊の死亡者数と死亡原因を月毎に表している。各扇形領域が 1 年の各月に対応しており，その中心角は一定である。各死亡原因に応じた死亡者数（量）は扇形領域の中心からの半径で表されている。また，各扇形領域は青色，赤色，黒色の 3 種の扇形領域を重ねる形で表現されている。青色は予防できる疾病による死亡者数，赤色は負傷による死亡者数，黒色は他の原因による死亡者数を表している。病院内の不衛生による感染症による死亡者が，負傷による死亡者に比べて圧倒的に多いことをこの鶏頭図によって示している。

大量の統計データは数値データのかたまりであ

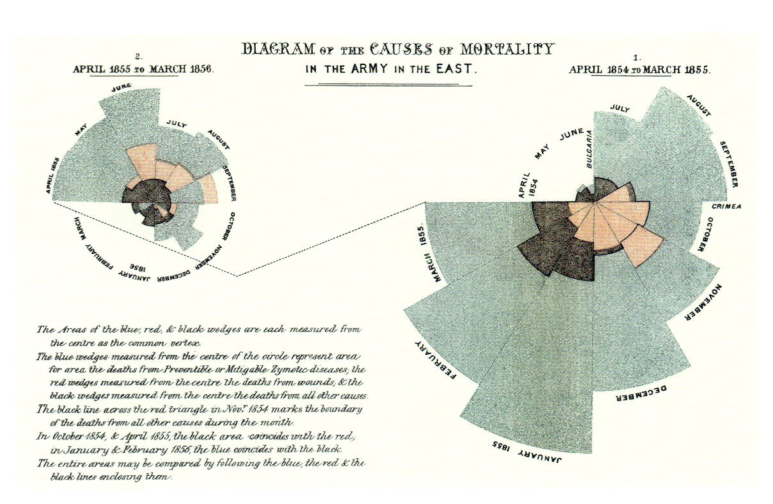

図 1-1　ナイチンゲールの鶏頭図 [1]（https://commons.wikimedia.org/wiki/File:Naitingale-mortality.jpg から引用）

る。大量の数値データを理解しやすいように構造化して視覚的な図式表現を行ったのが，このナイチンゲールの鶏頭図であるといえる。ナイチンゲールは統計学に関する深い知識に基づいてこの鶏頭図を作成し，議員や役人に対するプレゼンに用いたといわれている[2]。

歴史事象のインフォグラフィックス

社会で起きているさまざまなイベント（事象）に関しては膨大な記録データが存在する。この膨大な記録データをわかりやすく提示するのも，インフォグラフィックスの役目である。

図 1-2 は，シャルル・ミナール（Charles Minard，1781-1870）によるインフォグラフィックスの例である。このグラフィックスは 1869 年にミナールによって制作されたもので，1812 年のロシア戦役（フランス帝国のナポレオン 1 世の大陸軍がロシアに侵攻し，敗北，退却するまでの一連の歴史的事件）時の，大陸軍の規模，侵攻地点，気温の時間的推移を表現したものである。薄茶色の帯が侵攻時の兵員規模，侵攻地点などを表し，黒色の帯が撤退時の兵員規模，撤退地点などを表している。特に，撤退時の各地点，各時点での減少した兵員数や厳しい気温状況などが記されている。ナポレオン 1 世の大陸軍側から見た「ロシア戦役」というイベント（事象）がどのようなものであったかをこのグラフィックスで端的に表現している。

社会で起きるイベント（事象）は，時空間的な情報でもある。このため，ミナールのロシア戦役図では，抽象化された地図上で，行軍の軌跡をさまざまな統計データとともに効果的に表示している。

抽象化された地図

図 1-3 は，ハリー・ベック（Harry Beck，1902-1974）が 1931 年にデザインしたロンドンの地下鉄路線図である。この地下鉄路線図は，従来の地図とはまったく異なる特徴を持っている。駅の位置や線路の位置・長さなどは表現せず，駅と駅の隣接関係，すなわち位相的な関係のみを表現したものである。これは一種の地図情報の抽象化ともとらえることができる。路線図を見る人の視点に合わせて，膨大な地図データを位相関係の

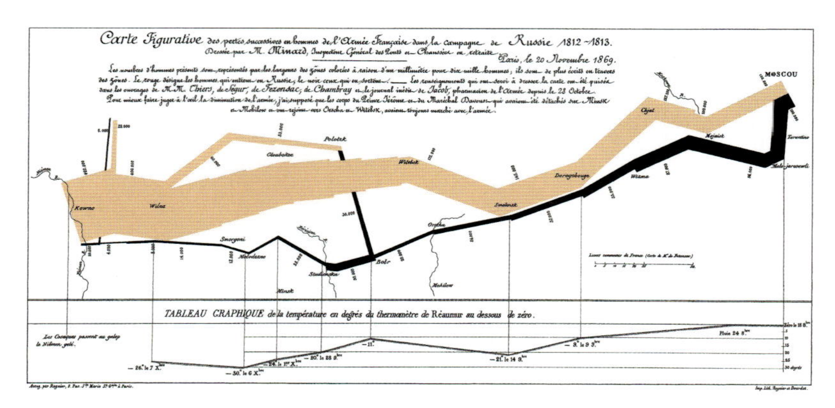

図 1-2　ミナールのロシア戦役地図（https://commons.wikimedia.org/wiki/File:Minards_chart_Napoleons_Russian_campaign_of_1812_made_in_1869.jpg から引用）

図 1-3　ハリー・ベックのロンドン地下鉄路線図（1931年）(By Source, Fair use, https://en.wikipedia.org/w/index.php?curid=43304248)

みに抽象化したのがこの地下鉄路線図といえる。このような抽象化によって，ユーザにはとてもわかりやすい路線図となったわけである。この地下鉄路線図は，ロンドン地下鉄の通称「チューブ(tube)」を用いて，チューブ・マップ（Tube Map）とも呼ばれた。これ以降，チューブ・マップは，地下鉄路線だけでなく，鉄道路線図や航空機路線図などの表現にも広く用いられている。

ピクトグラムのデザイン

現在の社会では，すでに多くの絵文字（ピクトグラム）や標識などがデザインされ使用されている。絵文字・標識などは，利用者にわかりやすく情報を提示する手段の1つであることから，絵文字・標識を効果的にデザインすることは情報デザインの所掌である。図1-4は，案内用図記号として JIS 規格登録された，優先席図記号である。このような案内用図記号では，表示される図記号が何を，どのような概念を表しているかを考察することが重要である。このことについては2.5節でくわしく述べるが，情報の概念構造化が十分に行われた上でデザインされることが重要である。

ことばのデザイン

図1-5 (a)，(b) は，JT の喫煙マナーを呼びかけるために作られたグラフィックである。これらのグラフィックの中の図式表現は言葉のメッセージを説明するために用いられており，図式表現としての効果はさほど大きくない。むしろ，このグラフィックでは，表示されているメッセージ（ことば）の方が重要である。作り手が伝えたい情報は，本来，「歩きたばこはやめよう」，「歩きたばこは危険だ」というものであったはずである。この文章をそのままグラフィックに挿入しても，大きな効果は期待できない。図1-5 (a)，(b) のメッセージ「たばこを持つ手は，子どもの顔の高さだった」，「700度の火を持って，私は人とすれ

高齢者優先席
Priority seats for elderly people

障害のある人・けが人優先席
Priority seats for injured people

妊産婦優先席
Priority seats for expecting mothers

乳幼児連れ優先席
Priority seats for people accompanied with small children

内部障害のある人優先席
Priority seats for people with internal disabilities, heart pacer,etc.

図 1-4　優先席図記号（http://www.ecomo.or.jp/barrierfree/pictogram/picto_jis.html から引用）

ちがっている」は，「歩きたばこは危険だ」ということを理解してもらうために，より具体的に「歩きたばこは危険だ」ということを説明している。さらに，これらのメッセージで「歩きたばこは危険だ」ということを理解してもらえれば，「歩きたばこはやめよう」というメッセージも理解してもらえると期待しているわけである。

上記の例のように，情報デザインやインフォグラフィックスでは，受け手に理解してもらいやすいように情報を表現するわけで，その際，どのようなことば・メッセージを用いるかは重要である。情報デザインのためのことばのデザインは，この意味で重要なので，本書でも第3章「ことばのデザイン」で，言語表現の方法論についてくわしく説明する。

(a)

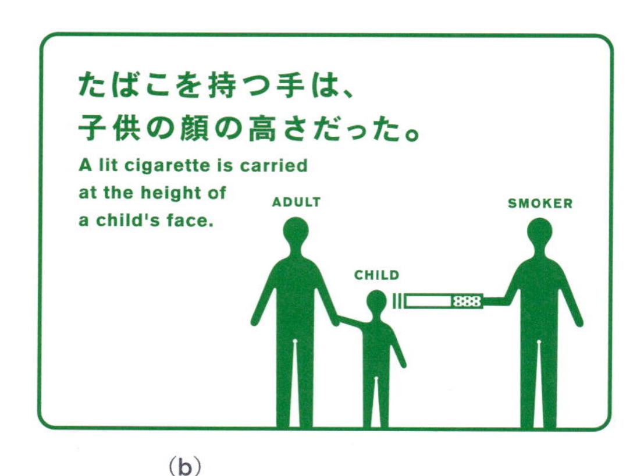

(b)

図 1-5　JT のマナーグラフィック（日本たばこ産業（株）提供。https://www.jti.co.jp/tobacco/manners/approach/graphic/index.html）

3 情報のわかりやすさ

情報をわかりやすく伝達するためには，まず，伝達したい情報は何なのか，受け手に何を伝えたいのかを明確にする必要がある。情報デザインを行うべき対象となる情報が伝達する情報そのものとなるが，この伝達したい情報の粒度や量がきわめて多様である。情報のわかりやすい表現が可能かどうかは，伝達したい情報の粒度や量に大きく依存する。たとえば，大量の情報やデータの集合を，いかにわかりやすくユーザに提示するかは，情報の可視化技術の課題である。また，あるできごと（事象）とそれに対する思い（心情）を，一片の短歌として表現する場合は，伝達すべき情報の量は小さいが，共感を得るという「深い理解」を促すためにどのように表現するかが問題となる。本書の，情報の分類と構造化（第2章）は，複雑な情報を整理・理解し，受け手に伝えるべき内容を明確にするための方法論を解説している。

可読性

可読性（readability）とは，本などの場合には「読みやすさ」や「おもしろく読めること」である[3]。情報デザインがわかりやすい情報の表現方法を模索するものであることから，この可読性の概念は，情報表現の「理解しやすさ・わかりやすさ（comprehensibility）」に最も関連するものと考えられる。つまり，デザインされた情報の「理解しやすさ・わかりやすさ」を測る上で，表層的ではあるが，この可読性という概念が1つの重要な評価尺度になると考えられる。

本の可読性については，「何が本を読みやすくしているか」を追及したグレイ・リアリの研究[4]が有名である。彼らはその著書において，本の可読性（読みやすさ）に影響を与える要因として，次の4つを挙げている。

(1) フォーマット（Format or Mechanical Features）
本のサイズ，ページ数，行長，マージン，ページの見た目，イラスト，紙質，フォントサイズなど

(2) 構成に関する特徴（General Features of Organization）
本のタイトル，章構成，段落構成，目次・索引・参考文献など

(3) 表現のスタイル（Style of Expression and Presentation）
使用している文体，章の構成，語彙，文や段落の長さ，語り口（narrative，biographical，descriptive など），プレゼン

スタイル（direct，vivid，graphic，clear，charming，concreteなど）など

(4) コンテンツ（Contents）
本のテーマ（ジャンル），その本が扱っている主題に関する特徴（timely，familiar，amusingなど），内容の統一性など

これらの要因の中で最も影響が大きいと判断されたのは，(4)のコンテンツ（33.64 %）と，これに次ぐ(3)の表現のスタイル（30.71 %）であった。要するに，読者は，自身の興味のあるコンテンツなら読みやすいと感じ，さらに，文体や語彙などの表現スタイルが自身の気に入ったものならば読みやすいと感じるわけである。

言語学の専門家の立場からは，文章の可読性を式によって計算できる得点で表そうという試みが多くなされている。文章の可読性を測る尺度として，文章の文長，単語長や単語数，文字数などの表層的な特徴に着目した以下の尺度がよく知られている[5]。

・**フレッシュの読みやすさ指数**（Flesch Reading Ease, FRE）[6]

$$206.876 - 1.015 \times ASL - 84.6 \times AWL$$

ASLは文章の平均文長，AWLは平均語長である。

・**センター・スミスの可読性指数**（Automated Readability Index, ARI）[7]

$$4.71 \times (C/W) + 0.5 \times (W/S) - 21.43$$

C，W，Sは，それぞれ，文章中の文字数(C)，単語数（W），文数（S）を表す。

・**コールマン・リアウ指数**（Coleman Liau Index, CLI）[8]

$$0.0588 \times L - 0.296 \times S - 15.8$$

L，Sはそれぞれ，文章中の100単語あたりの平均文字数，100単語あたりの平均文数を表す。

表1-1　新デール・チャール指数とグレードレベル

スコア	グレードレベル
4.9以下	グレード4以下
5.0～5.9	グレード5～6
6.0～6.9	グレード7～8
7.0～7.9	グレード9～10
8.0～8.9	グレード11～12
9.0～9.9	グレード13～15（Collegeレベル）
10以上	グレード16以上（College Graduate）

さらに，単語数や文の長さなどに加えて，文章に含まれる「難解語」の出現割合に着目した可読性評価尺度として，次の新デール・チャール指数（NDC）がある。

・**新デール・チャール指数**（New Dale-Chall Formula, NDC）[9]

平均文長と難解語数の割合を考慮して以下の式で計算する。ここで，難解語とは，あらかじめ用意された3000の共通単語リストに含まれない単語とする。

$0.1579 \times (PDW) + 0.0496 \times ASL$（PDWが5 %以下の場合）

$0.1579 \times (PDW) + 0.0496 \times ASL + 3.6365$（PDWが5 %を超える場合）

PDWは，難解語の出現割合（Percentage of Difficult Words）を表し，ASLは，平均文長（文あたりの語数）（Average Sentence Length in words）を表す。

この式で計算されたスコアが小さければ可読性は高いというものである。ただし，この可動性スコアは，読者のレベルを考慮したものになっており，表1-1に示すように，そのスコアは読者のグレードに応じた値になる。

たとえば，以下の英語の文章に対して新デー

ル・チャール指数を計算してみよう[10]。

The New Dale-Chall Formula is an accurate readability formula for the simple reason that it is based on the use of familiar words, rather than syllable or letter counts. Reading tests show that readers usually find it easier to read, process and recall a passage if they find the words familiar.

（Wikipedia より）

この文章に対して，

共通単語リストに含まれない単語数：13
難解語の割合：25 %
スコア：8.9（3.6365＋5.2371）
グレードレベル：11－12

となる。

普遍性と専門性

情報のわかりやすさは，あくまで，その情報の読み手が誰であるか，その情報の読み手の知識がどの程度であるか，に依存する。ある分野，ジャンル，話題に精通している読者にとっては，その分野，ジャンル，話題で頻繁に使われる専門用語や業界用語が使用されている方がわかりやすい。一方，その分野，ジャンル，話題に精通していない読者にとっては，専門用語や業界用語の存在は理解の妨げになる。

ここで，**専門用語**とは，ある特定の職業に従事する者や，ある特定の学問分野，業界等の間でのみ使用され，通用することば・用語群のことである。テクニカルターム（technical term[11]）とも言われる。また，**業界用語**（professional jargon）は，同じ職業の集団内（業界）や，それに詳しい人たちの間で用いられる，一般に広く通じない単語やことばのことを指す。

ジャンル・話題・業界などに関係なく広く頻繁に使用される単語は，普遍性が高い単語とみなすことができる。このような，話題やジャンルや業界などに依存しない普遍的な語がどの程度多く文章中に含まれているかによって可読性を計算する方法として，次の PF，TF，GF がある。

- 高頻度出現語指数（Popularity-based Familiarity, PF）[12]
  Contemporary American English（COCA） のコーパス（http://corpus.byu.edu/coca）を利用し 16 万件の文書（多言語，多ジャンル）から 50 万語を抽出し，出現頻度の高い語を familiarity が高い語とし，文章が familiar な語を多く含めばその文章は読みやすいとする評価尺度。
- トピック横断高頻度出現語指数（Topic-based Familiarity, TF）[12]
  単語の話題（トピック）カテゴリ上の分布を考慮した評価尺度である。異なるトピックカテゴリの新聞記事（10.7 万件）に共通して高頻度に出現する単語を多く含めば含むほどその文章は読みやすいとする評価尺度。
- ジャンル横断高頻度出現語指数（Genre-based Familiarity, GF）[12]
  単語の文書ジャンル上の分布を考慮した評価尺度であり，行政文書，技術文書，旅行文書，信書，ノンフィクション，雑誌など，異なるジャンルの文書に共通して出現する単語を多く含めばその文章は読みやすいとする評価尺度。

図 1-6 は，これらの評価尺度を用いて，エンサイクロペディア・ブリタニカの 3 種のコンテンツ，Wikipedia と Wikipedia の簡易版の Simple Wikipedia の文章の読みやすさを比較分析したものである。

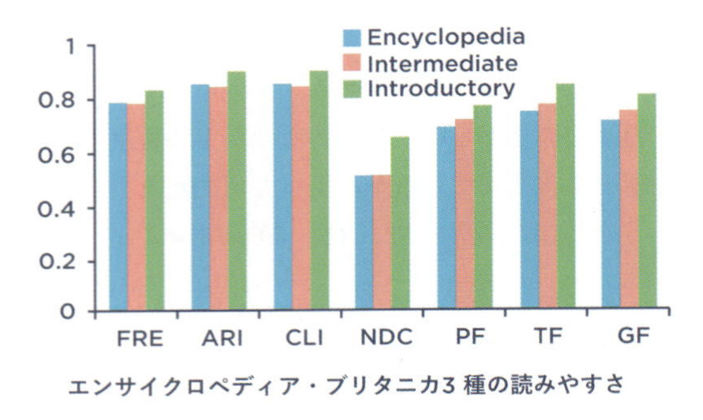

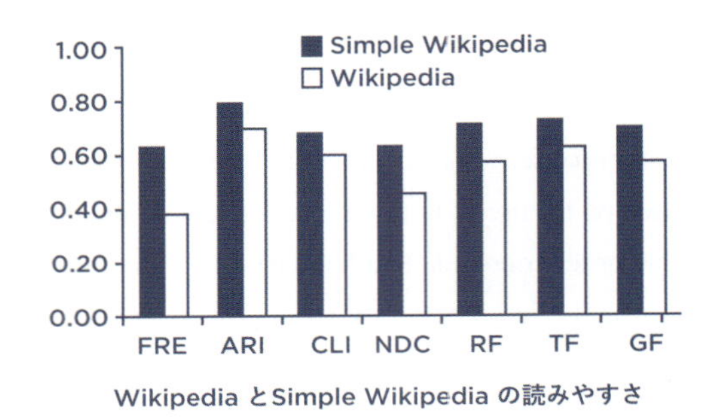

図 1-6 Encyclopedia Britanica（3 種），Wikipedia と Simple Wikipedia の可読性（Adam Jatowt, Katsumi Tanaka: Is wikipedia too difficult?: comparative analysis of readability of wikipedia, simple wikipedia and Britanica, ACM CIKM, 2607–2610,（2012）から引用）

具象性と抽象性

一般に，具体的に記述された文章は，抽象的に記述された文章よりも理解しやすい。また絵画においても，具象画（具象絵画）の方が，抽象画（抽象絵画）よりも一般には理解しやすい。この意味で，情報の「具体性」は，情報の理解しやすさ（comprehensibility）に大いに貢献していると考えられる。

そこで，記述された文章がどの程度具体的なのかといった「文章の具体度」も，文章の理解しやすさの重要な評価尺度になると考えられる。「文章の具体度」は，文章に出現する「単語の具体度」を集約して計算することができる。具体度の高い単語が多用されている文章の具体度は高いと考えることができる。

語の具体度（Term concreteness）は，言語心理学の分野で多く研究されており，語の具体性は，以下のように，語の具象度と心像度で規定されている[13]。

・語の具象度（Term perceivability）

人間の五感のどれかで観察できる物理的なエンティティ（「形のあるもの」）を表現する語は具象度が高い語であるとする。たとえば，“car”や“table”という単語が表す事物は，形があり，その形を視覚や触覚で認知できる。一方，“democracy”や“love”といった抽象的な語は物質的に認知できないため具象度が低い語であると見なされる。

・語の心像度（Term imageability）

その語が表す事物には，形はないが，その語によって心的なイメージを想起しやすいような語は，語の心像度が高いとする。たとえば，“love”という単語が表す概念は，形はないが，その語によって想起される心的なイメージは多くあるため，“love”という語は心像度が高いと考えられている。一方，たとえば“fact”といった語は，抽象的な概念を表す語であり，心的なイメージも想起しにくいので，“fact”の心像度は低いと考えられている。

語の具体度については，その具象度・心像度を人手によって与えた MRC 言語心理学データベースが存在する。このデータベースには，約 18,000 の単語に対して具象度スコアまたは心像度スコアが記録されている[14]。このデータベースは人手によって作成されたものであり，単語の種類や規模が十分でない，英語単語に限定されている，といった問題点がある。

これに対して，語の具体度をネット上のさまざまな情報資源を用いて機械学習して推定する試みが，田中らによって行われている[15]。この試みは，以下の仮説を検証したものであり，良好な結果を得ている。

- 語をクエリとして画像検索エンジンで検索してヒットする画像数が多ければ，その語の具体性は高い。
- 語の分類木[16]中の語の深さが大きいと，その語の具体性は高い。
- 語の長さ（文字長）が大きければ，その語の具体性は高い。

ストーリー・テリング（Storytelling）とは，伝えたい思いやコンセプトを，それを想起させる印象的な体験談やエピソードなどの“物語”を引用することによって，聞き手に強く印象づける手法のことである。物語的に語られる方が，抽象的な単語や情報を羅列されるよりも具体的であり，聞き手の記憶に残りやすく，得られる理解や共感が深いといわれている。

情報の具体性と情報のわかりやすさの関連については，より慎重な検討が必要である。多くの具体的な事象の記述を並べれば，その並べられた事象記述の情報そのものはわかりやすいのであろうか。

伝えたい思いやコンセプト（情報デザインの対象）と，実際にデザインされた情報表現（情報デザインの結果）とは異なるものであることに注意しよう。情報デザインの対象である伝えたい思いやコンセプトは，たとえば，「勧善懲悪」や「人への思いやり」や「震災での市民の大きな経済損失」といったように，抽象度の高い情報である。一方，この思いやコンセプトを効果的に伝えるために，これらの思いやコンセプトを示唆する1つの具体的な物語を情報デザインするわけである。

図式表現

ことばによる表現と図式表現はどちらが「わかりやすい」のであろうか。直観的には，「百聞は一見に如かず」[17]とか「One Look Worth Ten Thousand Words」[18]といわれるように，視覚的な図式表現の方がことばによる表現よりもわかりやすいといわれている。情報デザインにおけるこの根本的な問題に関しては，米国カーネギーメロン大学のラーキン・サイモン（Larkin–Simon）が行った

「なぜ図式は万の言葉に値するか」
（Why a Diagram is（Sometimes）Worth Ten Thousand Words）」

という研究[19]がある。この研究では，いくつかの問題（滑車問題，平行線の横断線問題など）を，ことばで記述する場合と図式で記述する場合を比較している。その結果として，次の3つの事項が，図式表現の優越性を実現しているとしている。

- 局所化（localization）：認知すべき領域の局所化
- 最小ラベリング（minimal labeling）：認知すべき概念の記述量の最小化
- 知覚的改善（perceptual enhancement）：知覚的な改善を促す要素

図1-7に「平行線の横断線問題」の図式表現を示そう。ここで，「平行線の横断線問題」とは，「平行線を横断する2つの直線が形成する2つの3角形は合同である」ことを証明しようという問題である。つまり，図1-7の，2本の平行線（青

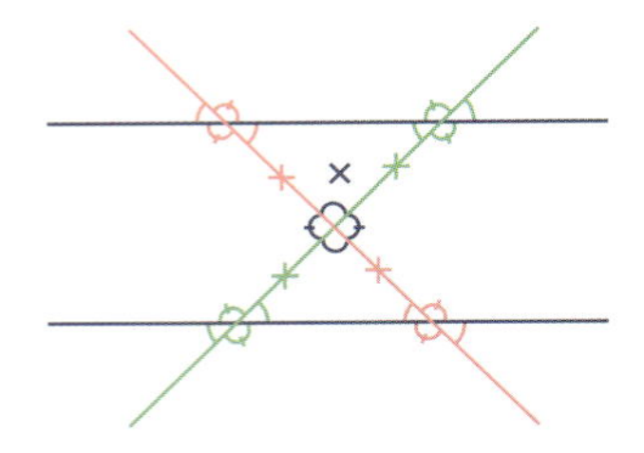

図 1-7　幾何学問題の図式表現

色）を横断する 2 本の横断線（赤色，緑色）の交点×を頂点とする 2 つの 3 角形が合同であることを証明するという問題である。

一方，「平行線の横断線問題」を，ことばで記述する場合は，問題文中の各文章，文章中で明示的に言及されていない概念（たとえば「角度」），幾何学的なルール（たとえば「合同」の条件）などを述語論理式で表現しなければならない（述語論理式表現の詳細はここでは述べない）。

図式表現は基本的に空間的表現になるため，情報をその位置により索引化することができ，情報の「隣接性」を明示的なラベリングなどで記載せずとも表現できる。このため，認知する人間は注視していく範囲をシフトしていくがそのシフトを最小化できるため，「局所性」が実現できている。さらに，文章表現では明示的に記述されていない「角度」などの概念も，図式表現は人間が容易に認知できる。この意味で，図式表現の方が，知覚的改善が多くなされているというわけである。

視　点

情報デザインにおいて，情報を記述・描写・選択する視点をどう設定するかは重要である。言語表現，図式表現，映像表現においても，どの視点からの記述・描写なのかが情報の理解しやすさに影響する。

言語表現における視点[20]

話者・書き手が言語表現をするときの，話者・書き手の心理的な視点がどこにあるかは，言語表現のわかりやすさにも影響する。この心理的な視点は，人称（第 1 人称，第 2 人称，第 3 人称）とも異なる概念であり，また，日英語でその位置が異なっているとされる。英語では，この心理的な視点はすべて人称の外側にあり，その視点は客観的な視点である。たとえば，“I am happy”（私は嬉しい）と“You are happy”（あなたは嬉しい）という英語表現は，話者の心理的視点が客観的な視点で人称の外側に位置しているので，まったく無理のない表現となる。一方，日本語においては，この心理的な視点は，主観的であり話者の内部に位置する，その視点から第 2 人称，第 3 人称を眺めるという形になっているとされる。このため，「私は嬉しい」という日本語表現は無理がないが，「あなたは嬉しい」という日本語表現は通常は用いられず，「あなたは嬉しそうだ」「あなたは嬉しがっている」などといった表現が用いられる。

「これ」，「それ」，「あれ」，「この」，「その」，「あの」などといった空間的な指示表現においても，日本語は，視点は常に話者・書き手の中にあるとされる。一方，英語では，相手の質問や要請にこたえるような場面では，視点を聞き手・読み手側に移すことが行われる。たとえば，店員が商品を指して客に説明をする場合に，日本語では，「これでどう？」というが，英語では，“How about that?”という。これも視点がどこにあるかを表す一例である。

写真撮影の視点

写真撮影の場合の「視点」とは，まさしく，撮影するカメラの位置・角度になる。これについては，写真撮影の文法[21]がよく知られている。具体的には，

・人物サイズ
・写真撮影角度
・カメラ位置の想定線

などである。

撮影される人物のサイズに応じて，クロースアップ（顔大写し），アップショット（顔中心），バストショット（胸から顔），ウエイストショット（腰から上），ミドルショット（足先が隠れる），ロングショット（人物全身小さく）などがある。顔の大写しのクロースアップでは人物の感情的状態に肉迫した写真が撮れるが，ロングショットは人物のみならずその周囲状況や文脈情報の説明に適した写真が撮影できる。

写真撮影角度も，描写の視点に関する重要な事項である。顔とカメラの相対的な高さの違いにより，撮影される人物の性格的印象を変化させることができる。たとえば，上方向からの写真角度で撮影すると，撮影される人物は伏し目がちとなり，内気・控えめな印象を形成できる。一方，下方向からの写真角度で撮影すると，撮影される人物は反った顔となり，意志強固・尊大な印象を形成することができる。

複数の人物・モノを撮影する場面で，カメラに対して最前列に来る人物・モノを結ぶ線を**想定線**（**imaginary line**）という。カメラがこの想定線を越えた位置に置かれて撮影すると，写真を見る人は何が映されているのかがわかりにくくなり，不自然な印象を与えてしまう。したがって，写真撮影は想定線を越えない視点から行うのがよいとされる。

映像表現における視点

映像表現においても，写真撮影の文法を含んだ「映像の文法」が存在する。ここで，映像の文法とは，制作者の意図を正しく伝えるとともに，自然な流れやリズムを形成するための，ショットの撮り方やつなぎ方に関する基本的な規則・方法論のことである。

ショットサイズについては，写真撮影の文法と同様で，「（カメラを）引けば客観，よれば主観」と呼ばれるように，人物の主観・感情を表現するにはクロースアップショット，周囲状況や文脈を表現するにはロングショット・エスタブリッシングショットが使われる。さらに，映像文法には，登場人物自身の視点から撮影するPOV（Point of View）ショットや，制作者のさまざまな表現意図を表現しやすい構図（シンメトリックや閉じた/開いた構図など）も含まれる。

情報の可視化の視点

大量のデータを可視化する際，データ全体を俯瞰できる視点，特定のデータ群のみを注視できる視点は，共に重要である。この際，データ全体の俯瞰性をある程度担保しながら，特定のデータ群のみを注視した可視化をいかにして行うかが問題となる。コンピュータインタフェースや情報可視化の分野で開発されてきた情報可視化手法であるFocus＋Context法が著名である。

比喩的理解

理解には**分析的理解**と**比喩的理解**の2種類の仕方がある。分析的理解とは，複雑な概念を分解し，より単純な概念の集合体に還元して理解することである。一方，比喩的理解とは，ある概念をよく似た他の概念にたとえて理解することである。

比喩（**メタファ，Metaphor**）は，その名のとおり「比(くら)べ，喩(たと)える」表現で，新たなものごとを記述・伝達する際に，既存のものごとにたとえることで，これによってその記述を理解しやすいものにすることができる。「彼女は宝石のようだ」

のように「ようだ / みたいだ」という表現を伴うものを**直喩**と呼び，「彼女は宝石だ」のように，そうでない表現を**メタファ / 隠喩**と呼んで区別することもある。また，直喩と隠喩を合わせて**メタファ**と呼ぶこともある。

メタファは，類似性を基にして，ある領域での理解を別の領域に移し替えて理解する認知的能力であり，プロセスであるとも考えられている。単に，あるもの（「彼女」）を別のモノ（「ダイアモンド」）で喩えるような比喩表現だけでなく，「本を読んでも頭に入らない」，「その主張は土台が弱い」のように，ある状態を別の領域のことばで喩えるようなものも比喩表現である。比喩（メタファ）とは何か，その詳細については，3.3 節で述べる。

感情や思いのような人間の感情的な情報を伝えたい場合には，表現手段が言葉であれ画像であれ，わかってもらえる効果的な表現をすることは，なかなか難しい。たとえば，休暇をもらえて「すごくうれしい」ということを，単に「すごくうれしい」と表現しても，受け手は，どの程度，どんな風にうれしいのかがわからないし，共感できない。この意味では，「すごくうれしい」という表現は受け手には伝わりにくい表現である。この場合に，たとえば「定期試験がすべて終わったときのようにうれしい」という比喩表現を用いると，より効果的で，相手に伝わりやすい表現になることが多い。一般に，感覚的・感情的な情報をわかりやすく表現するには，「比喩」は重要な方法論である。

比喩表現は情報をわかりやすくする効果があり，情報デザインにおいても重要な情報表現手法である。

せきしろはその著書[8]で，次の事項に注意すると，効果的な比喩表現を作ることができると主張している。

- **何をたとえるのかをはっきりさせておく**

  もの（名詞）をたとえるのか，状態をたとえるのか，感情をたとえるのかを明確にすることが重要である。

  〇〇のような雲
  〇〇のように小さい
  〇〇のように寂しい

  という比喩は，それぞれ，もの，状態，感情をたとえる例である。

- **類似するものを探す**

  あるものごとと全体として類似するものごとを探すのではなく，あるものごとの属性（形，色，動きなど）が類似しているものごとを探す。たとえば，

  綿菓子のような雲（形の類似）
  コピー用紙のように白い雲（色の類似）
  独楽（コマ）のようにまわるスケート選手（動きの類似）

図 1-8 に，比喩の対象となる概念の汎化構造を示す。汎化（generalization）とは，ある概念を一般化することであり，Man is a human being（男性は人間である）というように，2 つの概念を「である（isa)」といった関係で結んだものなので，isa 関連とも呼ばれる。汎化の逆は「特化（specialization)」と呼ばれる。図 1-8 では，概念は実線または破線の長方形で，汎化関連は矢印（➡）で表している。「コピー用紙のような雲」，「コマのように回るスケート選手」は，図 1-8（a）（b）の概念の汎化構造でいうと，兄弟関係にある概念でたとえていると説明できる。

- **共通体験の多い領域（ドメイン）でたとえる**

  多くの人が共有できる領域（ドメイン）でたとえる。たとえば，「学校」というドメインや「著名人」というドメインは，多くの人が共有し理解しやすいドメインであるので，このよう

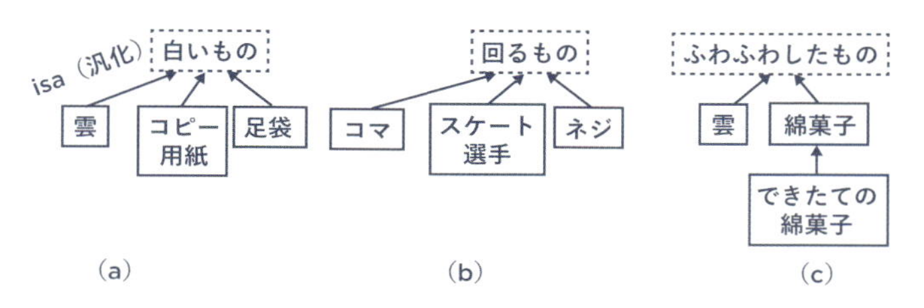

図 1-8　概念の汎化（特化）構造

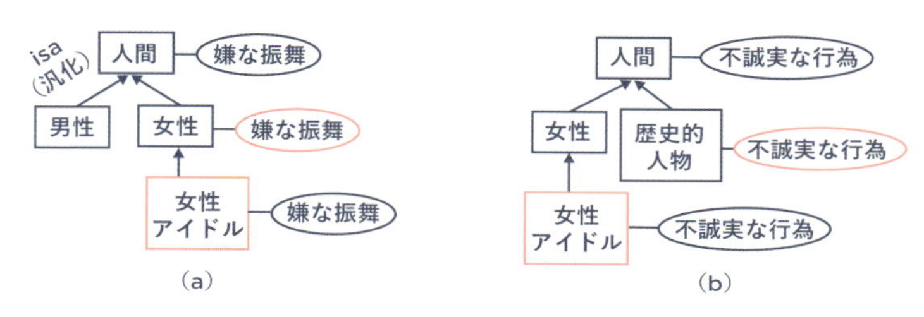

図 1-9　概念の汎化構造と視点の移動

なドメインでたとえると読み手は理解しやすい。たとえば，

午後の授業のように眠い（学校ドメインでたとえている）

・**月並みなたとえではなく斬新でおもしろいたとえを用いる**

「綿菓子のような雲」という比喩表現は，あまりに月並みな表現であるため，かえって読者には伝わりにくい。このような月並みな比喩表現は，その表現をさらに**特化**して，たとえば，

「できたての綿菓子のような雲」

というようにすると，斬新性が増し，さらに比喩そのものがより明確になる。この比喩も図 1-8（c）の概念の汎化構造を用いると，「綿菓子」という概念を特化した「できたての綿菓子」によって「雲」をたとえているというように説明できる。

・**たとえられる対象に対する視点を変える**

ある概念 X を別の概念 Y でたとえる場合に，概念 Y を X と兄弟関係にあるものに限定する必要は必ずしもない。たとえば，「○○のような女性アイドルは嫌だ」という比喩表現を考える場合に，たとえの対象となる「女性アイドル」という概念を汎化して「女性」という概念に変更しておき，「女性」の嫌な振舞いでたとえると，

「電車で化粧を直すような女性アイドルは嫌だ」

というような比喩表現が得られる（図 1-9（a）参照）。これは視点の変更に基づく比喩であると考えられる。同じように，図 1-9（b）に示すように，「女性アイドル」という概念を汎化した「女性」という概念と兄弟関係にある「歴史的人物」という概念にまでシフトし，「歴史的人物」の「不誠実な行為」でたとえるということを行うと，たとえば，

「東軍に寝返るような女性アイドルは嫌だ」

といった比喩表現を得ることができる。

演習課題

（問 1）　情報デザインとは何かを，以下の参考文献などを読んで考察せよ。

（問 2）　人間にとって「情報がわかりやすい」ということは何なのかを考えてみなさい。

参考文献

[1] Robert Jacobson Ed.: Information Design, MIT Press, 1999.

[2] 渡辺保史：「情報デザイン入門　インターネット時代の表現術」(平凡社新書 096)，平凡社，2001.

[3] 情報デザインアソシエイツ編：「情報デザイン　Information Design　分かりやすさの設計」，グラフィックス社，2002.

[4] 情報デザインフォーラム編：「情報デザインの教室」，丸善，2010.

[5] 情報デザインフォーラム編：「情報デザインのワークショップ」，丸善，2014.

[6] 木村博之：「インフォグラフィックス　情報をデザインする視点と表現」，誠文堂新光社，2010.

[7] 今泉容子：「映画の文法—日本映画のショット分析」，彩流社，2004.

[8] せきしろ：「たとえる技術」，文響社，2016.

注

1　鶏の鶏冠（とさか）に類似しているため，鶏頭図と呼ばれる。この鶏頭図（Diagram of the causes of mortality in the army in the East）は，Notes on Matters Affecting the Health, Efficiency, and Hospital Administration of the British Army として出版され，ビクトリア女王に送られた.

2　ナイチンゲールと統計：http://www.stat.go.jp/teacher/c2epi3.htm

3　辞書的には，readable な本とは，満足や興味をもって読める本，容易におもしろく読める本，スタイルに魅力がある本とされている.

4　W.S. Gray and B. Leary: *What makes a book readable*, Chicago: Chicago University Press, 1935.

5　P.Heydari and A.M.Riazi: Readability of Texts: Human Evaluation Versus Computer Index , *Mediterranean Journal of Social Sciences,* Vol. 3(1), January, 2012.

6　R.Flesch: A New Readability Yardstick, *J. of Applied Psychology*, 32, pp.221-233, 1948.

7　R.J.Senter and E.A.Smith: Automated Readability Index, Wright-Patterson Air Force Base, p. 3. AMRL-TR-6620, 1967.

8　M.Coleman and T.L.Liau: A computer readability formula designed for machine scoring, *J. of Applied Psychology*, 60, pp. 283-284, 1975.

9　E.Dale and J.S.Chall: The concept of readability, *Elementary English*, 26, 23-33, 1949.
J.S.Chall and E.Dale: *Readability revisited, the new*

Dale-Chall readability formula, Cambridge, MA: Brookline Books, 1995.

10 新デール・チャール指数を計算するプログラム（http://www.readabilityformulas.com/free-dale-chall-test.php）を使用.

11 A word that has a specific meaning within a specific field of expertise.（from Wikipedia）

12 Adam Jatowt, Katsumi Tanaka: Is wikipedia too difficult?: comparative analysis of readability of wikipedia, simple wikipedia and Britannica, *ACM CIKM*, 2607-2610, 2012.

13 John T. E. Richardson: Concreteness and imageability, *Quarterly Journal of Experimental Psychology*, 27(2), 235-249, 1975.

14 Michael Wilson: MRC psycholinguistic database: Machine-usable dictionary, version 2.00, Behavior Research Methods, *Instruments, & Computers*, 20(1), 6-10, 1988.

15 Shinya Tanaka, Adam Jatowt, Makoto P. Kato, Katsumi Tanaka: Estimating content concreteness for finding comprehensible documents, 6th ACM International Conference on Web Search and Data Mining（WSDM 2013）, 475-484, 2013.

16 Wordnet などのオントロジーデータベースでは，語が大規模な分類木で分類されており，各語はその木の 1 つの節点として表現されている.

17「漢書」趙充国伝にある慣用句で，「人から何度も聞くより，一度実際に自分の目で見るほうが確かであり，よくわかる」という意味.

18 “Use a picture. It's worth a thousand words” や“One Look Worth Ten Thousand Words”という文言はそれぞれ 1911 年と 1913 年の新聞広告に使用された（https://en.wikipedia.org/wiki/A_picture_is_worth_a_thousand_words）.

19 J.H.Larkin and H.A.Simon: Why a Diagram is（Sometimes）Worth Ten Thousand Words, *Cognitive Science*, 11, 65-99, 1987.

20 国広哲弥：場面・視点・言語表現，日本語用論学会シンポジウム，2000 年 12 月 2 日講演資料「場面と意味—場面と視点と焦点」の加筆修正版，http://pragmatics.gr.jp/content/files/SIP_03_Kunihiro.pdf

21 黒須正明：「情報の創出とデザイン」4 章，岩波講座マルチメディア情報学 9，岩波書店 , 2000.

CHAPTER

2

情報の分類と構造化

わかりやすく情報を伝えるためには，伝えるべき情報をあらかじめ構造化しておくことが重要である。このため，本章では，情報の分類と構造化のための方法を概観する。

（黒橋 禎夫・田中 克己）

1

情報の分類

LATCH：5つの情報の整理棚

「分類（classification）は知の始まり」といわれる。分類とは，全体をよりよく把握することを目的として，情報や物事を区分したり，体系化したりすることをいう。リチャード・ソール・ワーマン（Richard Saul Wurman）は，情報を分類・整理する方法は次の5つしかないと述べ，その頭文字をとって LATCH と名づけている[1]。

LATCH：5つの情報の整理棚
1. Location（位置）
2. Alphabet（アルファベット）
3. Time（時間）
4. Category（カテゴリー）
5. Hierarchy（序列）

「位置」は地図や案内図，「アルファベット」は辞書や索引，「時間」は年表や番組表，「カテゴリー」は図書の書誌分類や商店での商品陳列などがその例である。「序列」は数量として表現される重要度などに基づく順序づけで，上順，成績順，検索エンジンのランキングなどがその例である。これらの組合せも考えられる。新聞紙面はカテゴリー（政治面，経済面，文化面など）と序列の組合せであり，ウェブ上のニュースサイトのトップニュースは序列と時間の組合せである。

分類の演習

ここでは，5つの情報の整理棚のうち，カテゴリーによる分類についてもう少し考えていく。狭義には，分類はカテゴリーによる分類のことを指す。情報や物事をカテゴリーによって分類することは簡単ではない。コンピュータの中でファイルをどのような階層的フォルダで格納するか，メールをどのようなフォルダに分けるか，机の引き出しのどこに何をしまうかなど，身近な問題を考えてみても，その難しさがわかる。

そこでまず分類の演習をしてみよう。以下の14個の単語を分類してみよう。

なす，新聞，ほうき，キカイダー，にわとり，リンゴ，学生，いす，トマト，コンピュータ，ピラニア，テレビ，掃除機，くじら分類は難しいということを体験してもらうのがこの演習の目的である。正解は存在しないが，1つの例を示すと図2-1のようになる。まず，全体を生物かどうかで分け，生物の方は，動物か植物か，哺乳類かそうでないか，野菜か果物かなどで分けている。無生物の方は，さらに電気を使うかどうかで分けて，テレビ，コンピュータ，キカイダー，掃除機と，いす，ほうき，新聞に分けている。

このような分類を考えるとき，基本的に2つの立場がある。1つは，区分する，分ける，という考え方である。図2-1の例でいうと，まず全体を生物とそうでないものに分ける，分けたものをそれぞれまた動物・植物に分ける，電気動力とそうでないものに分ける，というように分けることを繰り返していく。このような方法は図2-1の分類の木を上から下にたどることに対応し，**トップダウン**（top-down）の分類と呼ぶことができる。このような考え方としては，古くはプラトン（Plato）の二分割法というものがある。1つのものを2つに分割していくという考え方で，それによって分類ができる，あるいはものが整理できることを言っている。

もう1つは，集める，あるいはまとめるという考え方である。たとえば，にわとりとピラニアは，この14個の中では他のものに比べて似ている，テレビとコンピュータは似ている，というように，似ているものを集めていって，それを繰り返すことによって図2-1のような木を作ることができる。このような方法を**ボトムアップ**（bottom-up）による分類と呼ぶ。

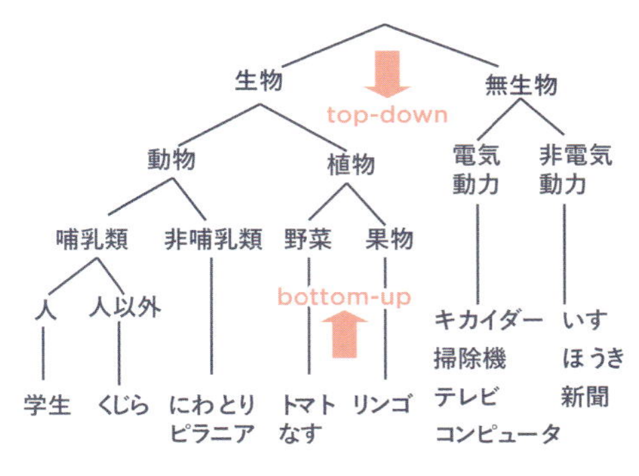

図2-1　演習問題の分類例

この2つの考え方は基本的に表裏一体で，違ったものを分けていけば最終的に似たものがまとまり，同じものを集めていくと違ったものに分かれる。すなわち，図2-1のような階層的な分類を作ろうと思えば，どちらのアプローチでも基本的には同じような分類に行き着く可能性がある。

分類の視点，観点

図2-1の分類はもちろん唯一のものではなく，別のまとめ方をいろいろと考えることができる。たとえば，ものの役割，目的に注目して考えると「掃除機とほうき」をまとめることができる。あるいは「テレビ，コンピュータ，新聞」を情報伝達手段と考えることによってまとめることもできる。また，食べ物ということから「リンゴ，トマト，なす，にわとり，くじら」でまとめることもできる。もちろん「学生とキカイダー」をまとめることもできる。このように，分類は，どのような**視点**，**観点**によって物事を眺めるかによって変わる。

このような問題について，20世紀初めごろの哲学者，L. ウィトゲンシュタイン（Ludwig Wittgenstein）が**家族的類似性**（family resemblance）というおもしろい考え方を示している。ある一族の構成員を考えたとき，その人たちは何かしら似ているといえる。しかし，それは全員が目が大きいとか，口にある特徴があるとか，そういった類似性ではなく，おじいさんとお父さんは目が似ている，お母さんと息子は口元が似ている，おじいさんと息子は頭の形が似ている，とい

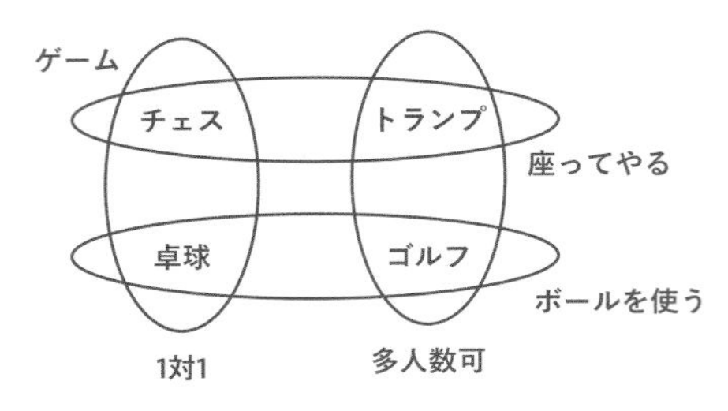

図 2-2　ゲームにおける類似性

うように，似た部分が少しずつあり，それらが重なりあって一族全員が何かしら似ているということになる。家族的類似性というのは，このような類似性を表す言葉である。

現実のものごとの間に存在する類似性は，このような家族的類似性である場合が少なくない。たとえば，ゲームという例を考えると，ゲームにはチェス，トランプ，卓球，ゴルフなどがあるが，それらの間にはどのような類似性があるだろうか。別の言い方をすれば，ゲームというものの定義は何か。たとえば，チェスとトランプは座ってやるもので，卓球とゴルフはボールを使ってやるもの，あるいはチェスと卓球は 1 対 1 でやるもので，トランプとゴルフは多人数でもできる（図 2-2），というように，さまざまな類似性が網の目のようにあって，それらの全体がゲームというものを構成している。このようなことを考えると，ある 1 つの明確な基準を設けて，それによって分類を行うことが難しいのは当然である。

分類と言葉

分類に関するもう 1 つの問題として，言葉との関係がある。さきほどの演習では 14 個の単語を分類した。そこでは，単語が表す概念を考えて，その概念を分類したであろう。しかし，単語と概念を対応させるのはそれほど単純なことではない。明確な概念がまず存在し，それに後から単語を対応させる場合は単純である。実際，専門用語ではそういう場合が少なくない。しかし，日常的に使う単語の場合には対応する概念を明確にすることは簡単ではない。

たとえば，「山地」という単語は「高く盛りあがった地形」というような概念に対応するが，それは単独に存在する概念ではない。つまり，一方で「平地」という語で表現される「たいらに広がった地形」というような概念があり，それとの相対ではじめて「山地」という概念がはっきりとしてくる。しかし，それでも具体的な地形に対して，どの部分までが平地で，どの部分が山地かという境界を明示することは難しい。また，地形を「山地」と「平地」の 2 つの語でとらえる場合と，「山地」，「丘」，「平地」の 3 つの語でとらえる場合ではそれぞれの対応する概念も変わってくる。つまり，単語を与えるということが概念の連続体の中からある部分を切り出し，他の単語で切り出される概念との間にある種の線引きをすることに対応する。それは，ある意味で概念の分類を行っていることになる。フェルディナン・ド・ソシュール（Ferdinand de Saussure）はこのような考え方を構造主義という立場で議論している。

さて，山地と平地の例は物理的に連続なので概念に連続性があるのはある意味で当然といえる。しかし，そうでない場合にも概念の連続性と単語による分類という問題は存在する。たとえば，先の分類演習で果物と野菜という分類を行ったが，この分類の場合にも同じような問題がある。実際，日本ではトマトを野菜と認識しているが，ドイツなどではトマトは果物と考えられている。別の例では，日本では魚の細かい種類を表す単語（名前）がある。日本は海に囲まれていて，いろいろな魚を食べてきたという歴史があり，それが魚の細かい名前づけ，すなわち細かい分類につながっている。

実社会での分類問題

ここまでの話で，たしかに理屈の上では分類にはいろいろ問題がありそうだが，実社会で何かを分類する場合にはそれほど問題はないのではないかと思うかもしれない。しかし，実社会においても分類の問題を真剣に考えなければならないケースはいくらでもある。

たとえば，百貨店などの小売業界では**オーバーゾーニング**という考え方がある。百貨店では多種多様な商品を扱っているが，地下が食品，1 階が化粧品，2 階，3 階に洋服があり，さらに上にスポーツ用品，本，家具などの売り場があるというように，階ごとにあるまとまった商品を扱っている。われわれはその分類に従って（ときには案内板を見て）買いたいものがありそうな階に行く。

しかし，そのような素朴な品目による売り場区分・分類ではなくて，買い手の立場に立って，買い手が何を求めているかということを考慮した分類を考えることもできる。たとえば，スキーの売り場はスポーツ用品の階にあって，スキー板やスキー靴を売っているが，そこでスキー用具だけでなく，ツアーの予約を受けつけたり，チェーンや道路地図などを売ったり，あるいはスキー保険を売ったりというように，スキーをする人がトータルに必要としていることをまとめて扱う，というような考え方をオーバーゾーニングと呼ぶ。うまくやらなければ，何かを買いたい場合にどこにいったらよいかまったくわからなくなってしまうという危険性もあるが，それによって売り上げを伸ばすことができる可能性もある。このように，実社会でも分類に関する問題に出会うことは少なくない。

2

人為分類と類型分類

動植物の分類

情報の分類についてより深く考えていくために，分類学の歴史を振り返る。分類学の歴史は動物，植物を分類することから始まったと考えられる。動物分類学の出発点となったものはアリストテレス（Aristotle）による分類で，血液の有無，生殖のタイプ，足の数という3つの特徴に着目して動物を分類した。まず，動物を有血動物と無血動物に大きく分け，次に胎生と卵生，さらに何本足であるかということで分類を行った。これは，少数のわかりやすい特徴を選んで，それによって分類を行うという考え方で，このような分類を「人為分類」と呼ぶ。

このアリストテレスの分類は中世ヨーロッパに伝えられ，しばらくの間はそのような簡便な実用的分類が続いた。ヨーロッパの動植物の種類がそれほど多くなく，それらを分類する上ではアリストテレスが行ったような分類で十分であった。しかし，17世紀になって航海技術が飛躍的に進歩し，ヨーロッパの人々が世界中のいろいろな地域を訪れ，珍しい動植物を持ち帰るということが起こった。そうすると，今までに見たことのない動植物を分類するために，それまでの単純な分類ではうまくいかないことになり，この時期に動植物の分類は大きく進展した。

カルル・フォン・リンネ（Carl von Linné）は，動植物の分類について多くの功績を残し，分類学の父と呼ばれている。リンネは生物の分類として，界，門，綱，目，科，属，種という階層的カテゴリーを与えた。これは現在使われている階層的分類の原型となっているもので，たとえばイヌの現在の分類は図2-3のようになっている。

リンネはまた，生物の名前を，この階層の一番下の属と種の名前の組合せで表すという標準化を行った。それまでは，同じ種でも人によってばらばらな名前が使われていて，共通の理解が得られないという問題があった。どんな学問の世界でも，用語が統一されていないと議論がかみ合わないことになり，統一的な用語を設けることは非常

界　動物界
門　　脊髄動物門
綱　　　哺乳綱
目　　　　食肉目
科　　　　　イヌ科
属　　　　　　イヌ属
種　　　　　　　イヌ種

図2-3　イヌの分類

に重要なことである。リンネにはこのような功績があるが，その分類の基本的な考え方はアリストテレスのものと本質的に変わりはなく，少数の明確な特徴，属性で分類するという人為分類の考え方であった。

これに対して，ミシェル・アダンソン（Michel Adanson）が植物の分類でおもしろい考え方を示した。それは，それまでのような代表的な特徴，形質だけを考えるのではなくて，できる限り多くの形質を考慮し，多くの形質を共有しているものを属や種としてまとめるという考え方であった。さらに，まとめたグループ内の各メンバーに対して，絶対にある形質を持っていなければならないというような制限は与えない。これは，先に述べたウィトゲンシュタインの家族的類似性と同様の考え方といえる。このような分類の考え方は「類型分類」とも呼ばれる。人為分類のように，人間が特徴的であると思うものに着目して，それによって分類するのではなく，自然に存在する特性をできるだけ多く調べて，それらの上で類似性を考えることで分類するというものである。これは後で述べる「クラスター分析」の考え方につながる。

動植物の分類では，もう 1 つ重要なこととして，進化との関係がある。つまり，どういう種がどのように分かれて進化してきたか，その進化の過程，系統を再現するような分類ができれば，それがある意味でもっとも妥当な生物の分類であると考えることができる。

このような問題を指摘して，動植物の進化の系統に従って「系統分類」というものを考えるのがよいといったのが 18 世紀末のジャン・バプティスト・ラマルク（Jean-Baptiste Lamarck）である。しかし，その当時のヨーロッパのキリスト教社会はそのような考え方が受け入れられるような社会ではなく，系統分類という考え方は注目されなかった。その後，ダーウィン（Charles Robert Darwin）が著書「種の起源」で進化論を唱え，それが進化についての考え方として受け入れられるようになり，系統分類も盛んに研究されるようになった。

動植物の分類について，進化の系統を正解と考えることができるとしても，当初は，進化の系統に影響を与えそうな形質，たとえば形態学的形質，発生学的形質，細胞学的形質，生物学的形質，生態学的形質などをあげて，その間の類型分類によって系統図を推測するということが行われてきた。しかし，20 世紀末に遺伝子解析が容易になったことから，生物の DNA の塩基配列の解析などに基づく分子系統学が発展しており，より直接的に生物の進化を推定できると期待されている。

図書の分類

次に図書の分類について考える。図書の分類には 2 つの側面がある。1 つは「書架分類」であり，書架，つまり図書館の本棚のどこに何を置くかという図書の物理的配列のための分類がある。図書館の書架には基本的に 1 次元の順番がついているので，「書架分類」は 1 次元の順番がつく分類である必要がある。もう 1 つは「書誌分類」である。図書のタイトル，著者名，主題などを図書の書誌情報と呼ぶ。「書誌分類」とは物理的な図書そのものではなく，書誌情報を体系化する分類であり，まずあらゆる主題に関して分類表を作る必要がある。そして，各図書の主題をこの分類表に対応づけ，その位置に書誌情報を配列したものを分類目録と呼ぶ。

書架分類の 1 つの方法は，単純に図書の入手順に番号をふり，その順に図書を並べるという方法である。入手番号を分類目録に載せることで，主題から実際の図書にアクセスすることができる。もう1つの方法は，主題に関する分類表を1次元に順番がつくようにコード化し，各図書の主題のコードに基づいて図書を並べる方法である。この場合は，図書の年々の増加に対して書架スペースに十分な余裕が必要となるが，同一の主題のものが書架上でも同じ場所に並ぶというメリットがある。

ここで，図書館の歴史を簡単に振り返る。古くは，アレキサンダー大王の時代に宮廷内に図書館と呼べるものが存在し，蔵書目録も作られていたが，残念ながらこの目録などは残っていない。中世には修道院や教会に図書館が作られたが，その規模は数百冊から多いものでも2千冊程度であったため，その分類・整理はどのような方法でもそれほど困難はなかった。

13，14世紀になると各地に大学が生まれ，ルネッサンス以降には，主題による分類という考え方が出てきて，学問分野を基本として数十の分類がなされた。18世紀になるとヨーロッパでは教育がかなり進み，中産階級といわれる人たちが出てきた。この人たちは教育されて文字が読めるようになり，読書の習慣も定着し，それにともない会員制の図書館や貸本屋などが生まれた。

19世紀になるとさらに教育が普及し，一般の人々も文字が読めるようになった。そうすると公共の図書館が必要になってきて，図書館というものの姿もかなり変わってきた。このような時代になると本の数も増えて，その分類について真剣に考えなければならなくなった。メルヴィル・デューイ（Melvil Dewey）の「デューイ十進分類法（Dewey Decimal Classification；DDC）」や，シャリ・ラマリタ・ランガナータン（Shiyali Ramamrita Ranganathan）の「コロン分類法」など，現在でも利用されている分類法がいろいろと考えられるようになった。

十進分類法とは，その名前のとおり十進数によって行う階層的分類である。その例を図2-4に示す。具体的にはデューイ十進分類法，国際十進分類法，日本十進分類法などさまざまなものがある。

図2-4の左側がデューイの十進分類の上位の分類である。1番上の区分では哲学，宗教，社会科学，言語などのように10個に分類され，各々がまたさらに10個に分かれていくという木構造状の分類である。たとえば，芸術はさらに生活，建築学，音楽などに，その中の音楽はさらに音楽原理，声楽，独唱音楽などに分かれている。ここで重要なことは，各段階で名前をつけて分類を行うのは9つまでで，10個目（区分としては0）にはそれ以外のものが入る項目を残している。つまり，あるレベルで区分・分類をすると，どうしてもそのどれにも入らないものが出てくるため，それらを入れるところが確保されている。

この方法は，十進数の値によって1次元の順番がつくため，書架分類としてそのまま使うことができる。また，われわれが日常的に親しんでいる十進数に基づいているため理解がしやすく，本が入ってきたときに分類する場合にも，また図書館でこの表を頼りに本を探す場合にも，利用しやすいというメリットがある。デメリットとしては，学問分野が進展するなどして新しく分類の修正・追加などが必要になった場合，11個目，12個目に項目を追加することが許されないため，根本的な見直しが必要になるという問題がある。し

000 総記	→ 700 芸術
100 哲学と心理学	710 生活，造園
200 宗教	720 建築学
300 社会科学	730 造形美術，彫刻
400 言語	740 絵画，装飾美術
500 自然科学と数学	750 画法，絵
600 技術（応用科学）	760 工芸美術，印刷，版画
700 芸術	770 写真術，写真
800 文学と修辞学	780 音楽
900 地理学と歴史	790 娯楽，演芸

図2-4　デューイ十進分類法

z 総記	BZ 物理的科学
1 知識	C 物理学
2 図書館学	D 工学
3 図書学	E 化学
4 ジャーナリズム	F 技術
A 自然科学	G 生物学
AZ 数理科学	H 地学
B 数学	… …

図 2-5　コロン分類法の主題

かし，十進分類の理解しやすさというメリットは大きく，幾多の修正を経て，その時代に合う十進分類法が考えられてきた。

もう 1 つの代表的な分類法に，コロン分類法がある。これは，十進分類法の最初の 10 分類にほぼ対応するような形で，はじめに 40 ほどの主題を設定する（図 2-5）。そして，その各主題ごとに，その中にさまざまな観点を設定して，それを分類に付け加える。このような観点をファセットと呼ぶ。たとえば主題の 1 つに医学があるが，医学には「器官」（眼，胃，血液，骨など）や「分科」（解剖学，生理学，疾病，衛生など）というファセットが設定されている。これによって，たとえば「眼の病気」という主題は，「主題－医学，器官－眼，分科－疾病」という分類が与えられることになる。

どういう観点が必要であるかということは主題ごとに変わるので，ファセットは主題ごとに定義される。すでに，分類には観点があることを指摘したが，コロン分類法は 40 あまりの主題各々において観点を反映するような分類法であるといえる。

コロン分類法は新しい分野の発展などには強く，その分野ごとにファセットを定義することで適切な分類を設定することができる。しかし，十進分類に比べるとかなり複雑になってしまうため，使いやすさという点で問題があり，広く使われているわけではない。しかし，分類において観点が重要であることは明らかであり，それを取り入れるための試みとして評価することができる。

クラスター分析

動植物の分類の説明で，アダンソンの類型分類の考え方を紹介した。それは人為的に選択した少数の形質によって分類を行うのではなく，できるだけ多くの形質を考慮し，多くの形質を共有する，すなわち類似する個体をまとめていくという分類方法であった。その後，このような類似に基づく分類方法が発展し，数量分類学と呼ばれる分類学が生まれた。これにはコンピュータの急速な進歩が関連している。

数量分類学の基本的な考え方は，個体を特徴ベクトルとして表現する点にある。すなわち，個体の特徴を表す属性を明確化し，その各属性を要素とするベクトルを考える。属性の取りうる値は，0 か 1，自然数，実数など，さまざまである。このように，個体を特徴ベクトルで表現すれば，個体間の類似度を特徴ベクトル間の類似度として計算することができ，類似度の高いものをまとめるクラスタリングという処理によって，ボトムアップの分類をすることも可能になる。この一連の作業をクラスター分析と呼ぶ。

クラスター分析の簡単な例を示す。図 2-6 の左側の表が特徴ベクトルの集合を表したものである。縦軸に個体，横軸に属性で，f_1，f_2，…，f_6 は何らかの属性を表す。各行が各個体の特徴ベクトルで，たとえば A という個体の特徴ベクトルは（1 0 1 0 0 1）である。

次に，この特徴ベクトルに基づいて個体間の類似度を計算したものが，図 2-6 の真中の表である。特徴ベクトルから類似度を計算する方法としては，ユークリッド距離，角度，一致係数などさまざまな方法があるが，ここでは一致係数，すなわち，属性が同じ値である割合を尺度としてい

特徴ベクトル

属性 個体	f_1	f_2	f_3	f_4	f_5	f_6
A	1	0	1	0	0	1
B	1	1	0	1	1	0
C	0	0	1	0	1	0
D	0	1	0	1	0	1
E	1	0	1	0	1	1

類似度（一致係数）

	A	B	C	D	E
A	1	1/6	3/6	2/6	5/6
B		1	2/6	3/6	2/6
C			1	1/6	4/6
D				1	1/6
E					1

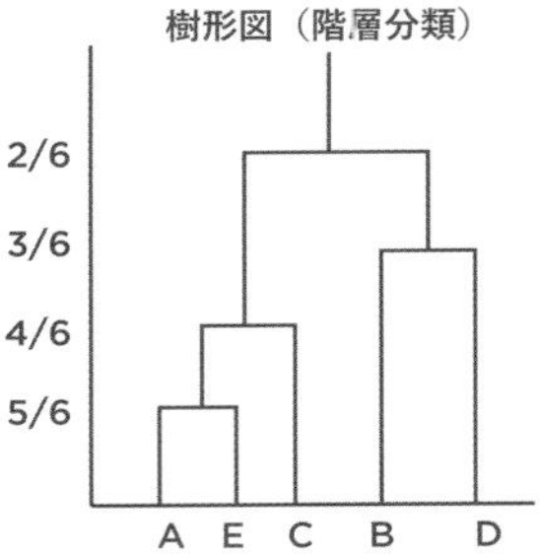

樹形図（階層分類）

2/6
3/6
4/6
5/6
A E C B D

図 2-6　クラスター分析の例

る。たとえばAとBはf_1だけが一致しているので一致係数が1/6ということになる。

このように個体間の類似度を計算して，最後にこれを用いて類似するものをまとめるクラスタリングを行う。クラスタリングにもさまざまな手法があるが，ここでは単純にもっとも類似しているものから順にまとめていくという手法を用いる。そうすると，まず類似度のもっとも高いAとEがまとめられ，次に近いEとC（EはすでにAとまとめられているので{A，E}とC）がまとめられる。これを繰り返すと図2-6の右側の結果が得られ，これを樹形図と呼ぶ。このような操作はボトムアップの分類とみなすことができる。

このようなクラスター分析を図書について行うにはどうしたらよいだろうか。そのためには図書を特徴ベクトルとして表現する必要があり，どのように属性を選ぶかが問題になる。1つの方法は，図書の内容を表す単語を属性とすることである。図書の内容を表す適切な単語を選ぶことも難しい問題だが，ここでは本のタイトルの中に現れる単語を用いることにする。たとえば次の本をクラスター分析することにする。

A. 図書館ネットワークの課題
B. 図書館情報サービスの理論
C. ネットワーク理論
D. 情報サービスの課題
E. 図書館ネットワークの理論と課題

特徴ベクトルの次元はこれらのタイトル中の単語の異なり語数で，6となる。各図書の特徴ベクトルは，その次元に対応する単語がタイトルに含まれていれば1，そうでなければ0とする。ここで，{図書館，情報，ネットワーク，サービス，理論，課題}をそれぞれ{f_1，f_2，…，f_6}とすればA〜Eの図書の特徴ベクトルは図2-6の左側の表そのものとなる。このように図書の特徴ベクトル化を行えば，そこから類似度計算とクラスタリングを行うことは図2-6とまったく同じ操作で実現される。

上の例では，特徴ベクトルとして図書のタイトル中の単語だけを用いたが，図書の内容をより正確に表すには，タイトルだけでなく，目次，概要，あるいは本文全体に現れる単語を用いることも考えられる。最近急増している電子書籍の場合には，本文全体に含まれる単語を自動的に取り出すことも難しくない。そのような場合には，ベクトルの要素の値として，単に単語が出現したかどうかを示す0，1ではなく，本文中での単語の頻度を用いたり，あるいは，その単語がどの図書にも現れる一般的な単語であるか，特定の図書だけに現れる単語であるかという違いが反映されるように工夫することもできる。

このように，クラスター分析は生物の分類手法として生まれ育ったものであるが，図書や情報の分類に利用することも可能であり，現在では一般的なデータ解析として心理学・社会学・認知科学から，経営分析・マーケティングまで，幅広い分野で活用されている。

3 情報検索と情報推薦

情報デザインは，情報を構造化し，理解しやすい形で人に伝える方法論である。前節で紹介したクラスター分析は，階層的分類によって情報を構造化し全体をよりよく見通すことを可能とする。しかし実は，個体を特徴ベクトル化で表現し，その間の類似度計算を可能とすること自体にも大きな意味がある。ここでは，類似度を用いて情報を関係づけることにより，適切な情報を人に届ける情報検索と情報推薦について説明する。

情報検索

情報検索は，古くは論文やビジネス文書に対してその内容を表現するキーワードを人手で付与しておき，検索時にもキーワードを与えてマッチする文書を提示するというものであった。その後，文書から重要なキーワードを自動抽出して検索対象とすること，さらに，語の重要度を考慮しつつ文書の全体を検索対象とする**全文検索**（full text search）に発展した。1990年代からは，ウェブの出現とともに，ウェブの全文検索，いわゆる**サーチエンジン**（search engine）の研究開発が加速度的に進展した。

ここでは，情報検索の基本的な仕組みを説明する。本には索引があり，調べたい語に関連する重要な箇所に効率的にアクセスすることができる。ウェブなどの大規模な文書集合に対する全文検索の場合も同様で，あらゆる語がどの文書に出現するかを事前に調べて索引を作っておく。このような索引を**転置インデックス**（inverted index）と呼ぶ。

ここでは，説明の簡単化のために5つの文書が検索対象で，その中の語の出現が図2-7の左の表のようになっているとする。このとき，右の表のような転置インデックスを作っておけば，どの語がどの文書に出現しているかが一目瞭然となる。たとえば，「言語」を含むのは文書1と文書3であり，さらに，「言語」と「コンピュータ」の両方を含むのは文書1だけであることも簡単に求められるようになる。

検索したい内容を表現する語集合や自然文をクエリ（query）と呼ぶ。大規模な文書集合に対する検索では，クエリ中の語をすべて含む文書が多数存在することも少なくない。たとえば，「言語コンピュータ」でウェブ検索を行うと1千万件を超える文書がマッチする。そこで，それらの文書をクエリに対する**適合度**（relevance）によって**ランキング**（ranking）することが必要となる。

クエリと文書の関連度の計算は，語（term）の

文書 1	言語，コンピュータ，問題
文書 2	コンピュータ，問題
文書 3	言語，問題，情報
文書 4	問題，情報
文書 5	情報，コンピュータ

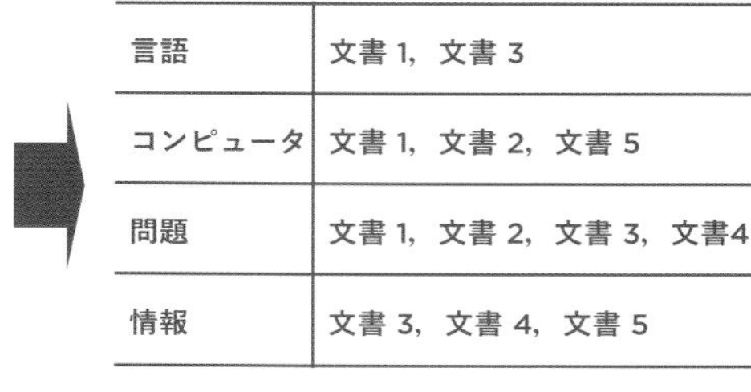

言語	文書 1，文書 3
コンピュータ	文書 1，文書 2，文書 5
問題	文書 1，文書 2，文書 3，文書4
情報	文書 3，文書 4，文書 5

図 2-7　転置インデックス

重要度に基づいて行われる。ある語が文書の中で多数出現すれば，その文書はその語に強く関連すると考えられる。すなわち，語の重要度の基本は文書 d における語 t の頻度 $tf_{t,d}$ であり，これを TF（term frequency）と呼ぶ。

では，クエリが「言語 問題」である場合，「言語」と「問題」のどちらが検索においてより重要と考えられるだろうか。おそらく「言語」の方が検索の意図をより限定的に表現する重要な語であり，これに対して「問題」は一般的な語であるため，クエリに関連する文書を絞り込む効果は大きくないと思われる。

このような違いを表現する尺度が **IDF**（逆文書頻度，inverted document frequency）である。検索対象の文書集合中で，ある語 t を含む文書数 df_t を**文書頻度**（document frequency）と呼ぶ（各文書にその語が何回出現しているかは問わない）。文書頻度は，「言語」のような限定的な語では比較的小さな値，「問題」のような一般的な語では比較的大きな値になる。そこで，次式で計算される IDF の値を，語の重要度のもう 1 つの尺度と考える。

$$idf_t = \log \frac{N}{df_t}$$

ここで，N は検索対象の文書の総数である。

語 t の文書 d における重要度を TF と IDF の積，すなわち，$tf_{t,d} \times idf_t$ とする方法を TF-IDF 法と呼ぶ。表 2-1 に TF-IDF 法の計算例を示す。

表 2-1 の各列は，各文書について，そこに含まれる語とその重要度（tf-idf 値）によって文書の内容をベクトルで表現したものと考えることができる[1]。クエリについても同じ次元のベクトルで表現することによって，ベクトル間の類似度を用いてクエリに対する文書のランキングを行う検索モデルを**ベクトル空間モデル**（vector space model）と呼ぶ。

たとえば，表 2-1 の文書集合に対して，「言語 問題」というクエリを与える場合，これを同じ次

表 2-1　TF-IDF 法の計算例（文書の列の 2 つの値はそれぞれ tf と tf-idf）

	文書 1	文書 2	文書 3	文書 4	文書 5	*df*	*idf*
言語	2, 0.80	0, 0.00	1, 0.40	0, 0.00	0, 0.00	2	0.40
コンピュータ	1, 0.22	1, 0.22	0, 0.00	0, 0.00	2, 0.44	3	0.22
問題	2, 0.20	2, 0.20	3, 0.30	1, 0.10	0, 0.00	4	0.10
情報	0, 0.00	0, 0.00	2, 0.44	1, 0.22	1, 0.22	3	0.22

元の特徴ベクトルで表現したq=［1 0 1 0］と，表2-1の各文書の特徴ベクトル間の類似度を計算することになる。類似度としてはベクトル間の余弦などが用いられる。

$$\cos(d_{文書1}, q) = 0.83$$
$$\cos(d_{文書2}, q) = 0.48$$
$$\cos(d_{文書3}, q) = 0.74$$
$$\cos(d_{文書4}, q) = 0.30$$
$$\cos(d_{文書5}, q) = 0.00$$

この結果，検索のランキングは文書1，文書3，文書2，文書4，文書5となる。

ウェブ検索

ウェブ検索は**サーチエンジン**（search engine）とも呼ばれる。これまでに説明してきた情報検索の基本的な枠組みに加えて，ウェブを対象とすることによって追加で考慮すべき事項がある。

ウェブ検索は大きく誘導型（navigational）と調査型（informational）に分類することができる。誘導型の検索は，企業や行政のホームページのように存在することを知っている，あるいは存在することが予想されるページを見つけることを目的としたものである。この場合，クエリは企業名などであり，クエリとページの中身のマッチングよりも，クエリとは独立に，ページの**重要度**を考える必要がある。すなわち，単にその企業名を含むページではなく，その企業のトップページなどを重要と考える尺度が必要となる。

一方，調査型の場合は，そもそも何を調べたいかが明確でない場合も含め，さまざまな場合がありえる。たとえば，漠然と「子育ての問題点を調べたい」という場合もあれば，「子供の体力低下について知りたい」，「子供の体力低下に対する有効な対策を知りたい」，「○○という運動器具が安全で効果的かどうかを知りたい」などの場合もある。このような検索では，前節で説明したクエリとページの適合度がまず重要であるが，ウェブ上には玉石混交のさまざまなページがあることから，誘導型の場合と同様にページの重要度を合わせて考慮することが有効である。

ウェブ上の各ページの重要度は，ウェブのハイパーリンクの構造から推定することで可能であり，その有名なアルゴリズムとして**ページランク**（PageRank）がある。ページランクの基本的な考え方は「重要なページは重要なページからリンクされている」というものであり，ページuの重要度$PR(u)$を以下の式で定義する。

$$PR(u) = \frac{1-d}{N} + d \sum_{v \in B_u} \frac{PR(v)}{L_v}$$

ここで，B_uはページuをリンクしているページの集合，L_vはページvからのリンク数である。Nは（計算対象とする）ウェブページの総数，dはダンピング・ファクターと呼ばれるもので0.85程度に設定される。このように，ページランクはそれをリンクしている他のページのページランクから再帰的に定義されており，ウェブ全体の各ページのページランクは繰り返し計算によって求めることができる。ページランクはグーグルの創業者であるブリン（S. Brin）とペイジ（L. Page）によって提案されたもので，グーグルの検索が高精度で一気に人気を得た原動力の1つであった。

ページランクのほかにも，ページの重要度の尺度となり得るものとして，URLの深さ，リンク数，ページ単位ではなくサイト単位のランク，（サーチエンジン運営者であれば入手できる）検索結果でのクリック数やページでの滞在時間など，さまざまな手がかりを考えることができる。

一方，ベクトル空間モデルに代表されるクエリと文書の適合度についても，クエリとページタイトルとのマッチングや，TF-IDFの計算方法の種々のバリエーションが考えられる。現在の商用サーチエンジンでは，ページ重要度とクエリ・ページ適合度を合わせて百を超える手がかりが用いられている。

情報推薦

インターネットのオンライン書店などでは，ユーザ個人が興味を持つであろう書籍のリストが推薦される。このような情報推薦においても，類似度という観点での情報の構造化が利用されている。その基本的な考え方は，あるユーザAに対して，嗜好の似たユーザBがいて，ユーザBが最近購入した本があれば，それはユーザAも興味を持つであろう，というものである。

このような計算を，大規模なコミュニティ，ユーザ集合に対して行うことにより，確度の高い推薦を実現することができる。ユーザの暗黙的協調によって膨大な商品の中から有望なものを選択する＝フィルタリングするという意味でこのような技術は協調フィルタリング（collaborative filtering）とも呼ばれる。

このような協調的な推薦の計算を表2-2の評価値行列の具体例を用いて説明しよう。評価値行列は，各行がユーザに，各列が商品に対応し，行列中の各値はユーザが商品に対して行った5段階評価の値とする（5が高評価，1が低評価）。そして，ユーザ5は商品5に対してまだ評価を行っておらず，この評価値を推測する問題を考える。この評価値をうまく推測することができれば，もしその評価値が高ければユーザ5に対してこの商品を推薦すればよいということになる。

表 2-2　評価値行列

	商品1	商品2	商品3	商品4	商品5
ユーザ1	3	1	2	3	3
ユーザ2	4	3	4	3	5
ユーザ3	3	3	1	5	4
ユーザ4	1	5	5	2	1
ユーザ5	5	3	4	4	?

表 2-3　評価値行列（各ユーザの平均値で調整）

	商品1	商品2	商品3	商品4	商品5
ユーザ1	0.60	−1.40	−0.40	0.60	0.60
ユーザ2	0.20	−0.80	0.20	−0.80	1.20
ユーザ3	−0.20	−0.20	−2.20	1.80	0.80
ユーザ4	−1.80	2.20	2.20	−0.80	−1.80
ユーザ5	1.00	−1.00	0.00	0.00	?

すでに述べたように，推薦の基本的な考え方は，いま評価値を推測したいユーザと類似したユーザを見つけ出し，その人たちの評価値を利用するというものである。この場合，評価値行列の行ベクトルを各ユーザの特徴ベクトルと考えることができるので，この特徴ベクトルを用いて似たユーザを探しだせばよい。

ユーザの類似度を考える上で，評価の辛いユーザと甘いユーザがあることを考慮し，評価値から各ユーザの評価の平均値を引いておく。このような調整を行ったものが表2-3である。その上で，ユーザの類似度として，特徴ベクトルの余弦を用いると，ユーザ5と各ユーザの類似度は次のように求まる（ただし，商品5の次元はユーザ5について未定なので計算に用いない）[2]。

$$\cos(\text{ユーザ}1,\ \text{ユーザ}5) = \frac{(0.6\times 1+(-1.4)\times(-1)+(-0.4)\times 0+0.6\times 0)}{\sqrt{0.6^2+(-1.4)^2+(-0.4)^2+0.6^2)}\times\sqrt{(1^2+(-1)^2}} = 0.84$$

$$\cos(\text{ユーザ}2,\ \text{ユーザ}5) = 0.61$$

$$\cos(\text{ユーザ}3,\ \text{ユーザ}5) = 0.00$$

$$\cos(\text{ユーザ}4,\ \text{ユーザ}5) = -0.77$$

そこで，ユーザ5の商品5に対する評価値を推測するために，類似度上位のユーザ1とユーザ2の評価を用いることにする。このとき，ユーザ5の商品5に対する評価推測値は，ユーザ5の平均評価値に，ユーザ1とユーザ2の商品5の調整済み評価値を類似度で重み付けして加えることにより，次のように求まる。

$$4+\frac{0.84\times0.60+0.61\times1.20}{0.84+0.61}=4.85$$

この結果，商品5の評価推測値は高い値となり，ユーザ5への推薦リストに加えられることになる。

ここまで紹介した方法は，類似したユーザを探すことに基づく方法であったが，逆に，類似した商品を探すことによる推薦も可能である。その場合は，評価値行列の列ベクトルを各商品の特徴ベクトルと考え，この特徴ベクトルを用いて商品5に似た商品を探す。

表2-3を用いて，各商品の特徴ベクトルの余弦を類似度とすると，商品5と他の各商品の類似度は次のように求まる（ただし，ユーザ5の次元は商品5について未定なので計算に用いない）。

cos（商品1，商品5）

$$=\frac{0.6\times0.6+0.2\times1.2+(-0.2)\times0.8+(-1.8)\times(-1.8)}{\sqrt{0.6^2+0.2^2+(-0.2)^2+(-1.8)^2}\times\sqrt{0.6^2+1.2^2+0.8^2+(-1.8)^2}}$$

= 0.80

cos（商品2，商品5） = -0.91

cos（商品3，商品5） = -0.76

cos（商品4，商品5） = 0.43

この結果，商品5は商品1，商品4と類似した商品であることがわかるので，ユーザ5の商品1，商品4に対する評価値をこの類似度で重み付けし，ユーザ5の平均評価値に加えることにより，ユーザ5の商品5に対する評価推測値は次のように計算できる。

$$4+\frac{0.80\times1.00+0.43\times0.00}{0.80+0.43}=4.65$$

協調フィルタリングは現在のオンラインショッピングサイトにおける情報推薦の主要技術である。ただし，これを実際に利用する上では，評価情報をどのように得るか（購買履歴や閲覧履歴も評価値として利用可能である），評価値行列が非常に疎であることにどう対処するか，嗜好や購買履歴が明らかでない新たなユーザや新たな商品をどのように扱うか，などの問題にも対応する必要がある。

4
情報の概念モデリング

2.1 節で述べた情報の分類は，情報の構造化のための第 1 歩である。このような情報の分類だけでなく，情報相互の関係をも構造化するものとして，データや情報の**概念モデリング**（Conceptual Modeling）がある[5]。

ピーター・チェン（Peter Chen）によって提唱された **ER モデル**（実体関連モデル，Entity Relationship Model）[6]は，情報の概念モデリングを行うための 1 つのツールであり，データベースやソフトウェア工学分野でこれまで頻繁に使用されてきた。ER モデルは，データベース化したい大量の情報の分類や関係の構造化を行うことができる。さらに，後継の概念モデリングツールとしては，オブジェクト指向の代表的なモデリング言語として **UML**（Unified Modeling Language）[7]がある。UML は，ER モデルと同様に情報の分類や情報間の関係の分類を行うことができる。さらに，UML では，各実体（UML ではオブジェクトと呼ぶ）の属性構造に加えて振舞い（ビヘイビア，behavior）もメソッドという形でモデル化できる。

ER モデル

ER モデルは，**実体**（エンティティ）と**関連**（リレーションシップ）を用いて，対象とする情報を構造化することができる。実体とは，存在し区別可能なもの（椅子，人，車など）であり，高次元の概念（クモ類，植物など）や抽象的な概念（資本主義，共産主義など）も実体と捉える。同種類の実体を集めたもの（すべての学生，すべての家など）を実体集合（エンティティ・セット）と呼ぶ。おのおのの実体集合には，名前（実体型ともいう）が与えられる（「学生」，「家」など）。実体と実体の間にはさまざまな種類の「関連（リレーションシップ）」が定義され，同種類の関連を集めたもの（すべての学生の居住関連など）を関連集合（リレーションシップ・セット）と呼ぶ。おのおのの関連集合にも名前（関連型ともいう）が与えられる。

図 2-8 に ER モデルの実体集合，関連集合の例を示す。学生 A 君が家 X に住んでいると，A 君と家 X の間には「居住（LIVE）」という種類の「関連」が定義できる。同種類の「関連」を集めたものを「関連集合」と呼び，たとえば，「居住

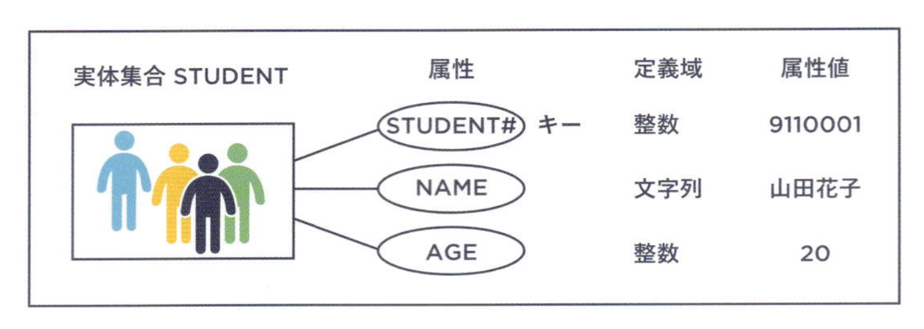

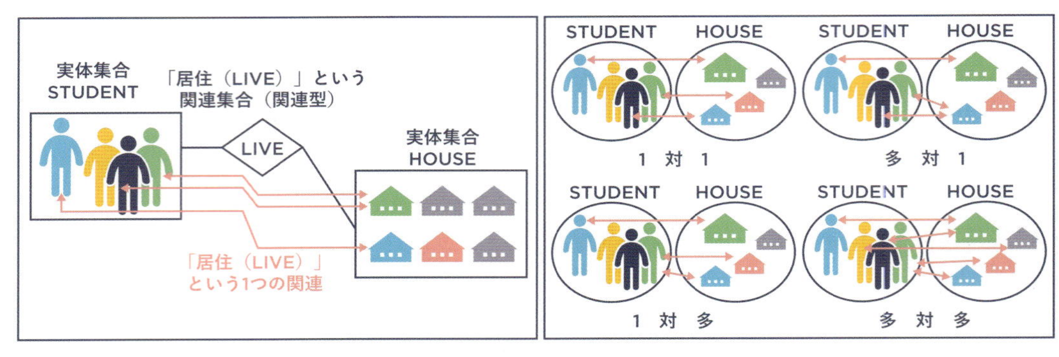

図 2-8　ER モデルの実体集合と関連集合

(LIVE)」は関連集合の名前となる。1 つの関連集合では，実体と実体の対応関係として，1 対 1 対応，1 対多対応，多対 1 対応，多対多対応のいずれかが指定される。たとえば，居住という関連集合は，「学生の居住する家は高々 1 つであるが，1 つの家に複数の学生が居住することがある」というような場合には，この関連集合は「多対 1」であると指定する。実体の持つ性質は実体の「属性」として表される。属性の「値」はその属性の定義域の要素である。各実体をユニークに識別できる属性（または属性の組合せ）を，その実体集合のキーと呼ぶ。

ER 図

ER モデルを用いて概念モデリングしたものを視覚化したものが **ER 図**（実体関連図）である。ER 図は，図 2-9 に示す記号で表現する。1 つの実体集合は長方形で，1 つの関連集合はダイアモンド記号で，1 つの属性は楕円記号で表す。関連集合は 2 つ以上の実体集合間に定義されるので，ダイアモンド記号の周辺に，関連する実体集合（長方形）を実線で接続する。各記号（長方形，ダイアモンド，楕円）の中には，対応する名前（実体集合名，関連集合名，属性名）を記す。さらに，キーに該当する属性名には下線を付す。おのおのの関連集合の対応関係（1 対 1 対応，1 対多対応，多対 1 対応，多対多対応）は，矢印なしの実線（「多」)，矢印ありの実線（「1」）で表現する。

図 2-10 は，学生とその住居に関する情報を概

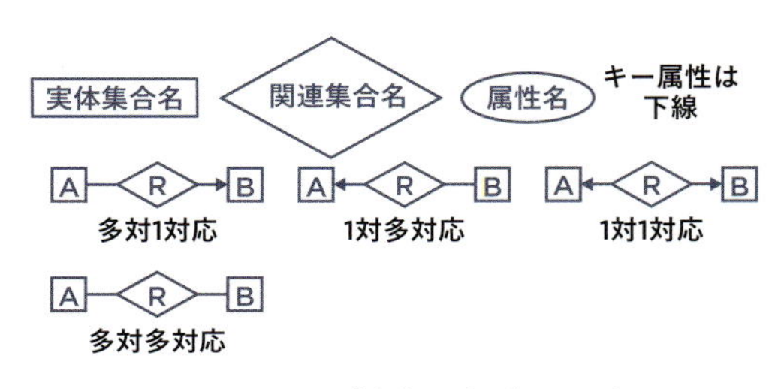

図 2-9　ER 図（実体関連図）の記法

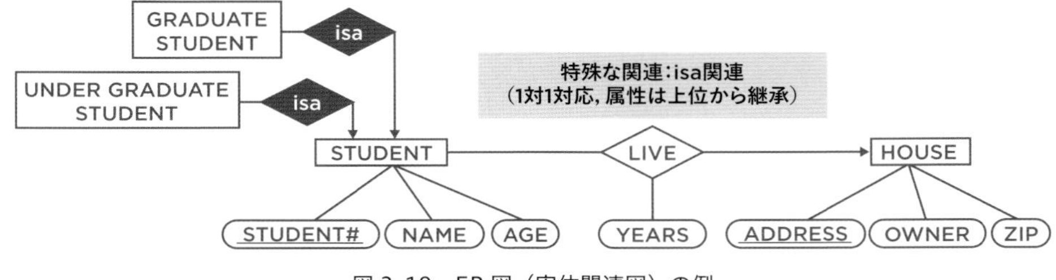

図 2-10　ER 図（実体関連図）の例

念モデリングした結果を ER 図で表現したものである。学生（STUDENT）という実体集合は，たとえば，大学院生（GRADUATE STUDENT）や学部学生（UNDERGRADUATE STUDENT）というような形でさらに分類が可能である。図 2-10 の ER 図に示すように，ER モデルでは，情報の分類構造を，2 つの実体集合間の isa 関連集合で表現する。GRADUATE STUDENT という実体集合と STUDENT という実体集合の間に，また，UNDERGRADUATE STUDENT という実体集合と STUDENT という実体集合の間に，isa という特殊な関連集合を導入することで，情報の分類構造を表現している。これらの isa 関連集合は，直観的には，

「大学院生は学生である」(Every graduate student is a student.)」

「学部学生は学生である」(Every undergraduate student is a student.)」

ということを表現したものである。すなわち，isa 関連は，実体間の**汎化**（generalization）関連を表すものである。たとえば，A 君という学生が大学院生である場合，A 君という実体は GRADUATE STUDENT，STUDENT という 2 つの実体集合に所属すると考える。GRADUATE STUDENT の A 君という実体と STUDENT の A 君の実体との間には 1 つの isa 関連があると考える。

一般的に，isa 関連で結ばれた 2 つの実体集合の間の対応関係は 1 対 1 であるが，これを ER 図で表現するときは，「isa」という方向性をわかりやすくするために，片方のみに矢印を入れることとなっている。

ER モデルは，通常は，図 2-10 のように，個々の実体や関連や属性の値を表現するものではなく，実体や関連や属性の構造を表現するものである。しかし，ER モデルは，文章などの言語表現そのものを概念モデリングするのにも利用できる。ER モデルの各構成要素と自然言語の品詞等との対応は，表 2-4 で表される[3]。

たとえば，1 つの普通名詞は 1 つの実体型（実体集合名）に，1 つの固有名詞は 1 つの実体に対応づけられる。また，1 つの他動詞は 1 つの関連型（関連集合名）に対応し，1 つの自動詞は（目的語を持たないため）1 つの属性名に対応させる。形容詞や副詞は，それぞれ，実体や関連の属性値に対応させる。たとえば，以下の文章を考えよう。

(a) 車高が高い車両が通行する。
(b) 田中さんの車が香川さんの車を急いで追い越す。
(c) 車両の追い越しは禁じられている。

これらの文章を ER 図で表現すると図 2-11 (a) ～ (c) のようになる。図 2-11 (a) では，「通行する」という自動詞や，「車高が高い」という形容詞句は，実体集合「車両」の属性や属性値で表

自然言語の文法構造	ER モデルの構成要素	例
普通名詞（common noun）	実体型	椅子，人，学生，車，家…
固有名詞（proper noun）	実体	J.F.Kennedy，京都大学，田中克己…
他動詞（transitive verb）	関連型	履修する，与える，販売する，購入する…
自動詞（intransitive verb）	属性の型	歩く・走る・泳ぐ・飛ぶ・進む・昇る・下がる・流れる **主語自身の位置や状態・様子が変化する意味の動詞**
形容詞（adjective）	（実体の）属性値	美しい，カワイイ，良い，悪い…
副詞（adverb）	（関連の）属性値	早く，遅く，急いで…
動名詞（gerund）	関連型から変換された実体型	販売，履修，出荷…
節（clause）	高次の実体型	

表 2-4　ER モデルと自然言語

している。「車両」という単語は普通名詞であるため，実体集合「車両」で表している。図 2-11（b）では，（車両が車両を）「追い越す」という他動詞を関連集合「追い越す」で表している。同一名の実体集合や関連集合を複数配置することは許されないので，「車両」という実体集合をループさせる形で表現している。「田中さんの車」や「香川さんの車」という具体的な実体は通常の ER 図では表現できないので，特定の車両実体やドライバー実体を表す絵文字 🚚 や 🧍，属性値そのものを表すための“急いで”，“田中さん”，“香川さん”という文字列表現を導入している。これは，ER 図には元来，その構成要素として，実体集合，関連集合，属性を表すものはあるが，個々の実体，関連，属性値を表現する構成要素がないためである。最後に，図 2-11（c）の ER 図は，複文のような文章をモデル化するために，「車両が車両を追い越す」という節は 1 つの関連集合として表現し，さらに，この関連集合を 1 つの実体集合と見なして「車両が車両を追い越すことを禁止する」という概念を表現している。

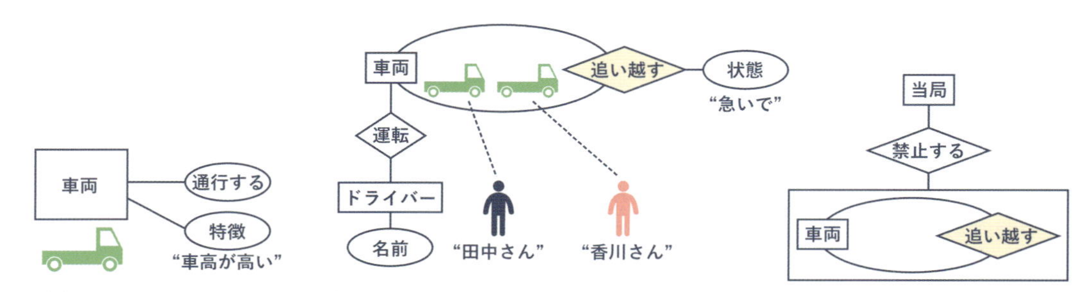

図 2-11　文章からの ER 図の作成

5 概念モデリングに基づくピクトグラムデザイン

絵文字（ピクトグラム）は，言語の語やその音形とは結びつかずに，ものや事柄の意味を表すような図像のことであり，標識デザインや感情表現の1つの有効な手法と位置づけることができる。ピクトグラムと同様の目的をもって使用されているものとして，ほかに，（狭義の）**表意文字**（イデオグラム，ideogram）や**表語文字**（ロゴグラム，logogram）などがある。（狭義の）表意文字は，音声を持つ単語とは直接結びつかずに，純粋に1つの観念やイメージを表す文字のことであり，アラビア数字（"1"）やブリスシンボルなどが該当する。一方，表語文字は，特定の言語の1つの言葉と直接結びつく文字であり，象形文字，漢字，ヒエログリフ（hieroglyph，神聖文字）などが該当するとされている[4]。

前節で述べた情報の概念モデリングは，さまざまな図像記号・標識のデザインにも使うことができる。たとえば，概念モデリングをきちんと行い，基本的な「実体型」や「関連型」に対して，適当な視覚記号を与えておくと，より高次の概念に対する視覚記号も合成できる可能性がある。図2-12はERモデルを用いたその一例である。基本的な実体型の「商品」，「顧客」，これらの間の関連型「出荷する」に対して図像記号を与えておくと，「商品の出荷」という，より高次の概念に対する視覚記号を合成することができる。

さらに，概念モデリングを行うことで，既存のピクトグラムのデザインの妥当性を分析・検証し，より良いピクトグラムを生成することができる。車両内での優先席を示す図記号の一例として，図2-13に示すものがよく知られている。この優先席図記号の情報の概念モデリングを行うと図2-14のようなER図が得られる。ここでは，各実体型に対してピクトグラムが与えられている。また，isa関連に従って，上位のピクトグラムを継承したり，書き換えたり，合成（overlay）することで，対象となる実体型のピクトグラムを生成できるようになる。

中国の象形文字や漢字，エジプトのヒエログリフは表意文字（あるいは表語文字）の一種であり，これらの表意文字の中で基本的なものは，モ

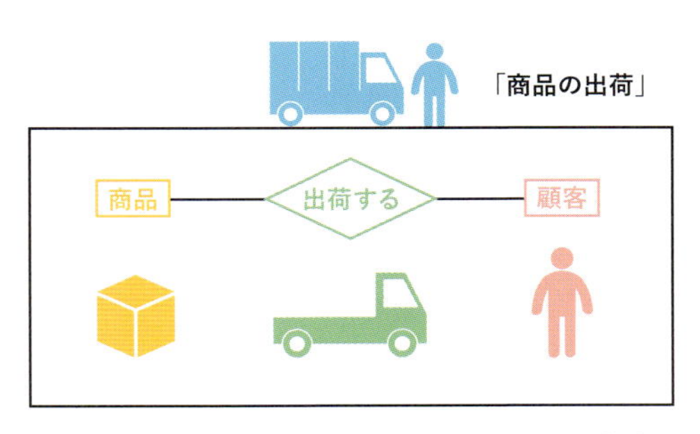

図2-12　実体型「商品出荷」の視覚記号の合成

図 2-13　優先席図記号

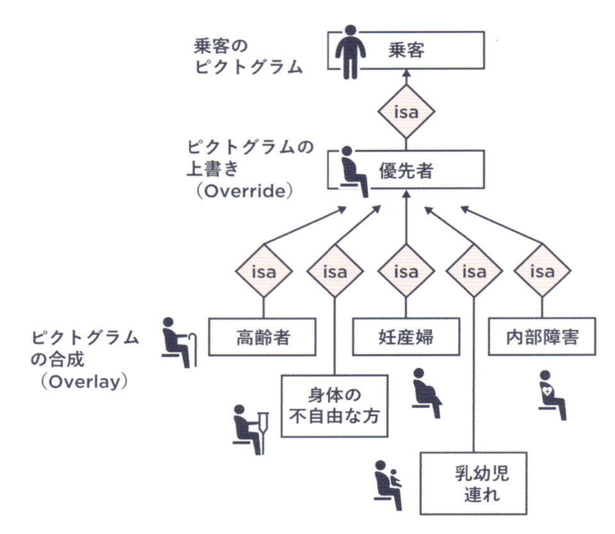

図 2-14　優先席図記号の概念モデル化

ノの物理形状や主要な特徴を模倣したものである。図 2-15 は中国の象形文字と対応する漢字の一例である。ER モデルの提唱者のピーター・チェンは，このような表意文字が表す概念間の関係を用いてその他の表意文字が合成されていると主張している[5]。次に，その合成のための主な原理を示す。

図 2-15　象形文字と漢字

部分集合の原理（Subset principle）

表意文字が表す概念に制約を課すことで，元の表意文字が表すモノの部分集合を表す表意文字ができる。たとえば，人（person）が，移動が限定され閉じ込められている場所を□で表すと，これらを合成して，囚（prisoner）という文字が合成

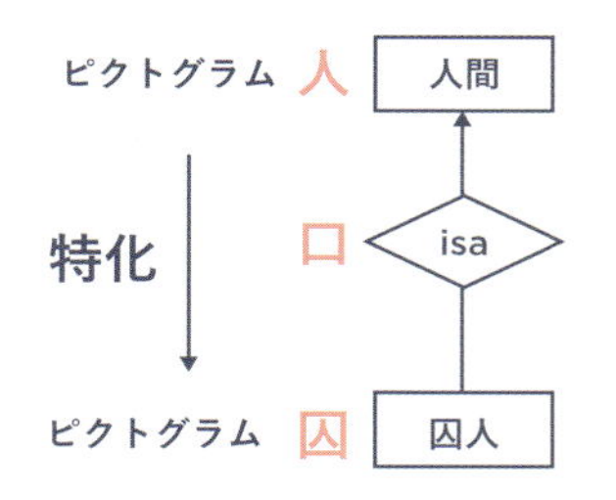

図 2-16　部分集合原理による表意文字の合成（漢字）

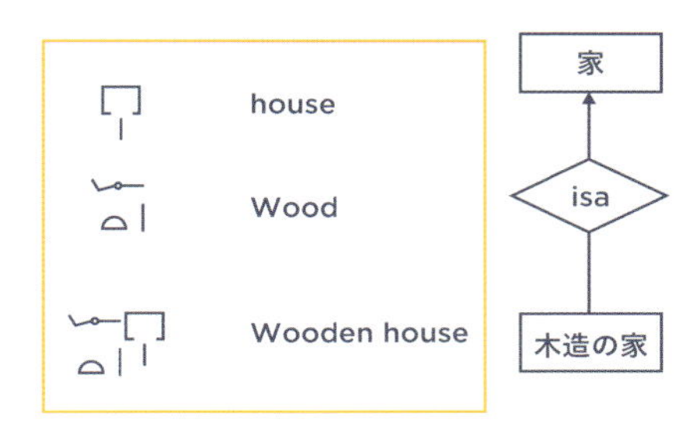

図 2-17　部分集合原理による表意文字の合成（ヒエログリフ）

される。図 2-16 はこの原理を ER 図でモデル化したものである。より上位の概念（たとえば「人間」）に制約を課して下位の概念（たとえば「囚人」）を得るプロセスを特化（Specialization）という。エジプトのヒエログリフでも同様の例が見られる。図 2-17 に示すのは，木造の家を表すヒエログリフ文字の合成である。

グルーピングの原理（Grouping principle）

表意文字の複製により，元の表意文字が表すモノが「多い」または「グループ」を表す表意文字ができる。たとえば，木（tree）がグループ化されて，林や森という文字が合成される。図 2-18，2-19 に，グルーピング原理によって合成された表意文字の例（漢字，ヒエログリフ）を示す。図 2-18 には UML による概念モデリングした結果も図示している。ER 図には「実体のグループ化（集約）」を陽に表現する記法がないため，ここでは UML クラス図の「集約」記号を用いて表している。枝上の数字ラベルは実体の個数を表している。

図 2-18　グルーピング原理による表意文字の合成（漢字）

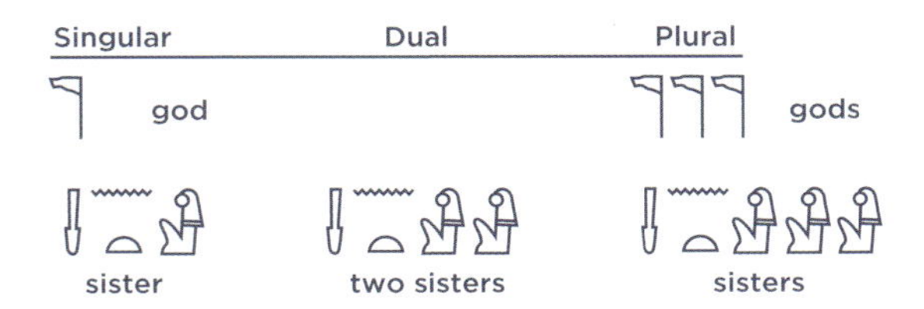

図 2-19　グルーピング原理による表意文字の合成（ヒエログリフ）

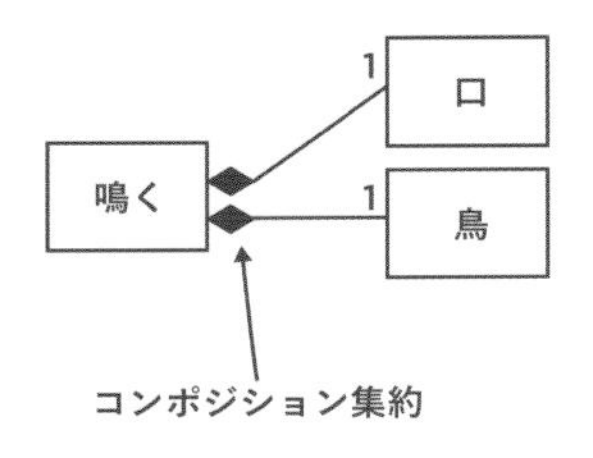

図 2-20　合成の原理による表意文字の合成（漢字）

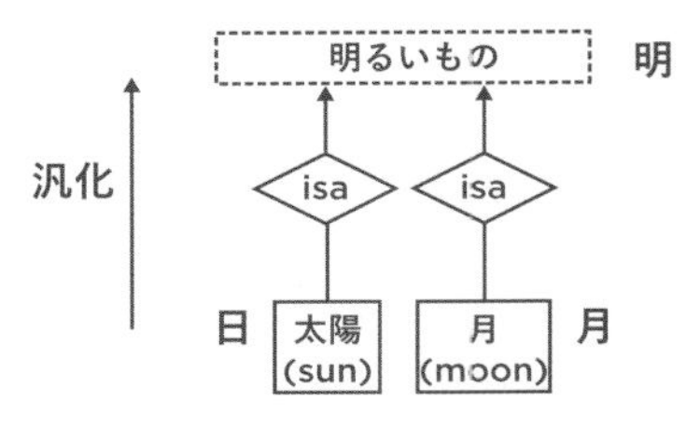

図 2-21　共通性原理による表意文字の合成（漢字）

合成の原理（Composition principle）

合成の原理は，集約（aggregation）の原理とも呼ばれ，表意文字の意味が，種類の異なる構成要素（表意文字）の意味の組合せとなるような原理である。たとえば，口（mouth）と鳥（bird）を組み合わせることで，鳴（bird's singing）という文字が合成される。ER 図には「種類の異なる複数の実体の組合せ」を陽に表現する記法がないため，ここでは図 2-20 のように UML クラス図における「コンポジション集約」記号を用いて表している。枝上の数字ラベルは実体の個数を表している。

共通性の原理（Commonality principle）

2 つ以上の表意文字の連結により，元の表意文字の共通の性質を意味する表意文字ができるという原理。たとえば，図 2-21 の ER 図に示すように，太陽（sun）と月（moon）という概念（実体型）に対して与えられた表意文字（「日」，「月」）を連結した表意文字「明（bright）」は，両者の共通の性質概念（「明るいもの」）を表していると考えることができる。

演習課題

（問 1） 机の引き出しの分類，自分の書棚の図書の分類など，日常生活での分類の例を考え，それがどのような分類基準によって行われているかを考察せよ。

（問 2） 書籍やニュースなどの推薦システムを考える場合は，情報検索の TF-IDF 法などによる内容の類似度に基づく推薦を考えることもできる。そのような方法と，協調フィルタリングによる方法の一長一短を考察せよ。

（問 3） 学生（学部生，大学院生），学部・研究科，講義，履修する，研究指導する，研究テーマ，教員（教授，准教授，助教），研究する，などの諸概念を ER 図で表現し，これを元に，実体型や関連型のピクトグラムをデザインせよ。

（問 4） 日本の「規制標識」情報（https://ja.wikipedia.org/wiki/ 日本の道路標識）の概念モデリングを ER モデルで行い，これを元にして新たに，規制標識のデザインを行ってみなさい。

参考文献

[1] Richard Saul Wurman: Information Anxiety 2, Que, 2000.（リチャード・ソール・ワーマン著，金井訳「それは情報ではない」，エムディエヌコーポレーション，2001.

[2] 永井均：「ウィトゲンシュタイン入門」，ちくま新書，1995.

[3] 吉田政幸：「分類学からの出発」，中公新書，1993.

[4] 緑川信之：「本を分類する」，勁草書房，1996.

[5] Dietmar Jannach, Markus Zanker, Alexander Felfernig, Gerhard Friedrich: *Recommender Systems: An Introduction*, Cambridge University Press, 2010.
（田中克己・角谷和俊監訳：「情報推薦システム入門 理論と実践」，共立出版，2012.）

[6] Peter P. Chen, Jacky Akoka, Hannu Kangassalu, Bernhard Thalheim（ed.）: *Conceptual Modeling*（Lecture Notes in Computer Science）, Springer, 1999.

[7] Peter P. Chen: The Entity-Relationship Model - Toward a Unified View of Data, *ACM Transactions on Database Systems*, Vol. 1, No. 1, pp. 9-36, 1976.

[8] マーチン・ファウラー著，羽生田 栄一訳：「UML モデリングのエッセンス」，翔泳社，第 3 版，2005.

注

1 これは，図 2-6 右に示した特徴ベクトルと同様のものである。ただし，図 2-6 では各行が特徴ベクトルであったのに対して，ここでは各列が特徴ベクトルになっていることに注意.

2 平均値での調整を行った表 2-3 に対して余弦を求めることは，元の表 2-2 に対してピアソンの相関係数を求めることに相当する.

3 Peter P. Chen, English Sentence Structure and Entity-Relationship Diagram, *Information Sciences*, Vol. 1, No. 1, Elsevier, May, pp. 127-149, 1983.
Peter P. Chen, English, Chinese and ER Diagrams, *Data & Knowlegde Engineering* 23, pp. 5-16, 1997.

4 文字　https://ja.wikipedia.org/wiki/ 文字

5 P. P. Chen, From Ancient Egyptian Language to Future Conceptual Modeling, in: Conceptual Modeling: Current Issues and Future Directions, Chen, P.P., et al. (eds.), Springer-Verlag, Berlin, *Lecturing Notes in Computer Sciences*, No. 1565, pp. 57-66, 1998.

CHAPTER

3

ことばのデザイン

情報をことばで表現するのが「ことばのデザイン」である。読み手が理解しやすいように言語表現を行うことが重要であり，本章では，ことばの意味，比喩表現の効用，語りの視点などについて考える。

（田中 克己）

1
語と文の意味

情報に的確な「かたち」を与えることが情報デザインの目的であるとすれば，その「かたち」の中でもっとも重要なものは「ことば」である。われわれは普段，ほぼ無意識のうちにことばを使いこなしている。しかし，的確に，効果的に情報を伝達する「ことばのデザイン」を考える上で，まずことばの基本的な働き・仕組みを確認しておく必要がある。

ことばの基本的な働きはものごとに名前をつけ，その関係を示すことである。前者は語が意味を持つことに対応し，後者は文またはそれ以上の単位の構造によって意味を表現することに対応する。以下では，語の意味と文の意味という視点でことばの特徴を見ていく。

語の意味の定義

言語における意味の基本単位は語である。ある一連の対象に対して語が与えられることにより，他の語で表現される別の一連の対象との区別が可能となる。このように語は世界のさまざまな対象を**分節**（articulate）する働きを持ち，語が与えられることではじめてその一連の対象に対応する概念が作られるともいえる。たとえば，日本語の世界では「わびさび」という語がありその概念があるが，この語を持たない英語の世界にはこれに明確に対応する概念がなく，その説明には苦労を要することになる。

語の意味，または語によって表現される概念はどのように定義することができるだろうか。ある概念について，その本質的な特徴・性質を**内包**（intension）と呼び，それに含まれる（属す）すべてを**外延**（extension）と呼ぶ。内包または外延によって概念を定義することができる。数学の集合を定義する場合にもこの2通りの方法があり，次の集合Aの2つの定義の違いはわかりやすいであろう。

内包的定義：$A = \{x \mid x$ は 10 以下の奇数$\}$
外延的定義：$A = \{1, 3, 5, 7, 9\}$

一般に，概念はその関係を階層化して考えることができ，上位の階層を**類**または**上位概念**，下位の階層を**種**または**下位概念**と呼ぶ（図3-1）。種は類から特徴・性質を受け継ぐ。

内包的定義は概念の本質的な特徴・性質を示すものであるので，特徴・性質を受け継ぐ最も近い類（最近類）を示し，さらに，その最近類の他の種と区別するための差（種差）を示せばよい。たとえば，「植物」は最近類が「生物」であり，「動

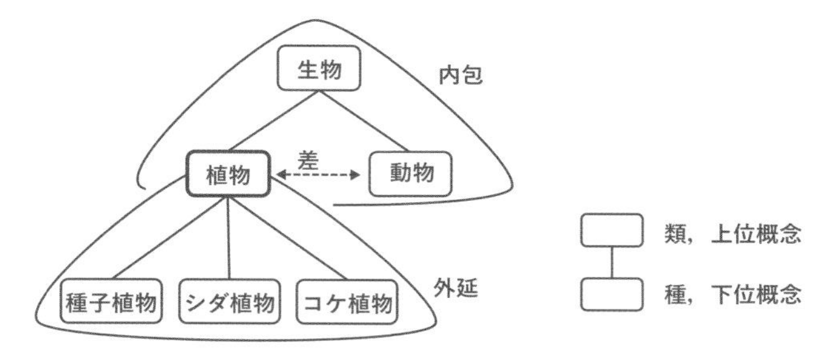

図 3-1　概念の階層と内包・外延の関係

物」との種差を示す特徴は「光合成を行うこと」である。一方，外延的定義ではその概念に属す具体例を列挙する。これは，その概念を類としたときの種を示すことで実現され，たとえば「植物」の場合には「種子植物」「シダ植物」「コケ植物」などを示すことになる。

語の意味の定義として思い浮かぶのは，国語辞典などに与えられている見出し語の語釈文，すなわち，語の意味を自然言語で表現したものだろう。そこでは，まず 1 文目で「種差＋最近類」という形で内包的定義が与えられ，場合によっては 2 文目に外延的定義が与えられる。「植物」の場合はたとえば次のようになる。

【植物】光合成を行う生物。種子植物，シダ植物，コケ植物などがある。

これ以外に，それがどのような要素から構成されているか，逆にどのようなものの構成要素となっているかという全体部分関係による定義や，機能・目的の観点からの定義なども考えることができる。

シソーラス

シソーラス（thesaurus）とは，意味の上位下位関係，同義関係を中心に語を体系的にまとめた辞書で，先ほど述べた概念の階層を表現したものともいえる。シソーラスの最初のものは英国の医師，ロジェ（P. Roget）によって編纂され 1852 年に出版された **Roget's Thesaurus** と呼ばれるもので，ここではじめてシソーラスという言葉が使われた。

現在，世界的に最も広く活用されているシソーラスとして，米国のプリンストン大学の心理学者，ミラー（G. Miller）らによって 1980 年代から継続して構築・改良されている英語のシソーラス，**WordNet** がある。WordNet では，synset と呼ばれる同義語の集合が基本単位となり，各 synset に対して，その上位語（hypernym），下位語（hyponym），全体語（holonym），部分語（meronym）などに相当する synset がリンクされている。図 3-2 に WordNet の synset の例を示す。ある語が多義である場合は，複数の synset に属すことになる。たとえば，car は図 3-2 の synset 以外にも，{car，railcar，railway car，railroad car}，{car, gondola}，{car，elevator car} などの synset に属している。これは多義性の定義と考えることができる。最新の WordNet3.0 は約 12 万 synset，約 15 万語を収録しており，ウェブからダウンロードして利用することができる[1]。

WordNet を他の言語に拡張することも広く行われている。EuroWordNet プロジェクトはヨーロッパ言語への拡張を行っている。さらに，中国語，アラビア語，インド諸言語の WordNet も存在する。日本語についてもボンド（F. Bond）ら

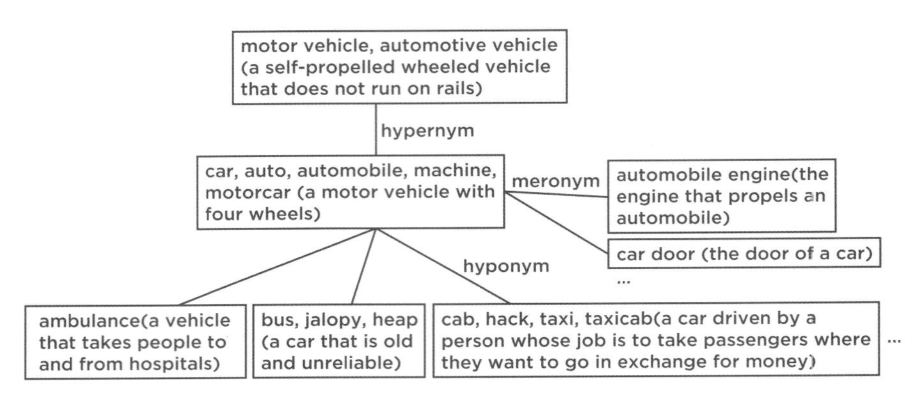

図 3-2　WordNet の synset の例

によって日本語 WordNet が構築されている[2]。日本語のシソーラスとしては，このほかに，国立国語研究所による分類語彙表，NTT による日本語語彙大系などがある。

同義語

語の意味の間には，ある意味を持つ語が複数ある**同義性**（synonymy）と，ある語が複数の意味を持つ**多義性**（polysemy）という，ちょうど真逆の 2 つの性質・関係がある。情報デザインの観点からは特に前者の同義性に注意し，これをうまく活用する必要がある。

形は異なるが意味はほぼ同じ語を**同義語**（synonym）と呼ぶ。ここで，語の形の異なりにはさまざまなレベルがあり，基本的に同じ語で表記が異なる場合（spelling variation）と，語が異なる場合に大別できる。

表記の異なり

綴り，字種，送り仮名の違いなど

例）{center，centre}，{りんご，リンゴ，林檎}，{受け付け，受付}

ネット表現などにみられる種々のくずれた表現

例）{あつい，あっつい，あつーい}

異なる語

翻訳語　例）{コンピュータ，計算機}
頭字語（acronym）例）{NHK，日本放送協会}
略記　例）{He，ヘリウム}
類義語　例）{美しい，きれいだ}

同義語は核となる意味は同じであるが，ニュアンスの違いや，丁寧さ，正式さ，強調などの付加情報の違いがある[3]。情報デザインにおいては，伝えたい情報の中身・文脈に応じて同義語の中から適切な語を選択することが重要である。たとえば，「古い」にはそもそもマイナスの印象があるが，「古ぼけた」「古くさい」といえばそれが強調され，「古風な」「古めかしい」といえばそれが緩和され，文脈によってはプラスの印象を与えることもある。

また，動詞については**コロケーション**（慣用的で自然な語のつながり）に関係する同義語が多い。建造物について「作る」「建設する」などはニュートラルな動詞であるが，「橋を架ける」「寺院を建立する」のように，文脈（目的語）に応じたコロケーション表現が存在する。これらを適切に用いることは洗練された印象を与え，そこで示される情報の信頼性にも影響を及ぼす。逆に「寺院を作った」では幼稚な印象を与えることになる。

文章を書くことを生業とする人は，シソーラスを活用し，同義語の中から適切な語を選択することに相当の神経を使っている。辞書学の伝統を持つ英語においては，Language Activator というおもしろい辞書がある。そこでは，約 1000 の基本概念・語彙を Key Words とし，そこに類似する表現が集約され，その使い方やニュアンスの違いが定義と用例で示されている。たとえば，セールスマンが自社の製品が安いことを伝えたい場合，● CHEAP という項目を見れば cheap，inexpensive, affordable などがあり, cheap には“...though often not of the best quality”，inexpensive には“...of good quality for the price you pay”というような説明が与えられている。残念ながら今のところ，日本語にはここまで充実した文書作成のためのシソーラスは存在しない。

文の意味

語は概念（ものごと）を表現する意味の基本単位であるが，ことばの重要な働きは語の組合せによってものごとの関係を示すことである。その基本となるのは，5W1H，すなわち「誰が，どこで，いつ，どうやって，何をしたか」を表現する**文**（sentence）である。

文の意味を捉えるために，動詞，形容詞などの**述語**（predicate）を意味の中心にすえ，述語と**項**（argument）の関係を考える。このように捉える文の構造を**述語項構造**（predicate-argument structure）と呼ぶ。このとき，述語に対する項の役割を**格**（case）と呼ぶ。

述語に対して，主語の役割をするものを**主格**（nominative），直接目的語の役割をするものを**対格**（acusative），間接目的語の役割をするものを**与格**（dative）と呼ぶ。英語では語順でこれらが区別できるが，日本語では語順が自由であるために格助詞にその働きがあり，格助詞に対応した**ガ格**，**ヲ格**，**ニ格**などの名称が用いられる。これらの格は表層的に決まるもので，**表層格**（surface case）と呼ばれる。

フィルモア（C. Fillmore）は，述語に対する項の格という考え方を深層的・意味的なものに拡張し，文中の動詞に対して他の単語がどのような**深層格**（deepcase），すなわち**意味役割**（semantic role）を持つかということを捉える**格文法**（case grammar）を提唱した。フィルモアの考えた深層格の集合を表 3-1 に示す。

ある情報を伝達しようとする場合，まず，一連の意味役割を持った項集合と述語が想起されるが，それに対応する表層の文は複数存在する。能動態か受動態か，自動詞を用いるか他動詞を用いるか，また「〜したのは〜だ」のような強調構文を用いることもできる。情報デザインにおいては，同義語の中からの語の選択と同様に，情報伝達の場面に適切な文体を選択する必要がある。

モダリティ

先ほど説明した述語項構造は客観的事態を表すものであり，文の意味のコアとなるものである（この部分を命題とも呼ぶ）。しかし，話し手（または書き手）がコミュニケーションの手段として文を生成する場合，そこに話し手の判断や態度な

表 3-1　フィルモアの深層格（チェールズ J. フィルモア著，田中春美，船城道雄訳：「格文法の原理」，三省堂（1975）より転載）

動作主格（Agent）	ある動作を引き起す者の役割
経験者格（Experiencer）	ある心理事象を体験する者の役割
道具格（Instrument）	ある出来事の直接原因となったり，ある心理事象と関係して反応を起こさせる刺激となる役割
対象格（Object）	移動する対象物や変化する対象物。あるいは，判断，想像のような心理事象の内容を表す役割
源泉格（Source）	対象物の移動における起点，および状態変化と形状変化における最初の状態や形状を表す役割
目標格（Goal）	対象物の移動における終点，および状態変化と形状変化における最終的な状態，結果を表す役割
場所格（Location）	ある出来事が起こる場所および位置を表す役割
時間格（Time）	ある出来事が起こる時間を表す役割

どが付け加えられる。これを**モダリティ**（modality）と呼ぶ。

モダリティについては，言語学においても，その範囲と分類に関して用語を含めて統一した見解はないようである。ここでは，ことばのデザインのための見通しを与えることを目的として，大まかな分類を与えておくことにする。

対人モダリティ（話し手の意思および聞き手に対するもの）
　意志（～しようと思う），申し出（～させて頂きます），願望（～たい /～てほしい），勧誘（～しましょう），命令，禁止，依頼（～てください）

対事モダリティ（事態に対するもの）

認識モダリティ（話者の判断の確からしさなどに関するもの）
　推量（～だろう /～らしい），可能性（～かもしれない），
　様態（～ようだ /～みたいだ），伝聞（～らしい /～という）

義務モダリティ（事態の必要性，望ましさなどに関するもの）
　当然（～ものだ），義務（～なければならない），必要（～べきだ /～する必要がある），適切（～方がよい /～がのぞましい），許可（～してよい / かまわない）

発話の意味

文の意味は前後の文や場面，状況などの文脈に依存する。対話における**発話**（utterance）では，特に文脈への依存度が大きく，文脈から切り離して意味を考えることはできない。言語学で，このような文脈に基づく発話の意味を扱う分野を**語用論**（pragmatics）と呼ぶ。

発話は，単にある事態を表現しているというだけではなく，聞き手に対する働きかけや自分の意思の表明であると解釈する必要がある。それは，依頼，勧誘，命令であったり，約束，宣告であったりする。このような意味で，話し手の発話は行為の一種であると考えることができる。さらに，発話の意味は，字面の意味を越えて解釈すべき場

合も少なくない。

たとえば，次のそれぞれの発話は，場面や状況によっては，その右側のように勧誘や依頼の意味を持つと考えるべきであろう。

日曜日はひまですか？⇒日曜日に遊びに行こう。（勧誘）

ちょっと暑いですね。⇒エアコンを入れてください。（依頼）

このように，直接の字面どおりの意味ではなく，間接的な意味を伝達する行為は**間接発話行為**（indirect speech act），またその意味は**会話の含意**（conversational implicature）と呼ばれる。

このような複雑な解釈が必要であるにもかかわらず，通常，会話が円滑に進むのは，会話の参加者がある原則に基づいて協調的に会話に参加しているためである。グライス（P. Grice）はこの原則を 4 つの公理にまとめ，**会話の公理**（maxims of conversation）と名づけた。また，この公理に基づき協調的に会話が行われることを**協調原理**（cooperative principle）と呼んだ。

量（quantity）の公理：必要かつ十分な情報を提示する

質（quality）の公理：真実性のある情報を提示する

関係性（relevance）の公理：関連性のある情報を提示する

様式（manner）の公理：明確で簡潔な形で情報を提示する

われわれの会話はこれらの公理を満たすかたちで進められる。また，一見これらの公理に反すると思われる発話が行われた場合，守られるべき公理に「一見反する」ことには理由があるはずだと考えることで，別のより深い解釈が導かれる。

たとえば，「日曜日はひまですか？」という問いに対する「月曜日に試験があります」という発話は，質問に答えておらず，またこの問いを勧誘と解釈したとしてもその肯定でも否定でもない。その意味で，一見，関係性の公理に反していると思われる。しかし，関係性の公理は守られているはずだと考えることで，この発話の本当の意味，すなわち，遠回しに勧誘を断っているという解釈が導かれる。

会話の中では，曖昧な言い方をしたり，嘘をつくこともあるが，それらも，単に様式の公理や質の公理に反するということではなく，相手に何らかの事情があるのだろうという推測を促すことになる。

近年，音声対話システムや ChatBot など，対話型の情報システムが急速に発展し，普及し始めている。漠然とした問いや要求からでもスタートできる，わからないことを聞き返すことができるなど，対話型システムのメリットは大きいが，ここで述べたような発話の意味解釈の複雑さを踏まえたシステム設計が行われる必要がある。

2

コミュニケーションモデル

「情報」とはそれだけで自立して存在するものではない。情報源が何であれ，その情報を誰かが発信し，他の誰かがそれを受信する。そうした複数の人々が交換しあう中で情報は特定の「意味」を帯びるようになる。その意味で，情報をデザインすることの根底にあるのは人々のコミュニケーションであり，それをどのように捉えるかによって情報デザインの目指す方向は異なっていく。

コードモデル

コミュニケーションの基本を「ことばを交わすこと」に置くならば，コミュニケーションはまずもって発信者がことばを組み立て，何らかの意味を生成し，それを受信者が解釈していくプロセスだと考えることができる。一般に流布されているこうした考えを支えているのは，コミュニケーションを特定の「コード（code)」に依拠した伝達であるとするモデルであり，しばしば「コードモデル」と呼ばれる。

これは数学者であるシャノンとウィーバーが1949年に提唱したモデルであり，電話や電信といった当時はまだ目新しかった電気通信技術になぞらえて作られた。このモデルでは，まず送信対象となるメッセージを「情報源（information

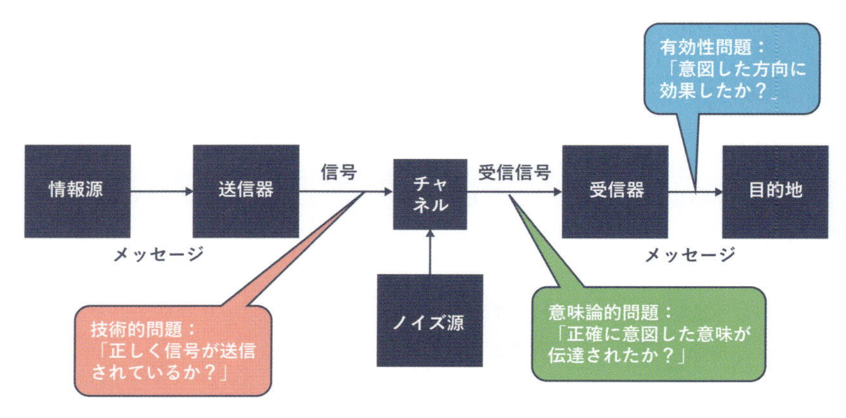

図 3-3　コードモデル

source)」が構成し，それを「送信器（transmitter)」と呼ばれる送り手が送信可能な信号（シグナル）に変換（＝符号化）する。そのシグナルが何らかの「チャネル（channel)」を通して送られ，それを「受信器（receiver)」と呼ばれる受け手が受け取り，読み取り可能なメッセージに復号化し，「目的地（destination)」に届けられる，といった一連のプロセスが仮定されている。特筆すべきなのは，シグナルの送信中に「ノイズ源(noise source)」が設定されており，しばしば正確な送受信が妨害される点である。

このコードモデルの特徴としては，(1) 効率性と正確さの重視，(2) 発信者の意図と信念の重視，の2点が挙げられる。(1) は技術的問題として，送信器からチャネルを通して送信される際に「正しく記号が送信されているかどうか」という検証ステップが想定されており，さらに意味論的問題として受信器によって受信されるまでに「意図された意味が正確に伝達されたか」，有効性問題として受信器から目的地に到着する際に「意図した方向に効果したか」，といった検証ステップも想定されている（Fiske 1990）。こうした効率性と正確さの重視はきわめて数学的・工学的な視点に基づくものであり，コミュニケーションの第一義を「伝達」に置く者にとっては受け入れやすい考え方である。一方，(2) はしばしばこのコードモデルの批判者から指摘されることで，このモデルがコミュニケーションの発信者から受信者へと情報が伝わっていくという一方向的な単線モデルとなっているため，あらゆるシグナルは正確な解読によって復元可能であるという前提があり，その結果，メッセージは常に発信者が何らかの正解を持つとする「発信者志向」のモデルとなっていることに起因する。つまり，コミュニケーションが失敗する原因のほとんどは送信中のノイズの存在であり，そのノイズを減少させることがコミュニケーションの効率性を保証することになると想定される。

しかしながら，人間同士のコミュニケーションを観察するとすぐに気づくように，発信者から受信者への一方向的な流れだけでなく，受信者から発信者への反応の伝達という「フィードバック」も存在する。コミュニケーションが一度きりの情報伝達ではなく，人々のあいだを何度も往復しながら継続していく点に着目し，このフィードバックをコードモデルに含めて改良したさまざまなモデルが提案されてきている。

記号論モデル

コードモデルとその改良モデルはいずれもコミュニケーションのプロセスに着目したものであるが，まったく別の観点からコミュニケーションを捉えたモデルも存在する。典型的には図 3-4 で表されるような「記号論モデル」がそれである(Fiske 1990)。

記号論モデルが着目するのはコミュニケーションのプロセスではなく「意味」の生成である。このモデルにおいては，発信者と受信者といった非対称的な役割関係は背景化され，コミュニケーションの参与者として対等な地位が与えられる。つまり，メッセージ（ないしはテクスト）を産出する者としての「産出者（producer)（＝発信者)」のみが重視されるのではなく，当該メッセージがどのように「読まれる」のかという「読者（read-

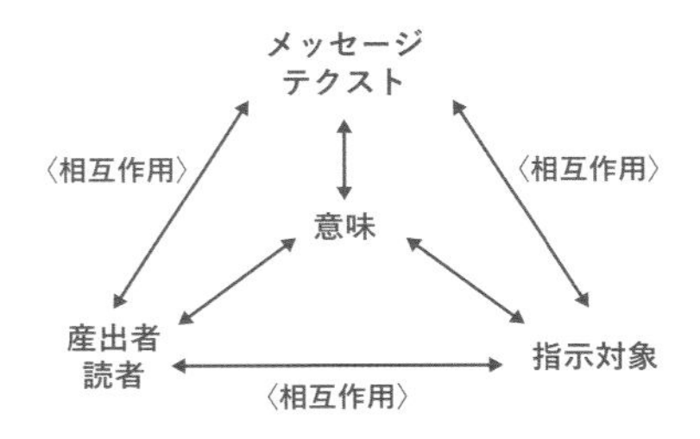

図 3-4　記号論モデル（Fiske 1990）

er）（＝受信者）」側にも等しく強調が置かれ，両者は図3-4に示されるような構造化された関係性のネットワークの中で同じ地位を占めるものと捉えられる。この関係性のネットワークは静的な構造ではなく，そうした産出者や読者，メッセージやテクスト，さらにはその「指示対象（referent）」としての外的な現実が，不断に相互作用することを通じてさまざまな「意味」が生成されるような動的な実践である。その結果として生成される「意味」は異なった社会的経験や文化的背景を持ったそれぞれの参与者によって見出されるものであるため，互いに同一であることは保証されない。また，メッセージは，コードモデルのように発信者から受信者へと一方向的に送信されるものではなく，コミュニケーションの参与者も含んだ，この関係性のネットワークの中での一要素と規定される。このとき，メッセージを構成するものは「記号（sign）」と呼ばれる。

ここで仮定されているのは，記号と意味をめぐる参与者間の相互作用であり，記号論モデルにおいてはメッセージの〈伝達－受容〉ではなく〈読解－達成〉というかたちでコミュニケーションが達成される。このためコードモデルとは異なり，社会的なコンテクストが重視され，誤解はコミュニケーションの失敗ではなく必然的なものとなる。また，上に述べたように同一テクストから異なる意味解釈を行うことは自然であり，きわめて解釈志向的なモデルであるといってよい。

このようにコミュニケーションを記号と参与者の相互作用による意味生成であると捉える記号論モデルは，しかしながら，発信者の意図や信念の軽視を導きやすいとも言え，その意味でコードモデルと記号論モデルは対照的なコミュニケーションモデルであると同時に，コミュニケーションの重要な一面をそれぞれ捉える相補的なものだと考えるのが妥当だろう。

たとえば，コードモデルの重要な要素として情報が伝達される「チャネル」があるが，これは情報デザインにとってはメディアの違いに相当する。送り手が何らかのメッセージを受け手に伝達しようとする際，どんなメッセージ内容をどの受け手に伝えるかによって，どのメディアが効果的であるかを選択する上でコードモデルに立脚することは有効である。また，「ノイズ」に着目することで，情報伝達プロセスにおいて誤解が生じやすいフェーズを特定することも可能である。

一方，記号論モデルでは受け手の側に着目することで，複数の受け手を想定した情報デザインの指標を検討することが可能となる。たとえば，マスメディアのような不特定多数の受け手を対象とする情報デザインでは，多数の受け手にとって問題がなくても一部の特定の受け手にとってネガティブな効果を与える可能性があるが，このとき想定される受け手の持つ社会的コンテクストを精査し，それに配慮することで誤解の可能性を低減することができる。

このように，ことばを用いた情報デザインを捉える上ではこの両者を適切に使い分けることが必要となる。

3
メタファ・メトニミー・シネクドキ

情報の発信者がことばを用いて情報を伝達しようとする際，必ずしも字義どおりの言語使用を行うとは限らない。3.1 節で取り上げられた会話の含意（conversational implicature）もしばしば非字義的な言語使用となるが，元の言語の意味を逸脱したことばの《あや》を伝える言語表現の典型は「比喩」と呼ばれる。

本節では数多く存在する比喩表現の代表例としてメタファ，メトニミー，シネクドキを取り上げ，それが情報デザインにおいてどのような意義を持つのかを解説する。

メタファ

「比喩」とは修辞的な《あや》の一般名称であり，ある言語表現を用いてそれとは異なる別の意味を伝える転義的な表現（trope）であるとされる。この転義表現の基本形は，すぐに想起されるとおり，「直喩（simile）」と呼ばれる「～のような」「～みたいな」といった比喩表現である。これに対し「メタファ（metaphor）」とは，従来日本語で「隠喩」と呼ばれる表現で，直喩のような比喩標識を持たないことにその特徴がある。

(1) 老年は人生の夕暮れのようなものだ〈直喩〉

(2) 老年は人生の夕暮れだ〈メタファ（隠喩）〉

修辞学における古典的説明では，隠喩は「あるものごとの名称を，それと似ている別のものごとを表すために流用する表現法」（佐藤 1978）であるとされ，形式的には直喩からなぞらえ信号としての比喩標識を取り去った「短縮された直喩」であると考えられてきた（佐藤ら 2006）。しかし，これには反論も数多く提出されており，たとえば次の例の「夜の底」のような隠喩表現は直喩に変換することが困難であることが知られている。

(3) 国境のトンネルを抜けると雪国であった。
夜の底が白くなった。（川端康成『雪国』）

ここではこうした直喩と隠喩の本質的な違いについては踏み込まないが，重要なのはこれまでの修辞学や文学理論において，直喩や比喩などのレトリックはあくまで通常の言語使用を逸脱した特殊な表現技法であるとみなされてきたことである。

これに対し，言語表現はそれを使用する人間の認知プロセスを反映したものであるという立場を標榜する認知言語学（cognitive linguistics）では，この隠喩と直喩を合わせてメタファとし，これを「類似性を基にして，ある対象を別の領域の事物に投影させて理解する認知的能力やプロセス」であると主張された。

その嚆矢として挙げられる Lakoff & Johnson (1980) は，メタファを単なる言語だけの問題として捉えるのではなく，それが言語活動のみならず思考や行動に至るまで，われわれの日常生活の隅々にまで浸透しており，われわれの概念体系の大部分がメタファによって成立していると主張した。つまりメタファは，小説家や詩人が意識的に気取った言い回しを用いることではなく，われわれが日常的に無意識のうちにさまざまな事物を概念化する認知プロセスの1つであると考えたのである。

例を挙げると，上の段落で用いられた「日常生活の隅々にまで」や「浸透しており」といった表現は，その背後に日常生活を一種の《閉鎖空間》ないしは《容器》に，そして浸透するメタファをここでは《液体》として無意識に概念化する認知プロセスが存在している。このプロセスは発信者である書き手だけでなく，受信者である読者にとってもあまりに自然であるため，通常は意識されない。

Lakoff & Johnson はこうした認知プロセスとしてのメタファを「概念メタファ（conceptual metaphor）」，それが言語表現に反映されたものを「メタファ表現」と呼び，両者を区別した。概念メタファの基礎をなすのは「メタファ的写像（metaphorical mapping）」であり，ある領域での理解を別の領域に投影（＝写像）して理解することを指す。このとき，ある対象 X が別の対象 Y に投影される，つまり「X で Y を喩える」とき，X が含まれる概念領域を「起点領域（source domain）」，Y が含まれる概念領域を「目標領域（target domain）」と呼ぶ（Lakoff 1987；深田・仲本 2008）。

(4) 僕のパソコンは今機嫌が悪いみたいだ

(5) あまりの多忙のため，彼女がついに壊れてしまった

上の2つのメタファ表現は，いずれも《人間》と《機械》の類似性を基盤とするものである。しかし，(4) では《人間》が起点領域に，《機械》が目標領域になっているのに対し，(5) ではそれが反転し，《機械》が起点領域，《人間》が目標領域になっている。概念メタファ理論を導入することによって，こうした複数の比喩表現の認知的な差異を説明することが可能となる。

概念メタファのうち，人々のコミュニケーションにかかわる言語表現でよく用いられるものに「導管メタファ（conduit metaphor）」(Reddy 1979) と呼ばれるものがある。これは図 3-5 に示すように，情報発信者が何らかの考えや気持ちをことばという容器に詰め，それを何らかの導管を通して受信者に送り，受信者がその容器を開封して発信者の考えや気持ちを取り出す，という一連のプロセスが想定されている概念メタファである。

(6) 明日のゼミ発表のために何かいいアイデアをください

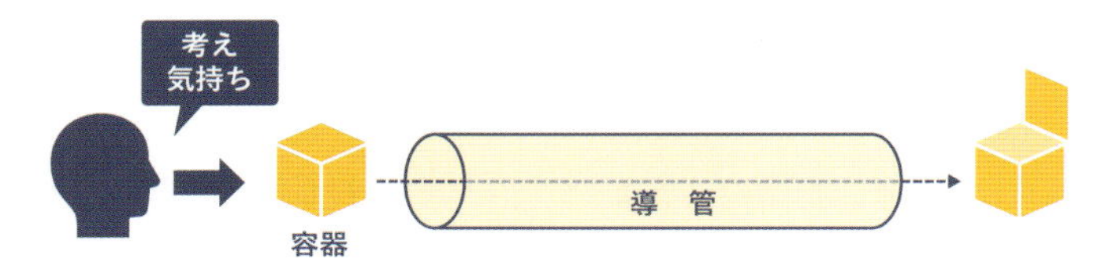

図 3-5　導管メタファ

(7) 眠いときに本を読んでもなかなか頭に入らないよね
(8) この言葉には作者の思いが込められている
(9) 育ってきた環境が違うせいか，全然話が通じない

たとえば，上記の例ではアイデア（=(6)）や，本の内容や知識（=(7)），さらには作者の思い（=(8)），といった抽象的な対象が《物体》として認知されており，(7) の「頭」や (8) の「言葉」はそうした物体を入れることが可能な《容器》として捉えられている。さらに，(9) の例では話が「通じる」という表現によって発信者と受信者の間に情報が伝達される《導管》の存在が前提とされている。

Lakoff & Johnson（1980）はこの導管メタファをまとめて以下のように整理する。

・アイデア（や意味）は《物体》である
・言語表現は《容器》である
・言語伝達（コミュニケーション）とは《送る》ことである

前節で述べたコードモデルは，まさにこの導管メタファによって成立しているといえるだろう。われわれがコミュニケーションについて考えたり，行動したりする際，無意識のうちにこの導管メタファを用いており，だからこそコードモデルはコミュニケーションのモデルとして多くの人々に受け入れられているのである。

そして Lakoff & Johnson（1980）は，概念メタファを定式化する上でそれを《A is B》という形式に集約する。以下に挙げるのは彼らの考える概念メタファの基本的な 3 つのタイプである。

・構造のメタファ（structural metaphor）
　ある概念が他の概念に基づいてメタファによって構造を与えられていること
　例：《議論は戦争である（ARGUMENT IS WAR）》，《人生は旅である（LIFE IS A JOURNEY）》
・方向づけのメタファ（orientational metapor）
　概念同士が互いに関係しあって全体的な概念体系を構成していること
　例：《楽しきは上，悲しきは下（HAPPY IS UP ; SAD IS DOWN）》
・存在のメタファ（ontological metaphor）
　物理的な存在物や内容物の経験が基盤となって生ずるメタファ
　例：擬人化・擬物化

これらの基本的な概念メタファは単独でさまざまなメタファ表現を創出することもできるし，いくつかを合成することで新しい概念メタファを生み出すこともできる。たとえば，《議論は戦争である》や《人生は旅である》という構造のメタファからは以下のような多種多様な表現が生み出される。

(10) 昨日のゼミでの君の批判は正しく的を射ていたよ
(11) その戦略ではグループディスカッションではなかなか勝てないぞ
(12) 君となら同じ道を歩んでいけると思うから，僕と結婚してください
(13) 離婚を考えたとき，子どもの存在が重荷になった

また，《楽しきは上，悲しきは下》という方向づけのメタファや，抽象概念を具体物になぞらえられる存在のメタファも，多くのメタファ表現の基盤となる。

(14) 宿題が終わって気分上々です
(15) 彼は失恋してかなり落ち込んでしまった

(16) この夏一番の台風が日本列島を襲った

(17) 夫婦の間で意見が衝突することはよくある

一方，先に挙げた導管メタファは複数の存在のメタファと構造のメタファの合成によって生じていると考えることができる。なぜなら，アイデアを《物体》，言語表現を《容器》とみなすのはいずれも存在のメタファによって，抽象物である思考や言語を具体的な事物になぞらえているからであり，それに加えて《言語伝達は送ることである》という構造のメタファが合成されて，導管メタファの全体を構成しているからである。

情報デザインにおいてこの概念メタファは多くの示唆を与えてくれる。それは概念メタファのほとんどが，抽象的な概念や対象を具体的な事物に投影することであることに由来する。つまり，情報の受け手にとって理解しづらい対象を記述する際，概念メタファを用いて受け手にとって日常的に理解しやすい事物になぞらえることによって，効果的な情報デザインを行うことができる。たとえば，パーソナルコンピュータ関連の用語は「デスクトップ」「ウィンドウ」「マウス」「ゴミ箱」「クラッシュ」といった日常的に人々が接する事物になぞらえて命名されているため理解しやすいものとなっている。さらに，単に理解を容易にするだけでなく，ユーザ行動としてそうした起点領域となる事物の操作方法に近い操作が可能なようにデザインされているのである（本物の「マウス」，つまりネズミをつかむことは日常ではあまりないが）。

ことばのデザインもまた，このように情報受信者でもあり行動主体でもある受け手の理解や行動を容易にすることを最大限に目指す必要があり，その意味でメタファの適切な利用は1つの大きな手段となりうる。

メトニミー

比喩といえば「何かを別のものでなぞらえる(喩える)」転義表現であることを先に示したが，なぞらえが可能なのは当然両者が似ているからだと思う者は多いだろう。その結果，直喩や隠喩といった両者の間の類似性を基盤とした「メタファ」が比喩の代表例とみなされる。しかし実際には，類似性を基盤としない，つまり喩えるものと喩えられるものが似ていない比喩が存在する。この代表が「メトニミー（metonymy）」と呼ばれる転義表現である。メトニミーとは，ある存在物を利用してそれと関係のある他の存在物を指示する表現である。Lakoff & Johnson（1980）では，その典型例として，レストランでハムサンドイッチを注文した人を指して「ハムサンドイッチ」とウェイトレスたちが呼ぶ例が挙げられている。

日本語では「換喩」と呼ばれるこの比喩は，〈類似関係〉ではなく〈近接関係〉ないしは〈隣接関係〉の認知に基づく言語表現の一種である(山梨 1995)。

(18) 彼女は小学生の時分から夏目漱石を愛読していた

一見すると比喩でも何でもない普通の表現のように思われるこの文にはメトニミーが用いられいている。それは「夏目漱石」という人名を用いながら，実際に意味しているのは夏目漱石という〈人間〉ではなく「夏目漱石が書いた〈小説〉」という別のカテゴリーにある対象を示す転義である。このとき，この言語表現としての「夏目漱石」とそれが意味する「夏目漱石の小説」の間には類似関係はない。その代わりに，作家と作品というこの2つの概念間に非常に強い近接性ないしは隣接性が存在する。

具体的には，以下のような多様なメトニミー関係が存在する（Lakoff & Johnson 1980，山梨 1995）。

- 〈部分-全体〉（例：うちでは 茶髪 は雇えないね）
- 〈容器-中身〉（例：寒くなってきたので晩飯は 鍋 にしよう）
- 〈道具-使用者〉（例：ライブの後，楽屋で ギター と ドラム が大げんかしていた）
- 〈作者-作品〉（例：うちの社長は ゴッホ を3点持っている）
- 〈統率者-団体〉（例：あの監督 は何度も高校野球で優勝している）
- 〈場所-公共機関〉（例：議員の突然のスキャンダルに 永田町 が揺れた）
- 〈場所-出来事〉（例：真珠湾 はいまだに米軍のトラウマになっている）
- 〈日付-出来事〉（例：東北人の一人として 3・11 は本当にショックだった）

そのほか，「ハンドルを握る（＝運転する）」や「眉をひそめる（＝不快に感じる）」など，冒頭の〈部分と全体〉に関連するものが多くあり，また上に挙げた他のメトニミー関係が大局的に見ればすべて部分-全体関係と見ることも可能なことから，メトニミーの基盤を〈部分と全体〉の認知プロセスに集約することが可能だとする主張もある（崎田・岡本 2010）。

情報デザインの観点からメトニミーを捉えたとき重要なのは，起点領域と目標領域の認知的な非対称性を有する（つまり，前者の方が後者よりも認知的に把握しやすい概念領域であることが多い）メタファにもまして，喩えられる概念と喩える概念の間に非対称性が存在する点である。たとえば次のような例では，《作者》で《作品》を指示しているはずであるが不自然な表現となるのはなぜだろうか。

(19) ? 彼女は小学生の時分から J.K. ローリングを愛読していた

この例では，作者の J.K. ローリングよりも作品の『ハリー・ポッター』シリーズの方が有名であるため，わざわざメトニミーにする必要がない。つまり，メトニミーの成立条件の1つは，言語表現が直接指示する対象の方が比喩的に伝える対象よりも認知的にアクセスしやすいことである。そうすると，メトニミー認知の典型である《部分-全体》関係においても，必ずしも部分の方が全体よりも認知的にアクセスが容易とは限らないため，逆に全体で部分を表すメトニミーも存在する。

(20) 川べりで静かに風車が回っていた

(21) 遅刻しそうだったので，自転車を必死に漕いで学校に向かった

上記の例で実際に「回っていた」のは風車そのものではなく「風車の羽根」であり，「漕いだ」のは自転車全体というよりは「自転車のペダル」部分であろう。しかし，われわれは普段，風車の羽根よりも風車全体に，そして自転車のペダルよりも自転車そのものに注目する。こうした認知的傾向が言語表現としてのメトニミーに反映されているのである。

G. Lakoff や M. Johnson と並ぶ認知言語学者である R. W. Langacker は，このメトニミー認知の持つ非対称性を「参照点（reference point）構造」として説明する（Langacker 1993）。

図3-6で示されているのは，「認知主体（conceptualizer）」としての話者が，ある「ターゲット（target）」を指し示す際，話者と受け手の認知環境において際立ちの高い（salient）手がかりとしての「参照点（reference point）」を経由することでターゲットを認知するプロセスである。この

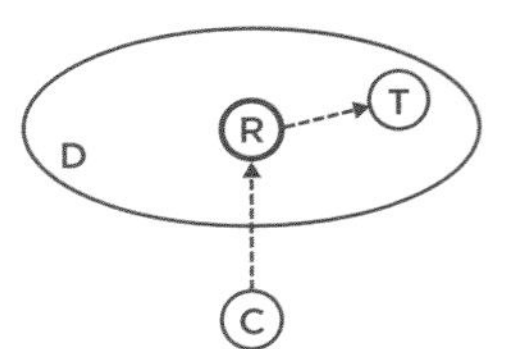

C:認知主体（conceptutalizer）
R:参照点（reference point）
T:ターゲット（target）
D:参照点によって限定されるターゲットの
支配領域（dominion）
破線矢印：心理的接触

図 3-6　参照点構造（Langacker 1993）

とき，図 3-6 の楕円で囲まれた領域は「ドミニオン（dominion）」と呼ばれる参照点の支配領域であり，当該の参照点によってアクセス可能な潜在的ターゲットの限定的な集合を示している。

たとえば，道で誰かに「この辺にコンビニはありませんか」と尋ねられたとしよう。しかし，見渡す限り直接的に指し示すことのできるコンビニは見当たらない。そこであなたは次のように答える。「あそこに郵便局が見えますよね。そこを右折して 200 メートルくらい行くとローソンが見えますよ」と。このとき，あなたはターゲットとしてのコンビニを指示するために互いの認知環境においてアクセス可能な郵便局を手がかりとして説明している。

Langacker はこのように，認知的に直接把握しづらいターゲットに到達するための手がかりとして「参照点」を規定し，これが所有格名詞句を始めとするさまざまな文法現象に応用可能であることを示した。たとえば，一般には「所有」の意味を表すと考えられている英語の所有格名詞句の中には，‘Lincoln's assassination’（リンカーンの暗殺）のように「リンカーン大統領」が「暗殺」を所有しているとは考えにくいようなものが数多くある。Langacker はこうした ‘A's B’ という所有格名詞句において，A が参照点となってターゲットである B にアクセスするという参照点構造を見出した。‘Sara's office’ や ‘my office’ といった場合でも，「サラ」や「私」がオフィスの所有者でないことの方が多い理由も同様に考えることができる。さらに，‘the dog's tail’（その犬の尻尾）は言えても，‘the tail's dog’（その尻尾の犬）はなぜ不自然となるのかについても，通常は「尻尾」よりも「犬」の方が認知的にアクセスしやすい状況が多いからであるという説明が可能となる（Langacker 1993）。

ここで重要なのは，参照点が話者と受け手にとって認知的に際立ちの高いものであること，および参照点を経由して到達可能なターゲットは参照点から離れすぎていてはならないことである。先のコンビニの道案内の喩えで言えば，そもそも郵便局が互いの視野に入っていなければ参照点として機能しない。また，長い一本道を車で走るのでない限り，「あの郵便局を右折して 20 キロほど行くとファミリーマートが見えてきますよ」とは言わないだろう。このように参照点構造を仮定することで，どのようなものが参照点となり得て，どのような範囲がターゲットとなり得るのかという認知的制約を考察することが可能となる。

翻ってメトニミーを考察するならば，メトニミー認知を参照点構造の観点から捉えることで，メトニミー表現に関する成立条件と制約条件を明確に記述することができる。

(22) あの車はホントに酷い運転をしているな
(23) ? あの自転車はホントに酷い運転をしているな
(24) あの車はすごく {高い /? イケメンだ /? 金持ちだ}

(22) のメトニミー表現において，実際に運転しているのは「車」ではなく「運転手」であることは明らかである。しかし，(23) のように「車」ではなく「自転車」にすると不自然な表現になってしまうのはなぜだろうか。参照点構造の観点からみると，運転中に他の車を目撃する際，車の中にいる運転手を直接把握できる機会は少ないため，認知的にアクセスが容易な「車」全体の方を参照点として表現することができる。一方，自転車の場合は，たいてい運転手を直接視認可能であるため，わざわざ自転車の方を参照点として設定する必要がないのである。同様に，(24) の例のように，「車」で「(車の) 値段」を指示することは可能だが，「イケメンだ」や「金持ちだ」のように「運転手」の属性を示すことは困難となるのは，参照点としての「車」のドミニオンには「運転手」や「価格」が含まれているが，運転手の「属性」までは含まれていないからであるという説明が考えられるだろう。したがって，こうしたメトニミーは，慣用的に「車」で「運転手」を代置した表現なのではなく，参照点構造に則った成立条件と制約条件を有しているのである。

情報デザインにおけるメトニミーの意義は，こうした参照点構造を踏まえ，受け手にとって何が認知的にアクセスしやすいのかを考慮しつつ，情報の送り手が恣意的に隣接関係や近接関係を想定することなく，送り手と受け手の間の共通基盤に根ざした効率的な情報デザインを行う指標となることにある。これはことばのデザインに限ったことではない。

たとえば，非言語情報としてのジェスチャーにおいてもメトニミー認知がかかわっており，日本人は自分の鼻を指差して「私」を意味することが多い。しかし，身体の一部である鼻が身体全体ないしは自分自身を指示することは日本と異なる文化的背景を持つ外国人にとっては理解が容易でないため，しばしば誤解を生じる。また，スマートフォンの急速な普及により，大量に撮影した写真に何が写っているのかを自動でタグづけするアプリが身近なものとなっている。この写真の自動タグづけタスクは，一見するとメトニミーとは無関係に感じられるが，写真に写っているさまざまな対象（人物，動物，植物，風景など）や属性（色，構図，タイプなど）の中からユーザにとって「○○の写真」と特定可能なタグを選択するのは，個々のユーザにとって認知的に際立ちの高い参照点を選択することにほかならない。しかし，このタグづけを自動で行うのは機械学習をもってしても容易ではなく，写真のタグづけにおいて機械学習の信頼性を高めるためには，アプリが挙げる候補からのユーザ自身の最終決定，アプリの誤選択に対するユーザの指摘による学習，そうしたユーザ行動の履歴に基づく予測，といったユーザとのインタラクションのフェーズが必要となる (Tong 2017)。

このように，情報の送り手と受け手の間の共通基盤をどこまであらかじめ設計するのか，さらには両者のコミュニケーションやインタラクションを通じてどのように共通基盤を構築していくのか，といった情報デザインにおける課題がメトニミー認知を通じて浮き彫りになる。

シネクドキ

これまで主に Lakoff & Johnson (1980) の見解に基づいて，認知言語学におけるメタファとメトニミーの説明を行い，情報デザインにとっての意義について述べてきた。しかし，メタファとメトニミーと並ぶ代表的な転義表現としての「シネクドキ (synecdoche)」については彼らの見解を修正する必要がある。

Lakoff & Johnson (1980) においてシネクドキ（日本語では「提喩」と呼ばれる）はメトニミーの特殊なケースとして「部分で全体を代表させる」ものを指すと定義され，メトニミーの中に包摂された。これに対し，佐藤（1978）はグループμ（1981［1970］）の見解を踏まえ，メトニミーとは独立にシネクドキを捉えることの必要性を説いている。

そもそも「部分」と「全体」という関係は，現実の事物の隣接性にかかわるものと，カテゴリーにおける上位–下位関係を示すものとの2種類がしばしば混同される。たとえば，現実の「木」の具体的な部分としては「枝」「葉」「幹」「根」などが考えられるが，カテゴリーとしての「木」には「桜」「樫」「カエデ」などの下位カテゴリーが存在し，それと同時に上位カテゴリーとしての「植物」の一種でもある。この後者の上位－下位関係は《類–種》関係とも呼ばれ，明らかに通常の事物の《部分–全体》関係とは異なるものである。

そこで，佐藤はこの《類–種》関係を示すもののみを提喩（シネクドキ）とし，前者の《部分–全体》関係を換喩（メトニミー）として区別するべきであると主張した。この主張は，認知主体としての話者の概念化における根本的な差異として大きなものであると考えられ，ここでは佐藤（1978）とそれを継承した瀬戸（1997）の主張を踏まえて，「シネクドキ」をカテゴリー間の《上位–下位》関係によって規定される転義表現であると考える。

たとえば，次の例は典型的なシネクドキの例であるが，(25) や (26) は〈類によって種を表す〉シネクドキで，上位カテゴリーで下位カテゴリーを表しているのに対し，(27) や (28) は〈種によって類を表す〉シネクドキであり，下位カテゴリーで上位カテゴリーを指していると考えられる(崎田・岡本 2010)。

(25) 花見に行く（＝桜）
(26) 熱がある（＝平熱以上の温度の熱）
(27) お茶をする（＝コーヒーや紅茶も含めた飲み物を飲む）
(28) セロテープを貼る（＝粘着テープ一般）

このように，シネクドキの表す意味的論理関係をカテゴリー間の《上位–下位》の関係として規定することのメリットは，名詞だけでなく，動詞や形容詞を含めた用言の言い換えや，命題の一般化と具体化を含めて，一般には比喩とは考えられていない指示関係を〈シネクドキ・リンク〉として捉えることが可能となる点にある。以下，崎田・岡本（2010）での議論に基づき，メトニミー認知における《部分–全体》の指示関係としての〈メトニミー・リンク〉と合わせて，これらが情報デザインにおいてどのような意義を持つのかの具体的な説明を試みる。

メトニミー・リンクとシネクドキ・リンク

たとえば，誰かが次のような発話を行ったとしよう。

(29) 彼はビートルズを聴いていた

これは一見すると字義どおりの発話であり，特に解釈に問題があるようには思われない。むろん，これまでの議論を踏まえるなら，実際には〈作者–作品〉というメトニミー表現であることが理解され，「ビートルズ」で「ビートルズの音楽」を指示していることが推論できる。つまり，図3-7に示すようなメトニミー・リンクが両者の繋がりを指定する。

しかし，それでもなお，情報の送り手と受け手が同一人物でないかぎり，潜在的な曖昧性は解消されない。そもそも (29) の発話における「ビートルズ」という名詞句は《上位–下位》のシネクドキ・リンクに基づいた2種類の曖昧性を有する。

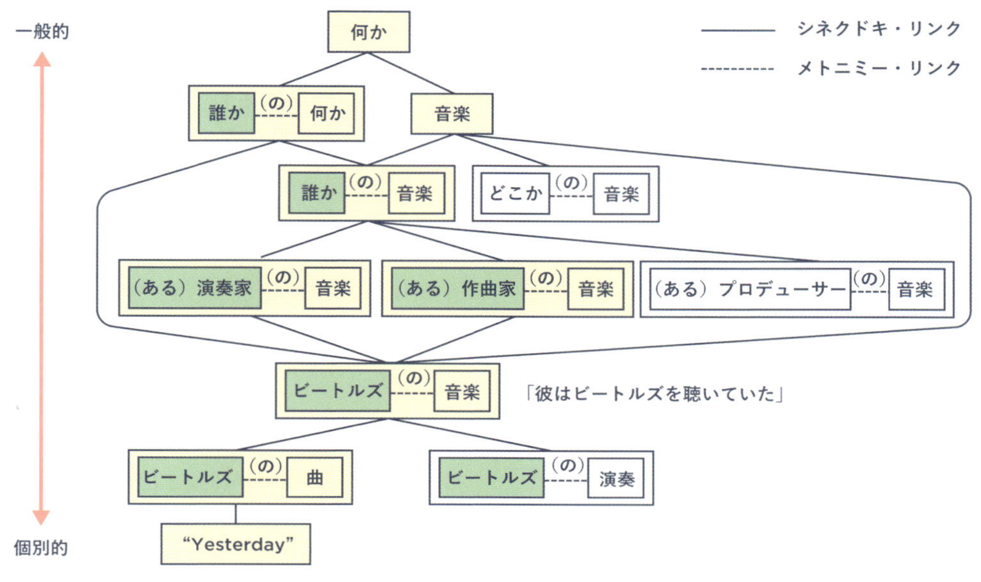

図 3-7　メトニミー・リンクとシネクドキ・リンク

- 《上位カテゴリーの曖昧性》：ビートルズは「演奏家」か「作曲家」か？
- 《下位カテゴリーの曖昧性》：ビートルズの何の「曲」を聴いていたのか？

仮に，話者がメロディだけを耳にして（29）の発話を行ったのであれば，実際には他のミュージシャンによるカバー演奏を聴いただけかも知れない。その場合は「ビートルズ」という名詞句が指示しているものは「ビートルズの作曲した曲」であって，「ビートルズの演奏」を聴いたわけではない。一方，受け手の方にビートルズに関する知識があまりなく，演奏家集団だとしか思っていなければ，「ビートルズの演奏」を想定しているのであって，当該発話で「ビートルズの作曲した曲」を想定することは困難となる。さらに，そもそも「ビートルズ」自体を知らない受け手であれば，「聴いていた」という動詞句の目的語として「ビートルズ」が指示している対象が「(ある) 演奏家」や「(ある) 作曲家」であることを推論するぐらいが限界となろう。極端な場合では「(よく知らないがとにかく) 何かを聴いていたんだな」という解釈を行うこともありうる。

つまり，われわれの日常会話では情報の送り手と受け手が完全に同じ粒度の情報を共有することはほとんどなく，一見すると字義どおりの言語メッセージであっても，そこに潜在的に含まれる曖昧性を内包した状態で両者の間にコミュニケーションが交わされているのである。図 3-7 に示すように，そうした情報メッセージの曖昧性は無秩序なものではなく，メトニミー・リンクとシネクドキ・リンクに基づいた潜在的な情報構造を持っている。

通常は，こうした潜在的な曖昧性がコミュニケーションにおいて生じていたとしても，いずれかの参与者が問題としない限りは顕在化しない。言い換えれば，こうした曖昧性の「解消」が必要となるのは，いずれかの参与者が別の参与者との共通基盤に照らして当該発話を何らかのレベルで逸脱的であると判断する場合である。

たとえば，A が「彼は何を聴いていたの？」と尋ねた際，B が「ビートルズを聴いていたよ」と答えた場面を想定しよう。上述のとおり，この B の返答は多くの曖昧性を有しており，「何の曲かは知らない」「曲についてまでは言う必要はない」などさまざまな潜在的な想定の存在が示唆される。しかし，こうした想定を話者が意図していた含意（implicature）とみなすかどうかは，A と B の共通基盤によってしか判定可能ではない。3.1 節で概説された Grice の会話の格率の観点からすれば，B の返答が「量の格率（maxim of quantity）」に違反しているとき，つまり A にとって必要な情報量が不足していると A と B の両者が考えるときに，そうした想定が B の会話の含意として顕在化すると考えられる。しかし，A にとって必要な情報量を必ずしも B が完全に把握している保証はない。A からすれば，ビートルズの何の曲なのかを知りたいときに，B がそのことを知っている，つまり互いの共通基盤として確立していると判断するならば，B は意図的に格率違反を行っている（つまり会話の含意を伝達している）と考えるであろうし，そうでないならば「へえ，何の曲だった？」と追加質問を行うことで必要な情報を獲得しようと試みるであろう。逆に，B の方が A との共通基盤を参照して，発話後すぐに当該発話が逸脱的であったと考え，「あ，ビートルズって有名な昔のロックバンドなんだよ」と A の知識不足を補う追加説明を行うかも知れないし，「いまさら Yesterday で涙してるなんてね」と A の情報要求が曲名にまで及んでいると想定し直して補足することもあり得る。

したがって，発話解釈が曖昧になるか否かには，情報の送り手としての話者の「意図」と受け手としての聴者の「解釈」をバランスする，両者の共通基盤による制約が大きくかかわっているのである。こうした潜在的な曖昧性を解消，ないしは回避するコミュニケーションストラテジーは，1 回限りの発話対で終了せずにコミュニケーションの参与者による発話連鎖としての対話セッションを継続することである。このことを，日常会話でよく見られる「一語発話」による返答が持つ潜在的な情報構造を考察することで再度検討してみよう（崎田・岡本 2010）。

(30) A：明日はちゃんと学校に行くんだよ
　　B：わかった

学校を休みがちな子どもが母親に対して返答している場面で，この「わかった」という一語発話は，受け手である母親にとってさまざまな推論を可能とする情報構造を持つ。図 3-8 に示されているように，メトニミー・リンクによって理由を示す従属節となる「ちゃんとお母さんの話を聞いて

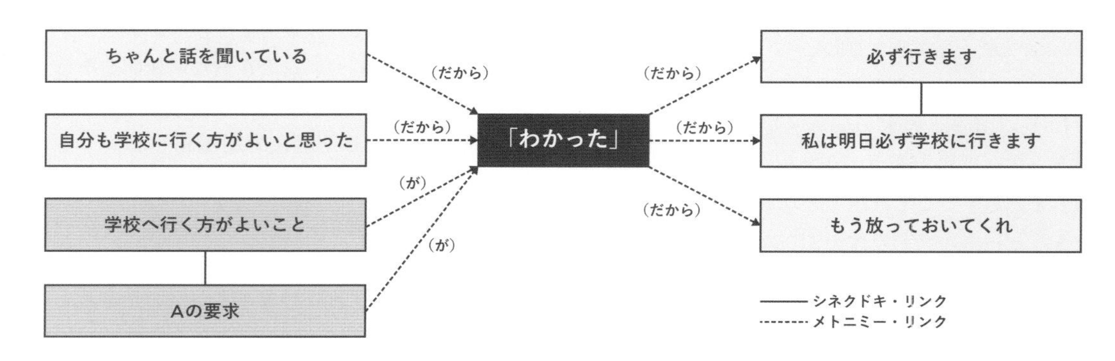

図 3-8　一語発話のメトニミー・リンクとシネクドキ・リンク（崎田・岡本 2010，一部改変）

いる（のだからわかった）」，「自分もそろそろ学校に行く方がいいと思った（からわかった）」や，「わかった」の主語としての「学校に行く方がよいこと」，さらにはそれをシネクドキ・リンクで一般化した「A の要求」，などさまざまな言外の情報を受け手は推論することができる。逆に，当該発話を従属節とする主節となる「（私は明日）必ず（学校に）行きます」や「もう放っといてくれ」という含意を推論することも可能である。

このとき，こうした推論の方向性は，受け手である A が次にどのような発話を行うかという「返答可能性」を考察することで制約可能となる。たとえば，A は B の発話に対し，「何が？」による主語の明示化，「それで？」による後件の要求，さらには「なぜ？」と理由を尋ねることなどを通じて，B の発話を本来必要な情報全体の部分的な表出としてのメトニミーと捉える。逆に，こうした情報要求を行わない場合は，A と B の間に共通基盤が構築されていることを示している。その場合でも，言語的に明示されていない要素を推論することは可能であるが，先述したようにそれらは必ずしも話者の意図したものであるとは限らない。

こうしたメトニミー・リンクとシネクドキ・リンクに基づく返答可能性は，情報デザインにおいて送り手と受け手の共通基盤がどのように構築されるべきかの指針となる。近年の AI 技術の進展により，対話型 FAQ システムの開発が盛んとなっているが，ユーザが求めている情報を正確に検出し，それに的確に応答するためには，システム側とユーザ側の共通基盤を適切に構築する必要がある。そして，1 回限りの《質問−応答》セッションではなく，発話連鎖としての対話セッションを通じて，ユーザとシステムの双方が提示するメッセージの持つ潜在的な情報構造の動態を，メトニミー・リンクとシネクドキ・リンクを用いて読み解くことが効果的な解決策となると期待される。

4

語りの視点のデザイン

比喩が伝えるのは，主に情報の送り手が伝えようとする外的ないしは内的事態をどのように認知しているかという，送り手と事態との間の関係性であると考えられている。しかし，前節で明らかにしたように，実際に情報デザインにおいてどのように比喩を利用するかについては，送り手と受け手の間にあらかじめ構築されている共通基盤を考慮しなくてはならない。これに対し，そもそも送り手と受け手の間で共通基盤を構築する上で，コミュニケーションと認知の観点から互いの視点や立場を一致させようとする情報デザインも存在する。

本節では，主に小説などの叙述におけるレトリックを分析することで，「語り（narrative）」の視点を巧みに情報の受け手に伝えることばのデザインについて紹介する。

基盤化の先取りによる引きこみ

小説は不特定の読者を想定しているため，通常のコミュニケーションのように，すでに眼の前にいる受け手との共通基盤を利用することができない。その代わりに，文法的な要素や映像的な描写によって，《語りの視点》を受け手である読者にさり気なく伝える工夫がなされている。たとえば，以下の例はヘミングウェイの短編“Indian Camp”の冒頭部分である。

（26） At the lake shore there was another rowboat drawn up. The two Indians stood waiting.
湖岸には，もう一隻別のボートが引き上げられていた。二人のインディアンが立って待っていた。（新潮文庫版・大久保康雄訳）

これは小説の冒頭であるがゆえに，読者に初めて伝えられる情報である。したがって，通常は「新情報（new information）」として表現しなければならないのだが，ヘミングウェイは定冠詞 the や形容詞 another を用いることで，あたかもすでに読者にとって既知であるかのような「旧情報（given information）」として物語を開始する。この例では another rowboat から先に少なくとももう 1 隻の「ボート」があったことを含意し，定冠詞 the から「湖」と「二人のインディアン」が書き手と読み手にとって既知であることを示唆している（内田 1992）。

内田は，小説などのテクストでは Grice の「量の格率（maxim of quantity）」が違反されることがしばしばあり，これは作者による意図的な違反ではあるが，会話の含意を導くものではないと指摘する（内田 1992）。つまり，最後まで見ないとわからないテレビ CM のように，不特定の受け手を想定するメッセージにおいて情報量の不足は必ずしも逸脱的なものではなく，一種のサスペンス状態に受け手を置くことによって「何について伝えようとしているのか」という「関係の格率（maxim of relation）」をより強く意識させる戦略なのである。共通基盤の観点から見るなら，あえて受け手と共通基盤ができあがっているかのように偽装することによって，つまり基盤化を先取りすることによって，語られる場としての物語世界に強引に引き込む工夫がなされていると考えることができる。

このように，情報の送り手と受け手の間の共通基盤が未構築の時点で，あえて基盤化を先取りして情報提示する手法は，日常のコミュニケーションではあまり見られないものであり，小説特有の手法と言えるかも知れない。ただし，参与者の共通基盤をリソースとして，次話者選択，つまり次に誰が発話するかを制約する事例は日常会話ではしばしば観察される。高梨（2016）は，複数人による多人数会話場面において，現話者と特定の参与者だけが知っている知識を利用して，直接相手に呼びかけることなく次話者を指定することを「共有知識の利用」による次話者決定と呼ぶ（高梨 2016）。たとえば，現話者が「あの飲み会は楽しかったよな」と発話することで，その飲み会に参加した特定の参与者だけが次に発話する権利を得られるといったような会話デザインである。言い換えれば，共通基盤は受け手を指定する認知的リソースの 1 つであり，会話では次話者が，小説では読者がそうした共通基盤によって選択されうる。このヘミングウェイの小説には，そうした共通基盤によって限定される受け手の立場に読者が自ら進んで立とうとするような，認知的な「仕掛け」（岡本 2013）がなされていると言えるだろう。

語りの視点を与える不定代名詞

この“Indian Camp”という物語は，主人公であるニック少年と医師であるその父が，ネイティヴ・アメリカンの集落からの依頼で，難産で生命の危機を迎えている女性の出産の手助けをしに集落へ行くというストーリーである。以下に挙げる断片は，無事に出産の介助を終えた父とニックの会話が中心となっている。

（27）His father picked the baby up and slapped it to make it breathe and handed it to the old woman.
“See, it's a boy, Nick, “he said.” How do you like being an interne?”
Nick said. “All right.” He was looking away so as not to see what his father was doing.
“There. That gets it, ” said his father and put something into the basin.
Nick didn't look at it.

父は赤ん坊をとりあげ，ぴしゃりとたたいて息をさせてから，老婆に渡した。
「ほら，男の子だよ，ニック」父は言った。「どうだね，医学実習生になった気分は？」
「べつに」と，ニックは答えた。彼は，父がやっていることを見ないように顔をそむけていたのだ。
「さあ，これでよし」と父は言って，何かを洗面器の中に入れた。
ニックは見ていなかった。

(新潮文庫版，大久保康雄訳，原文・訳文ともに下線は筆者)

ヘミングウェイはしばしば「ハードボイルド小説」の元祖ともいわれ，登場人物の内面描写を極力排除し，いわば戯曲のように発話や行動だけを淡々と描くことを得意とする。その結果，語りの視点は一見すると物語の外部にいる第三者的ないしは神の視点で描かれているように見える。上に引用した断片でも，父とニックの心理描写は見られないのだが，下線部の不定代名詞“something”に注目すると，読者が実はニックに共感しながら物語世界を体験していることがわかる。これはなぜだろうか。

英語の something は通常，話し手ないしは聞き手，またはその双方が発話時点で確定できていない対象を示す不定代名詞である。上記の例では，父が出産の介助中に取り出した「何か」を洗面器に入れている。ところが，この物体が何であるかを医師である父が知らないはずはない。また，物語世界の神である作者ヘミングウェイも当然それが何であるかを同定することができるはずである。つまり，この洗面器に入れた物体が何であるかがわからないのは，出産シーンを目撃する恐怖心から父の医療行為を見ないように顔を背けていたニックだけなのである。この something の一語によって，その物体を同定できない読者はニックと同じ立場に置かれることになり，結果としてニックの視点から物語世界を体験するように導かれるのである。

このことから，情報デザインにおいて以下の2つの重要な示唆が得られる。

1つは，登場人物の知識状態の相違を利用することで，受け手である読者に特定の登場人物の視点を与えるデザインである。先に引用した高梨(2016)の多人数会話場面における「共有知識の利用」による次話者決定と同様に，物語の登場人物間にも知識状態の非対称性が存在する。現話者との間で共通のエピソードを持ち，言及されたその情報について「知っている」参与者だけが当該発話の受け手になれるように，ある対象や出来事を読者と同様に「知らない」特定の登場人物の視点や立場に読者は自身を重ねる。これはちょうど漫才対話において，ボケ役ではなくツッコミ役が観客の代弁を行うことを通じて，ツッコミの立場でボケのおかしさを理解するのと共通した「共感(empathy)」の構造になっている(岡本 2013)。

もう1つは，言語テクスト全体を貫く語りの視点の中に，特定の語彙や言語表現を用いることで別の視点を導入することが可能であるということである。日本語では多くの種類の人称代名詞があり，同じ情報を伝達する際にも「わたし」と言うか「ぼく」と言うかで発話主体のキャラクター性が異なって受け手に捉えられる。また，丁寧体と普通体の使い分けによって，どのような受け手を対象としているのか，さらには情報の送り手と受け手との間の関係性をどのように設定したいのか，といったメタ情報が伝達される。こうした言語的ストラテジーは，特に音声によって人々と対話するロボットが日常生活に浸透するにつれて，ますます考慮すべき重要なファクターとなるであろう。

語りの一貫性を媒介する視覚イメージ

そもそも「語り」とは1つの文や発話ではなく，複数の連鎖によって成立するものである。先述したように日常会話においても小説においても，複数の参与者や登場人物の間では知識の非対称性や視点の違いが生じる一方，1人の語りの中では内的な一貫性を持った連鎖であることが要求される。たとえば，以下に挙げる2つの文連鎖では，各文には矛盾がないが，連鎖としては視点の一貫性の観点から矛盾が生じる場合がある。

(33) a. He was coming up the steps. There was a broad smile on his face.
b. He was going up the steps. There was a wad of bubblegum on the seat of his pants.
c. ?He was coming up the steps. There was a wad of bubblegum on the seat of his pants.

(Croft & Cruse 2004, 下線と疑問符は筆者)

Croft & Cruse (2004) によると，(33a) と (33b) では語られる場所や時間での直示的視点 (deictic point of view) が 2 つの文において一致しているため矛盾は生じないが，(33c) では伝えられている情報と語りの視点が衝突してしまっているため不自然になっている。具体的に述べるなら，(33a) での「彼」は階段を「登ってきた (coming up)」という文の直後に，「満面の笑みを浮かべていた」と続くため，語りの視点は家の 2 階にいる語り手に帰属する。また，(33b) では，彼が階段を「登っていった (going up)」とき，彼のズボンのお尻の部分にチューインガムが貼りついていたことを報告しているため，語りの視点は 1 階にいる語り手からのものであると想定される。しかし，(33c) で報告されるのは「彼が階段を登ってきた」のに「ズボンのお尻にガムが貼りついている」という事態であり，この 2 つの文はそれぞれ正しい情報であったとしても，それを発話連鎖として表現する語りの視点が一貫性を失うことになってしまうのである。

この事例が示すのは，ことばの情報デザインにおいて，語りの「視点」という認知的なメタ情報の統制が不可欠であるということである。特に，(33c) における視点の衝突は，受け手にとって言語情報を理解する上で，視覚イメージが大きく関与しているという事実を示唆している。

宮崎・上野 (1985) はこうした語りの視点から生じる視覚イメージを〈見え〉と呼び，「他者の心情を理解するにあたって，まずその他者が彼の周りの世界について持っているであろう彼から見た〈見え〉を生成してみる」という「〈見え〉先行方略」を提唱している。彼らは，童話『手袋を買いに』を用いた小学校の授業で，ある教師が用いた説明を取り上げ，この方略を説明する。

(34) 雪野原を子ぎつねひとり，よちよちした足取りで町へ向かう後ろ姿を見送っているかあさんぎつねは，どんなことを心の中でつぶやいたと思いますか。子ぎつねの姿はだんだん小さくなって，ごまつぶより小さくなって，あっ，もう見えなくなりましたよ。

(宮崎・上野 1985)

上の (34) の例で，教師はだんだん小さくなっていく子ぎつねの姿，つまりかあさんぎつねから見た子ぎつねの〈見え〉を子どもたちに想像させることで，かあさんぎつねの心情を実感的につかませようとしている。つまり，直接的に他者の心情を理解ないしは表現するのではなく，他者の認知像を利用する方略である。したがって，宮崎・上野は，対象の〈見え〉を (1) 対象についての情報，と (2) それを見る主体の視点についての情報，を同時に含むものと主張する。

語りの一貫性を媒介する視覚イメージとはまさに彼らの言う「見え」にほかならない。ことばの情報デザインを行うということは，単に言語情報をどのように選択し，配列するかというタスクであるだけでなく，その言語情報を通じて伝えられる視覚イメージが，語りの一貫性を適切に媒介するような工夫が求められるのである。

5

思いの言語表現

詩歌やキャッチコピーなどは典型的な感情や思いの言語表現である。感情や思いを言語で表現する場合には，読み手に「伝わる」ような工夫が必要である。感情や思いの言語表現が読み手に「伝わる」というのは，読み手が，単にその内容を理解するだけでなく，その言語表現によって共感することが必要である。

共感（empathy）とは，「相手の感情を，あたかも自分の感情であるかのように感じる」ことである。心理学者のハイム・G・ギノット（Haim G. Ginott）[16], [17]は，こどもとの対話においては，こどもの発することばに対して親はこどもの感情に共感して対話をすることが重要であり，こどもとの対話の3つの原則として以下をあげている。

①理屈よりも人間的な関係を
②事実よりも感情を重んじる
③一般論よりも具体論で

詩歌は感情や思いを言語表現したものである。詩歌の作成は，伝えたい情報をいかに読み手にとってわかりやすく，読み手の共感を得られるような言語表現を行うかという情報デザインの問題と位置づけることができる。

俳句は，「物に寄せて思いを陳（の）ぶる詩」（寄物陳思（きぶつちんし）[4]）といわれる。これは，俳句が5，7，5の韻律で詠まれる，きわめて短い定型詩であるため，短い文章の中では主観的な形容詞（心象形容詞）やそれを名詞化したもの（心象名詞）を使用しにくいことや，心象形容詞や心象名詞を使用できてもそのままでは読み手にその感情が伝わりにくいためである。そこで俳句では，物や事象（できごと）にこと寄せて感情や思いを表現するのが一般的であるとされている。

心象形容詞や心象名詞を排した表現の例としては，つぎの芭蕉の句が有名である。

・古池や　蛙（かわず）飛び込む　水の音（芭蕉）

この句では心象形容詞や心象名詞を一切使わずに，「静かだ」という心象（感情）を表現している。俳句の構造[5]は，主題と事例からなり，「切れ」で主題（話題）を表現し，その他の部分で事例（事象）を表現するという解釈がある。この解釈によれば，上の芭蕉の句では，「古池」が主題であり，「蛙（かわず）飛び込む　水の音」が事例（事象）表現となる。

たとえば，命のはかなさ，小さな命のいじらしさや愛おしさといった思いを，「はかない」，「いじらしい」，「いとおしい」といった主観的形容詞を使わずに，モノにこと寄せて詠んだものとして以下のような俳句が考えられる：

・雀の子　そこのけそこのけ　御馬（おうま）が通る　（一茶）
・寝返りを　するぞそこのけ　きりぎりす　（一茶）
・釣鐘に　とまりて眠る　胡蝶（こちょう）かな　（蕪村）
・さみだれや　大河を前に　家二軒　（蕪村）

これらの句は，いずれも，大きく強いもの（馬，人間，釣り鐘，大河）と小さくはかないもの（雀の子，きりぎりす，胡蝶，家二軒）を対比的に句中に配置することだけで，命のはかなさ，小さな命のいじらしさや愛おしさといった思いを表現しているものと考えられる。

短歌でも，万葉集の相聞の歌（恋歌）は，同様の寄物陳思歌（きぶつちんしか）と，正述心緒歌（せいじゅつしんちょか）などに分類されている。短歌は，「こういうことがあった」（できごと，事象）とそれに対して「こう思った・感じたこと」（思い，感情）の記述であり，すなわち，短歌の構造は「できごと」と「思い」の表現からなる[18]。さらに，俵万智は［18］で，できごとだけを述べて成立する短歌は，できごとの切り取り方が重要であり，思いだけを述べて成立する短歌は，「こう思った」の部分を簡単にまとめると伝わらないため，できごとだけの短歌よりさらに難しいと述べている。

このことを踏まえて，俵万智[18]は，「伝わる」短歌を作るための方法論として

①書き手の視点
②主観形容詞の排除
③思いの説明や理屈の排除
④できごとの具体化
⑤ものづくし
⑥比喩

などを指摘している。

書き手の視点

・冬うさぎ　眩（まぶ）しき川面を　渡りたる　出雲（いずも）の国の　朝の情景　（塚越健一作[18]）
・冬うさぎ　眩（まぶ）しき川面を　渡りけり　出雲（いずも）の国の　朝を歩けば　（俵万智添削[18]）

この歌は，おそらく，出雲地方を旅して冬の朝の川辺の情景を眺めて抱いた心情を詠んだものと解釈できる。原作は，主観形容詞などは用いずに上手く情景描写を行っており，その情景について作者が感じた心情も十分に想像できる。ただ，この原作では，歌の最後の部分で「朝の情景」といっているため，描かれる情景，書き手（作者），読者の位置が明確に分かれてしまっている。特に，「これこれのような情景でした」と説明をしてしまい，作者の位置と作者が描いている情景の位置が分離してしまっていることで，読者にとっては共感を感じにくい表現になっている。俵万智は［18］でこのことを指摘し，むしろこの歌の書き手自身が情景の中にいるようにすることを提案して添削を行っている。すなわち，描かれる情景や事象の中に「我」（書き手）を登場させることを，「朝の情景」を「朝を歩けば」という文言で置き換えることによって実現している。添削後の歌では，作者の位置・視点を変更し，描かれる情景とその中にいる作者，この歌の読者というように，視点を2つにすることに成功している。

主観形容詞の排除

・ぞうきんに　四年二組と　書いてある　六年前の　娘いとしく　（茶宇作[18]）

・ぞうきんに　四年二組と　書いてある　六年前の　娘の文字で　（俵万智添削[18]）

娘が6年前に小学校で使っていたぞうきんに「四年二組」という手書き文字を見つけて，娘に対する「いとしさ」を感じたという心情を詠った歌である。この歌は，主観形容詞の「いとしい」という言葉を使って心情を直接表現している。俵万智は［13］で，「いとしく」は言わなくても読者にはその心情はわかるのに，作者が先回りして言ってしまうとかえってひとごとのようになってしまい，読者の共感が得られにくいと指摘している。このように，思いの表現では，その思いを読者が十分に想像できるなら，「いとしい」といった主観形容詞をあえて排除することが重要である。添削後の歌は，主観形容詞を排除し，むしろ，ぞうきんに書いてあった「四年二組」に文字が，娘が当時書いた手書き文字であったことを具体的に言及することで，この手書き文字のイメージを読者により鮮明に想像させる効果をもたらしている。

思いの説明や理屈の排除

・立ち読みする　少年を　待ちくたびれて　コンビニの前で　傾く自転車　（紺野葵作[18]）
・立ち読みする　少年を　待ちつづけており　コンビニの前で　傾く自転車　（俵万智添削[18]）

「退屈だ」，「しんどい」などの心情を表現した短歌である。原作では，コンビニの前に置いてある自転車が，持ち主の少年がコンビニで長時間立ち読みしているため，「自転車が待ちくたびれている」，そして，その結果，「自転車が傾いている」というように，因果関係を歌の中で説明している。事象の因果関係などの理屈を歌の中で説明をすることは，読者にとっては「言われなくてもわかる」ことであることが多く，かえってこの説明をすることで，読者は共感しにくくなりがちである。俵万智は［18］でこのことを指摘し，因果関係を切断した表現でこの歌の添削を行っている。「自転車は待ち続けている」，「自転車は傾く」というように意識的に因果関係を切断した表現にしているわけである。この方が，読者にとっては，「理屈を説明されている」といった感が少なくなり，この短歌で詠われた心情を素直に理解・共感できるようになっている。

できごとの具体化

・まだすこし　乾ききらない　Tシャツを　抱きしめて　ちょっと泣いた　（くろすぐり作[18]）
・まだ乾ききらないTシャツ　抱きしめて　ちょっぴり泣いた　夏の窓際　（俵万智添削[18]）

短歌ができごと（事象）と思い（心情）の表現であることを考えると，この短歌は，「乾ききらないTシャツを抱きしめて泣いた」という事象を表現することで，恋を失った心情を表現しているものと考えられる。ただ，原作の表現では，「少し」「乾ききらない」というところに意味の重なりがあるとともに，「ちょっと泣いた」という事象がやや抽象的である。このため，俵万智は，上記のように，意味の重なりを減らす（「まだ乾ききらない」）とともに，「泣いた」という事象をより具体的で鮮明にするために，いつ（「夏」），どこで（「窓際」）といった情報を加えている。これによって，事象描写がより具体的なものになり，読者にとっても共感が得られやすくなっている。

ものづくし

・銀(しろがね)も　金(こがね)も玉(たま)も　何せむに　優(まさ)れる宝(たから)子にしかめやも　(山上憶良)

宝とは，その希少さや美しさゆえに貴重なもののことであるが，何が宝かというと，その人の価値観や主観によって変わるものである。ここでは，「子は貴重で大切なもの」といった心情を，貴重で大切なものとして，類似のものを列挙することでそれらのものの共通的な性質を表現している。すなわち，銀(しろがね)，金(こがね)，玉(たま)といった財宝にあたるものを列挙することで，子も財宝である（むしろ，子の方が銀(しろがね)，金(こがね)，玉(たま)といったものよりももっと貴重で大切なものである）ということを表現している。

・春のめだか　雛(ひな)の足あと　山椒(さんしょ)の実　それらのものの　一つかわが子　(中条ふみ子作[18])

この歌は，「わが子のかわいさ」の心情を表現したものである。この歌で表現したい心情は単純なものではなく，「小ささ」，「かわいらしさ」，「たよりなさ」，「かけがえのなさ」などが混じり合った「かわいさ」を表現したいわけで，そのために使える適切な主観形容詞も十分には存在しない。このため，この歌では，「春のめだか」，「雛のあしあと」，「山椒の実」といったものを列挙することで,「わが子のかわいさ」を表現している。

このように，ある種の心情を表現したい場合に，その心情を端的正確に表す主観形容詞がないような場合に，類似のものを列挙することでこれらの共通する性質を表現することを，俵万智[5]は，「ものづくし」と呼んでいる。ここで挙げた2種の短歌も「ものづくし」の手法による歌である。

比喩

・頬張れば　ほのなまぐさく　ほのあまく　愛国心のごとき　雲丹(うに)かも　(矢部雅之作[18])

この歌で詠われている主題は，雲丹(うに)ではなく，愛国心という抽象的な概念である。愛国心といった抽象的な概念の心情を伝えるのは，適当な主観形容詞などがないため，難しい。そこで，この歌では，愛国心という概念の心情を，味覚による比喩で表現しているのである。愛国心という心情には，「甘美さ」とともに，現実世界を対象としているが故のある種の「生臭さ」がある。この「甘美さ」と「生臭さ」を，雲丹の食感・味覚に喩えることで表現した短歌である。文章中では，「愛国心のごとき」というように，雲丹の食感を愛国心に喩えているが，この歌の主題は愛国心であることから，「雲丹のごとき愛国心」というような比喩を実質的に行っている。

演習課題

（問 1） 適当な単語（たとえば「トマト」「いす」「テレビ」など）の定義を考え，それと国語辞典等の語釈文を比較せよ。

（問 2） PC サポートセンターの苦情の大半は「PC が起動しない」ということだと言われている．その原因のほとんどはコンセントが差し込まれていないことだが，電話をかけてきた相談者に「コンセントが差し込まれているか確かめてもらえますか？」というと，馬鹿にされたと怒る人が多いらしい。

(1) なぜ相談者は怒るのでしょうか？

(2) あなたがサポートセンターのオペレータだとすると，どうすれば相手を怒らせずにコンセントを確認してもらえるでしょうか？

（問 3） 俳句または短歌を自作せよ。他人が作った俳句・短歌を添削してみよ。添削にあたっては，添削理由についても付記せよ。

参考文献

[1] W. Croft and D. Alan Cruse: *Cognitive Linguistics*, Cambridge University Press, 2004.

[2] J. Fiske: *Introduction to Communication Studies: Second Edition*, Routledge, 1990.

[3] グループ μ（著）, 佐々木健一・樋口桂子（訳）:『一般修辞学』, 大修館書店, 1980［1970］.

[4] 深田智・仲本康一郎：『概念化と意味の世界』, 研究社出版, 2008.

[5] G. Lakoff, and M. Johnson: *Metaphors We Live by*, The University of Chicago Press, 1980.

[6] R.W. Langacker: "Reference-point constructions." *Cognitive Linguistics*, 4, pp.1-38, 1993.

[7] 宮崎清孝・上野直樹：『視点』, 東京大学出版会, 1985.

[8] 岡本雅史：「コミュニケーションの仕掛け－認知と行動の変容を促す多重のストラテジー」, 『人工知能学会誌』, Vol.28, No.4, pp.607-614, 2013.

[9] 崎田智子・岡本雅史：『言語運用のダイナミズム－認知語用論のアプローチ』, 研究社出版, 2010.

[10] 佐藤信夫：『レトリック感覚－ことばは新しい視点をひらく』, 講談社, 1978.

[11] 佐藤信夫・佐々木健一・松尾大：『レトリック事典』, 大修館書店, 2006.

[12] 瀬戸賢一：『認識のレトリック』, 海鳴社, 1997.

[13] 高梨克也：『基礎から分かる会話コミュニケーションの分析法』, ナカニシヤ出版, 2016.

[14] 内田聖二：「テクストとコンテクスト―語用論の射程―」, 『グラマー・テクスト・レトリック』, 安井泉（編）, pp.111-135, くろしお出版, 1992.

[15] 山梨正明：『認知文法論』, ひつじ書房, 1995.

[16] ハイム・G・ギノット（著）, 森 一祐（訳）:『親と子の心理学』, 小学館, 1973.（Haim G. Ginott: Between Parent and Child, 1965.）

[17] ハイム・G・ギノット（著）, 菅 靖彦（訳）:『子どもの話にどんな返事をしてますか?―親がこう答えれば，子どもは自分で考えはじめる』, 草思社, 2005.（Haim G. Ginott:Between Parent and Teenager, Avon Books（Mm); Reissue 版, 1988.）

[18] 俵万智：『短歌のレシピ』, 新潮新書 511, 新潮社, 2013.

[19] 俵万智：『考える短歌 作る手ほどき, 読む技術』, 新潮新書 083, 新潮社, 2004.

参考資料

E. Hemingway: *The First Forty-Nine Stories*, Arrow Books, 2004［1944].

ヘミングウェイ（著），大久保康雄（訳）：『ヘミングウェイ短編集（一）』，新潮文庫，新潮社，1970.

川端康成：『雪国』，角川書店，1956.

新美南吉：『手袋を買いに』，青空文庫，1943.（http://www.aozora.gr.jp/cards/000121/files/637_13341.html　最終閲覧日：2018年2月4日）

L. Tong: "Transparent design could teach people to trust AI.", 2017.（https://venturebeat.com/2017/10/07/transparent-design-could-teach-people-to-trust-ai/　最終閲覧日：2018年2月4日）

注

1 http://wordnet.princeton.edu/

2 http://compling.hss.ntu.edu.sg/wnja

3 その意味で，厳密な意味で同義の語はないともいえる。ここでは，全体を同義語と呼び，その一部を類義語と整理したが，全体を類義語と呼ぶ場合もある。同義語，類義語ともにその英訳は synonym である．

4 万葉集巻十一，十二に見られる相聞歌（恋歌）の分類名目の1つ．寄物陳思（きぶつちんし）歌は，物に託して思いを表現する歌のこと．他の分類名目として，正述心緒（せいじゅつしんちょ）歌（ただにおもいをのぶるうた）（心に思うことを直接表現する歌）がある．（古代文学の常識―万葉の時代―「寄物陳思（きぶつちんし）・正述心緒（せいじゅつしんちょ）とはなにか」，國文學，7月号第42巻8号，學燈社，1997.）

5 岩垣守彦：「日本語における感情喚起の表現をデータ化する」，第22回人工知能学会全国大会，1C2-4, 2008年，岩垣守彦：「古池に蛙が飛び込んだら俳句にならない―感覚情報を伝達するための技巧」，第23回人工知能学会全国大会，2009.

CHAPTER

4

インフォグラフィックス

1 インフォグラフィックスとは

2 コンセプト

3 軸

4 スパイス

5 演出の許容範囲

インフォグラフィックスは，ローデータを価値ある情報に変えるコミュニケーションのための視覚表現で，常に相手の立場から「伝わる」を追求する思いやりのデザインである。

（木村 博之）

1
インフォグラフィックスとは

インフォグラフィックスとは，インフォメーションとグラフィックスをかけあわせた造語で，データの持つ意味を見つけ，組み合わせ，情報という価値に変えるコミュニケーションのための視覚表現である。言葉や数値だけでは伝わりにくい関係性や比較，匂い，味，人気，経験，概念など抽象的な「見えにくい情報」を，図 4-1 のように，ダイアグラム（図解，Diagram），グラフ（Graph），チャート（Chart），表（Table），地図（Map），ピクトグラム（Pictogram，アイコン，記号）などを使って「わかりやすい形」にするデザインである[1]。

言葉では伝わりにくいものでも，絵や図で説明されると簡単に理解できることがたくさんある。インフォグラフィックスはメッセージを伝えるために，データを価値のある情報に変えるわけである。そういう意味で，インフォグラフィックスは企業のコミュニケーション活動とも非常に相性が

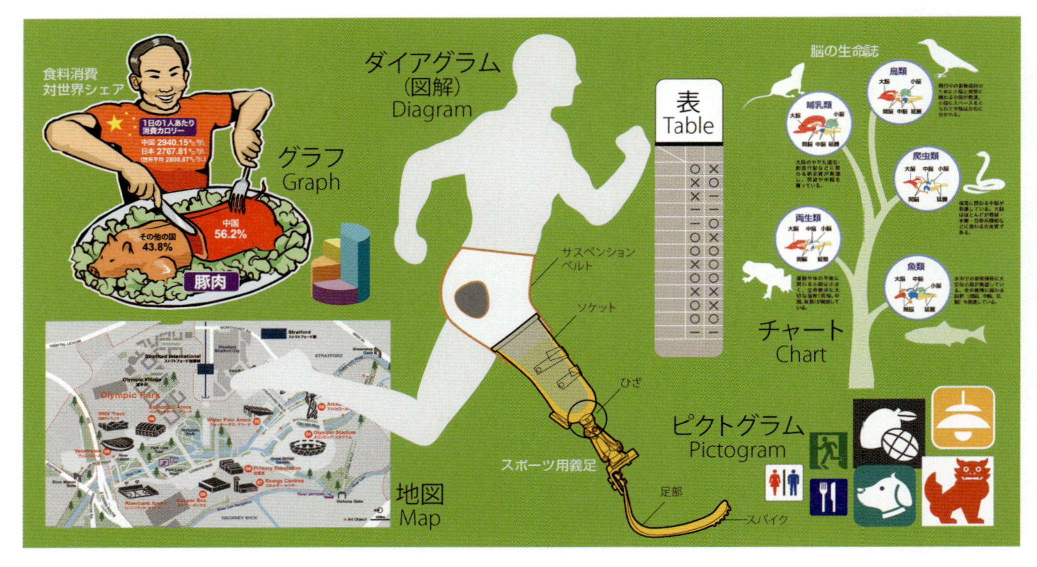

図 4-1　インフォグラフィックスのさまざまなスタイル

よい。また，最近の広告はイメージだけではなく，商品やサービスの内容を把握してもらう方向に変わってきている。メディア，広告，プロモーション，交通サイン，案内地図，インフラデザイン，企業報告書，使用説明書，教育，政策，投資家に向けたIR，ステークホルダーに向けたCSR活動など，わかりやすく伝えることが求められている。また，目に見えるアウトプットだけでなく，プレゼンテーションのテクニックとしても注目されている。

このように，私たちの生活やさまざまなビジネスシーンでコミュニケーションツールとして重要な位置にあることがわかる。

もともとは，海外の新聞やニュース系雑誌のデザイン部門で使われていたもので，記事を補足説明するための図のことを指す。アメリカのニューヨーク州に本部を置くSND（The Society for News Design／ニュースデザイン協会）[2]やそのスペイン支部が主催するパンプローナのナバラ大学に本部を置くMalofiej Awards（マロフィエ賞）[3]では，毎年インフォグラフィックスの大会が開催され，世界中のメディアが参加している。

日本でも，新聞や雑誌などの紙媒体のニュースメディアでインフォグラフィックスが利用されてきたが，この言葉が盛んに使われるようになったのは90年代からで，1998年の長野オリンピックでは公式ガイドブック[4]の競技解説に採用されている。（図4-2）だが今日のように注目されるようになったのは，東日本大震災をきっかけに経済産業省が始めた「ツタグラ（伝わるINFO-GRAPHICS）」（デザイナーの力を借りてわかりやすく視覚化すれば，日本国内だけでなく海外に向けてもアピールできるのではないかという日本の未来を考えるプロジェクト）からである。国の機関が始めた聞きなれない言葉に多くのメディアが注目し紹介されたからである。

また，最近のデジタルメディアの普及も，インフォグラフィックスが注目される背景にある。メディア特性に合わせてインフォグラフィックスも進化してきている。紙メディアで進化してきたインフォグラフィックスは1枚の絵で表現するのが基本であるが，デジタルメディアでは複雑な関係でも，インタラクティブな操作や動きによってわかりやすくなる。たとえば，どの県からどの県へ人口が流入しているかという移動人口も，自分が選んだ県にカーソルを当てると，流出先の県と数値から割り出した太さの線で結ばれるというように，紙ではできないような表現が可能になっている。

図4-2 「長野オリンピック公式ガイドブック」

企業説明や選挙時のマニフェストなどを，ナレーション入りのインフォグラフィックス動画で見せる，いわゆるモーショングラフィックスがある。モーショングラフィックスは，画面の切り替わりが早く途中でついていけなくなったり，見る方が主体的ではないので途中で飽きてしまいがちな点が問題である。最近はテレビ番組やドラマでも見かけるが，こちらは視聴者を番組に引き込んだ中での展開なので共有共感意識が働き効果的な印象である。

また電車に乗ればドアの上の車両デジタルサイネージからも無音のインフォグラフィックスが流れている。インフォグラフィックスは言葉がなくても伝わるのが理想である。街や駅の案内板などに使われるピクトグラムが代表的な例であるが，言葉の壁を越えて理解できることを目指している。

理解の外観図

情報というのはデータの中に価値を見つけるというより，データとデータを結びつけることによって，本当に価値のあるものになるのである。カリフォルニア芸術大学デザイン戦略 MBA プログラム・ディレクターで，情報デザイナーのネイサン・シェドロフが描いた「理解の外観図」[5]（図 4-3）がある。人が物事を理解する段階を示したもので，彼がこの図で言いたかったことは，

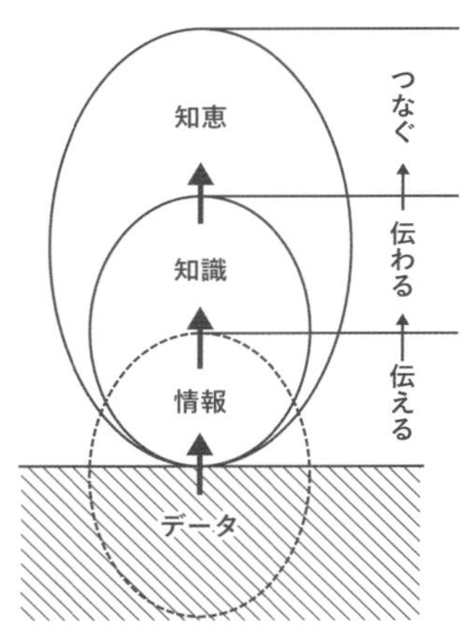

図 4-3　ネイサン・シェドロフの「理解の外観図」の中でのインフォグラフィックスの位置

「理解とは，データ（Data）から知恵（Wisdom）への連続した観念と考えるべきだ」ということである。インフォグラフィックスというのは，この中の「データを情報に変える」最初の一歩である。データを単なる数字の塊でなく，意味を持った情報にする。それが体系化・構造化されて知識となり，人に伝えられ，人々をつなぐ「知恵」になっていく。その一番根っこの部分にインフォグラフィックスはあると考えられる。

データビジュアライゼーションとの違い

ビッグデータの活用が注目されてから「データビジュアライゼーション」という言葉も使われるようになった。インフォグラフィックスとはどう違うのだろうか。図 4-4 にその違いを整理してみる。

インフォグラフィックスは，同じグラフを使うにしても，データを「こう見てほしい」というメッセージや意図があって作られるものなので，つくる側が積極的である。そのためにはデータの数を絞り，メイングラフィックを大きくするなど見せ方を強調・演出するので，「捨てる」という行為が大切になる。整理するとき，必要なデータだけ残し，思い切って捨て，見せ方を強調・演出するのがインフォグラフィックスである。

一方，データビジュアライゼーションは，膨大なデータの中におもしろさを見つける，有用な情報を抽出するのは見る側に委ねられる。相互の関係性を見るためには数値の小さいデータも大きな意味を持っているので，すべてのデータの「ビジュアル化・見える化」が求められ，「そろえる」方向にある。

表現方法としては地図やグラフ，チャートが多く，インタラクティブな操作で，相互につながっ

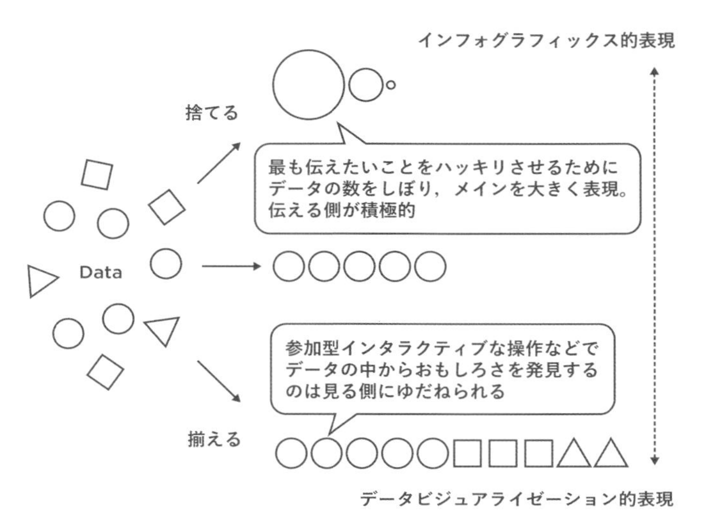

図 4-4　インフォグラフィックスとデータビジュアライゼーションの違い

たり，グラフなどが動き出したりすると，引きつける魅力と理解度は大きくなる。

ダイアグラム（図解）

かつてダイアグラムは，図解，チャート，表，グラフ，地図，ピクトグラムなど，図に関するすべての可視化表現を指していた。現在では，「インフォグラフィックス」の呼称の方が一般化しているので，ダイアグラムは，おもにイラストを用いる「図解」という狭い意味での，説明図や構造図，仕組み図の解説として使用されている（図 4-5）。

グラフ

数値の比較や変化・推移を，形の大きさや高さで表す。全体に占める割合がわかる円グラフ，数値を長さで表す棒グラフ，時間で変化する点を線で結んだ折れ線グラフ，複数の項目の大きさを一見して比較するクモの巣形のレーダーグラフなどがある。

表

情報をある基準や規則で区分し，縦軸横軸上に整理したもので，複雑なデータをわかりやすく整理し見せるもの。時刻表やテレビの番組表，年表，分類表などがある。

チャート

チャートは，複雑な情報を一目で理解できるよう，線でつないだり分けたり，矢印で方向性を持たせたり，図形や線，イラストなどを用いて，相互の関係をわかりやすく整理したものである。時間的要素を伴いながら作業手順や進化の様子を伝えるのが系統図，家系図である。フローチャートが代表的なもので，モノやコトの一連のプロセスや循環のプロセスを時間の流れの中で視覚的に整

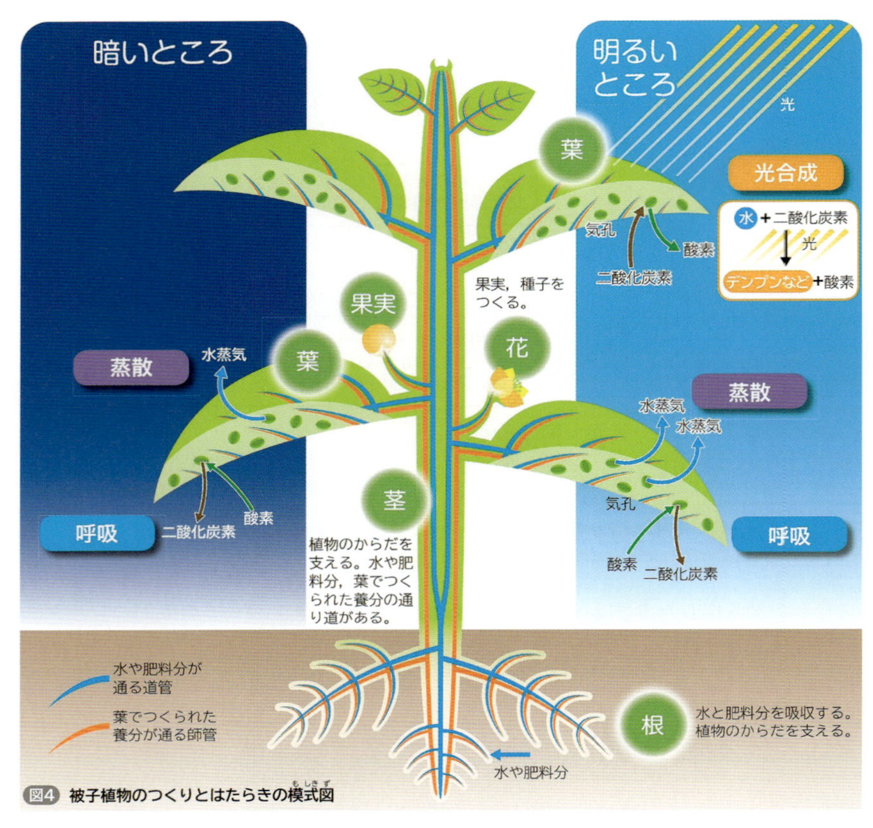

図 4-5 「被子植物のつくりとはたらきの模式図」（「新しい科学 1」，東京書籍，2016 年）

理したものである。逆に，時間は必要なく要素同士の関係を示すものが人脈組織図や人物相関図である（図 4-6）。

地図

一定の地域・空間における位置関係を表示する。文字よりも古いコミュニケーションの手段といわれ，一定の地域・空間におけるモノの位置関係を一定の割合で縮小し，記号化し平面上に表示したものである。文字のほか地図記号を使うことで情報量を増やし，さらに等高線という記号を使えば高さまで表現することができる。

地形図などの測量をもとに作られた「一般図」と，それをもとに目的ごとにさまざまなスタイルに仕立てる「テーマ図（主題図）」の 2 つに分けられる。

国土地理院が発行する 2 万 5 千分の 1 地形図は全国をカバーしていて，私たちが目にする地図のほとんどは，この地形図をもとに作られたテーマ地図である。たとえば，旅行ガイドブックの中のタウンマップ，不動産物件を紹介するエリアマップ，ショップの案内図，地下鉄やバスなどの路線図，空港や駅，デパートなどのフロアマップ，観光地のイラストマップや鳥瞰図など，さま

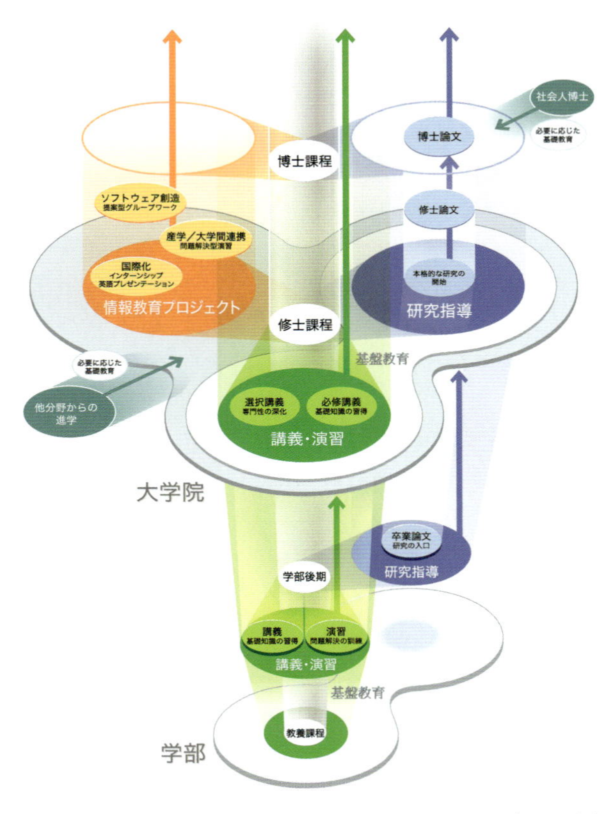

図 4-6　東京大学「大学院情報理工学系研究科フローチャート」（2009 年）

ざまなスタイルがある。

ピクトグラム

ピクトグラムは絵文字とも呼ばれ，基本的に文字を使わず，絵を使って情報をわかりやすく直感的に伝えるものである。固有の事物や特定の場所を指すものは単なるイラストであり，案内用の図記号としてのピクトグラムは，情報や注意を示すために単純化された視覚記号で汎用性を持つ。汎用性のあるなしがイラストとピクトグラムの大きな違いである。

地図で使われる神社や寺などの地図記号はその仲間であるが，1964 年の東京オリンピックのときに，競技案内や会場案内に使用され急速に発展した。その国の言葉を知らない外国人が見ても一目で理解できるように，できる限り文字を使わないのが原則である。一般的には，公共・一般施設，交通施設，商業施設，観光・文化・スポーツ施設のほか，安全や禁止，注意，指示など，街の中の道路や空間，あらゆる施設で目にすることができる。

現在，日本工業規格（JIS）で規格化され，公益財団法人交通エコロジー・モビリティ財団が，バリアフリー推進事業の一環として，「標準案内用図記号」[6]という名称でガイドラインを設け，125種類の図記号をホームページ上で公開している。PDF版，EPS版，GIF版が用意され，自由にダウンロードして使用できる（図4-7）。

この「標準案内用図記号」の使用はあくまで推奨なので，大阪の地下鉄（Osaka Metro・旧大阪市営地下鉄）は，基準として参考にしながらも独自のアレンジを加えている。ホスピタリティコミュニケーションをデザインコンセプトに掲げて作成したトイレのピクトグラムは，「おもてなしの心」を込めた優れた表現になっている（図4-8）。

外国からの観光客に対して，ピクトグラムの変更や修正，新設が盛んに検討されている。言葉の壁をなくすピクトグラムの本来目指すところではあるが，もう1つの気持ちとして，それぞれの国の文化に根づいたデザインも見たいというジレンマも感じる。

図4-7 「標準案内用図記号」トップページ

その流れで改定されたのが，衣類の洗濯表示マークである。衣類の内側に必ずついているタグである。日本独自で長く使われ馴染んでいた記号が，流通のグローバル化のため2016年12月から世界基準に統一された（図4-9）[7]。

図4-8 Osaka Metroのトイレ表示

図4-9 世界基準に統一された洗濯表示マーク

2
コンセプト

誰に，何を伝えたいのか

インフォグラフィックスとは，「伝えたいメッセージ」を「伝わるメッセージ」にすることである。

インフォグラフィックスの制作は，データを集め，選ぶことから始まる。

図 4-10 は，伝えたいメッセージがしっかり伝わるために必要な要素を示したものである。図を作るときは，どうしても自分視点でモノを見てしまうが，相手の視点に立って，要点を絞り込みながら図を組み直すと格段にわかりやすくなる。相手のフレームに合わせながら適切な軸を考えられるようになれば，相手の心をつかむデザインができるようになるのである。

素通りさせない，立ち止まらせ，振り返らせ，引きつける魅力，そのアイデアやデザインコンセプトとはどんなものなのだろうか。まず，もっとも重要な要素を取り上げながらしっかりした柱を立ててみよう。

スケッチが苦手でもまったく問題はない。大切なのは，自分の想いを伝えられればよいのである。スケッチもアイデア出しも上手にできる人は実はそれほど多くないのである。スケッチが得意な人がすばらしいアイデアを出せるとは限らないし，逆にスケッチが苦手でも次々にアイデアを生み出す人もいる。世の中は分業制が多いのであるから，うまい人に部分的に任せればよいのである。

では，どうやったらわかりやすく伝わる表現にすることができるのだろうか。図解で一番はじめに取り掛かるのは「コンセプトと軸」の設定である。図のような大きな柱を地面にしっかりと立てることが「コンセプト」。これは「○○○として，伝えたいことは何か。伝えたい相手は誰か」ということである。つまり誰（Who）に何（What）を伝えたいのか，自分の目的を明らかにすることである。ここをしっかり押さえずに柱がグラグラしたまま曖昧に進めば必ず倒れ失敗する。

視点の移動

スケッチは，上手くなくても丁寧に描かれていれば何とか意味は通じる。しかし構図がまずいものは機能をなさない。まずスケッチでもっとも重要な「構図の決め方」を考えてみよう。

構図を考える際，視点が曖昧になりやすいときやいつもの自分の見方から離れて別な視点に立ち

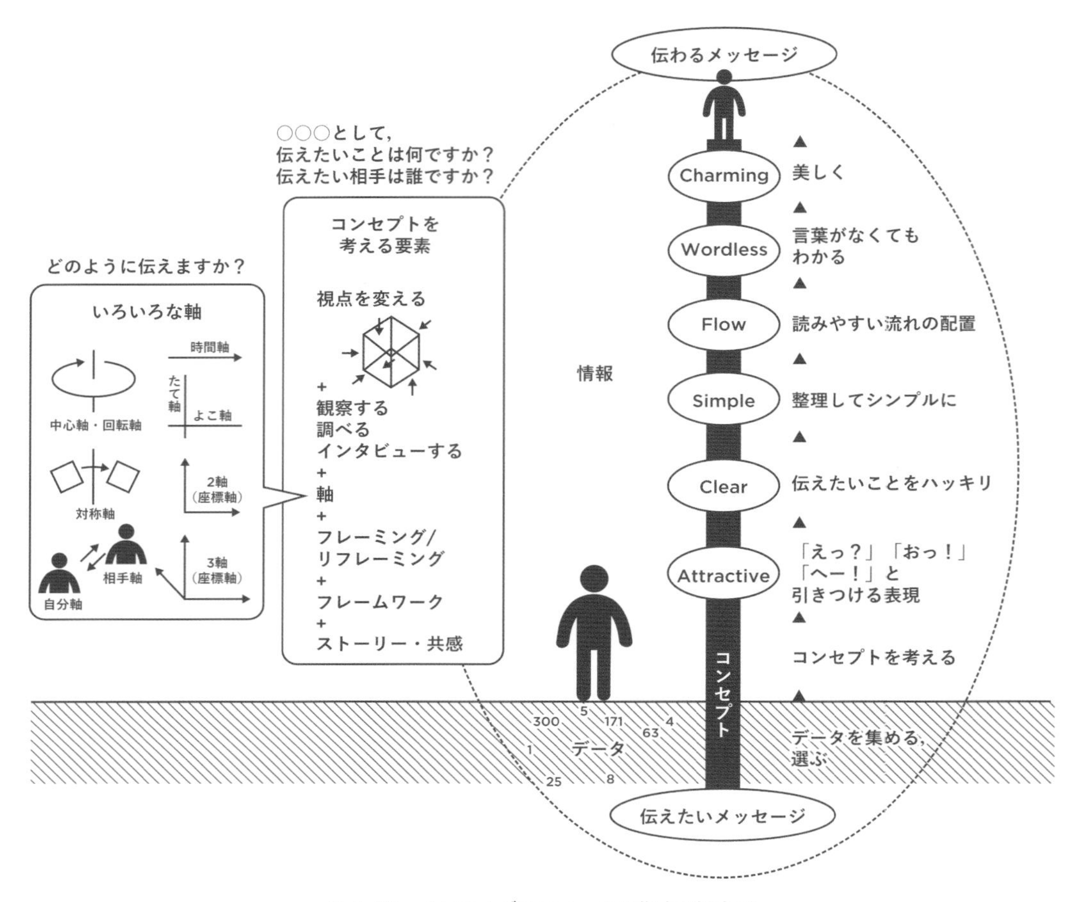

図 4-10　インフォグラフィックス作成の概念図

たいときは，図 4-11（a），（b）のような立体フレームを対象に強制的に被せてみる。あくまで想像上でである。大きな目玉のモデルは自分の目となり，あちこちに浮遊し，思ってもいなかったおもしろい構図が見えてくることがある。このミニカーのような小さな物だけでなく，自分がいる空間，たとえば自分の部屋や教室をこのフレームに置き換えると，さまざまな場所からその中にいる自分の姿までもが想像できる。自分だが自分でない視点を意識すると，相手の立場で，つまり客観的にモノを見て考えられるようになるのである。

簡単な練習方法として図 4-12 のような風景を見かけたら，「あのオペレータからはどう見えるのだろう？」と想像し，できれば実際に簡単なスケッチを描く。さらに一歩進め，オペレータの気持ちになってみる。自分がオペレータの目を通して，どこに注目し焦点を当てようとしているのかが見えてくるに違いない。ペンのタッチや色の濃淡，パースをつけたり歪めたりしていくうちに，あちら側とこちら側を視点が頭の中で交互に行き来し，意外と簡単にコツをつかむことができる。

実際の例を参考に，1 つの仕事が完成するまでの視点の移動を見てみよう。図 4-13 は，新聞の見開きページを使い，発展し続ける関西エリアの

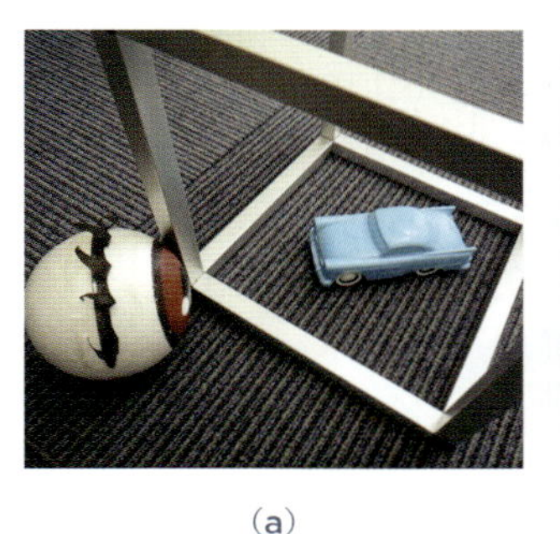
(a)

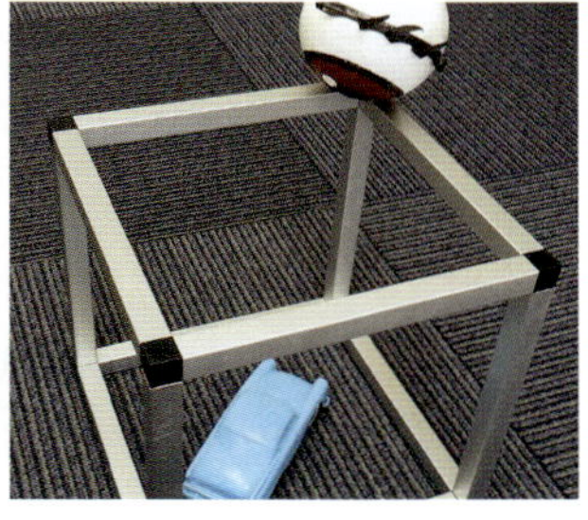
(b)

図 4-11　視点の移動

図 4-12　相手の視点から想像する

明るい将来像を，海外からやってくる飛行機の視点で描いた地図である。

はじめは盛り込む要素ごと，左右それぞれのページに独立した地図を用意したが，どうしても窮屈な印象になってしまう（図 4-14）。ダイナミック感を出すために，見開きの大きなスペースを 1 枚の鳥瞰図で展開する案に変更する。名古屋辺りから関西にかけての広いエリアを，南上空から眺めた構図になるように既存の地図上で粗く範囲を決め（図 4-15），タイトルや説明文，グラフや小地図などの必要要素を地図上に仮配置したラフデザインをつくった（図 4-16）。

クライアントとの打合せでの，この構図では関西の発展していく様子を描ききれない，もっと関西エリアに焦点を当てたものにしたいという声に応え，地図を 90 度回転させ，関西国際空港を目指してやってくる飛行機のパイロットが，淡路島上空から見ているようなアトラクティブな視点の構図をスケッチすると，おもしろいように各アイテムが当てはまる。地図上部の東京方面からは，リニア中央新幹線や北陸新幹線などが，地図下部の海からは，関西国際空港へアジアの国々から押し寄せる。新聞を開いたとき，読者はまさに淡路島上空から関西の未来の姿を眺めることになる。

街にあるステッカーや案内サインをもとに相手の気持ちや視点を考えてみよう。図 4-17 はビジネスホテルの洗面台に貼ってあったステッカー。安全な水をアピールし過ぎるあまり逆のイメージになってしまっている。

図 4-18 と図 4-19 は，矢印が原因で相手を混乱させてしまう例。どうすればよかったのだろうか。看板の設置工事をする業者のクライアントは建物のオーナーであるが，この案内サインの前に立って，実際に使用する「真のクライアント＝客」の姿を想像することができなかったことが原因である。視点を移動することによって，相手を思いやる気持ちが生まれてくるのである。

データを集める

最も気をつけたいのがデータの信頼性である。行政・公共機関・報道機関など信頼できる調査機関かをしっかり確認することである。個人サイトのようなデータ元を鵜呑みにしてはいけない。また，調査機関も 1 つだけでなく，他の機関のものも参照するようにしたい。それは偏りのない客観的な事実をベースにするということである。

はじめからデータが用意されていることも多いのだが，そのときも与えられたデータに全面的に寄り掛かるのではなく，コンセプトを満足させるデータを自ら探すか，あるいはデータ提供者に意

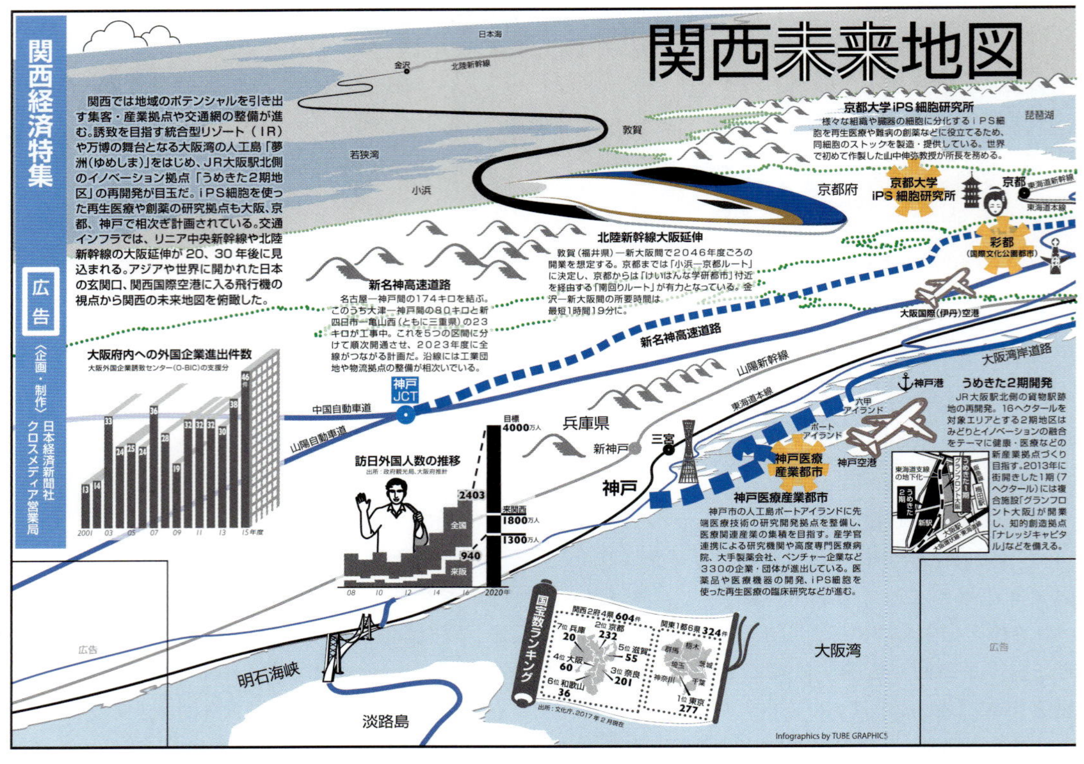

図 4-13 「関西未来地図」（日本経済新聞全国版朝刊・広告特集 2017 年 3 月 13 日）

図を伝えてさらに探してもらうなどの努力を惜しまないことが重要である。

また，データを収集したままでは数字の意味はまず伝わってこない。最終アウトプットを意識しながら，棒グラフや折れ線グラフ，円グラフなどに変換してみよう。何らかのおもしろい形が見出せることができれば表現のヒントになる。そういう地味な作業の積み重ねがおもしろいアイデアを引き出してくれるのである。

なお，集めたデータは，不用と思うものでも保存しておく。軸が変わって，後にそれが必要になることがある。どこにその情報を保存したかわかるように，出典元のファイルネームやラベルをつけて整理しておくのも大切なデータの整理法である。

観察，調査，インタビュー

しっかりした機関による調査データやインタビューがあっても，足を運んで実際にふれてみなければわからない「現場の雰囲気」というものがある。著者は，目の病気のグラフィックスを作ったときは，眼科の待合室にしばらく身を置いていた。患者の心境に少しでも近づこうと，待合室での会話に耳を傾け，壁に貼り出された病気の解説や予防法を読み，ときどき見える診察室の様子などを観察しながらアイデアスケッチを練ると次々にアイデアが浮かぶ。患者にインタビューすることはできなくとも，近所の知り合いとか家族など

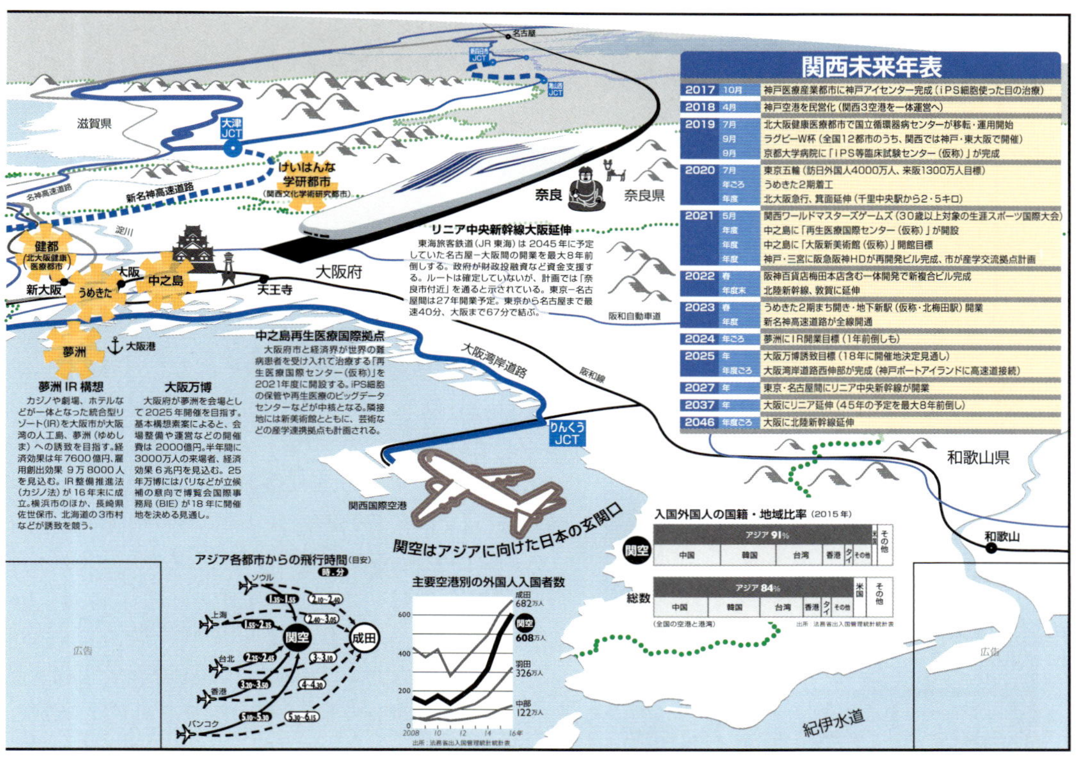

図 4-14　ラフスケッチ

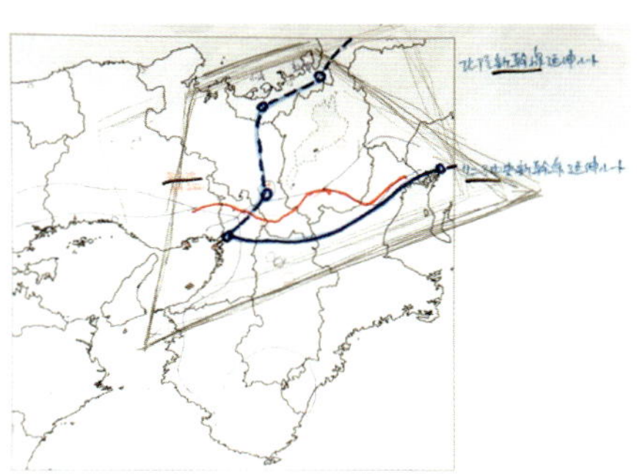

図 4-15　構図と範囲の確定

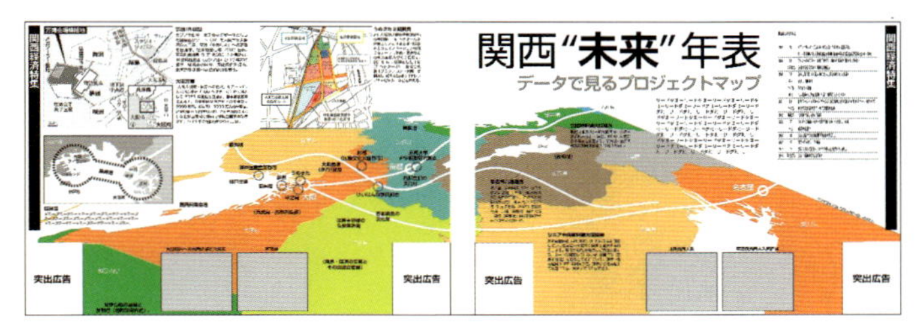

図 4-16　1 ステップ進めたラフデザイン

図 4-17　誤解を与える表現

図 4-18　誤解を与える案内サイン 1

図 4-19　誤解を与える案内サイン 2

に体験談を聞くことはできる。とにかくアイデアの種はできるだけ多く集めることである。

フレーミング，リフレーミング

「フレーミング」は自分にとって最良だと思う形を見つけることであり，「リフレーミング」とは，見る人や使う人の立場に立って，その人にとっての最良の形を見つけ直すことである（図 4-20）。

フレーミングのフレームは Frame, つまり「枠」を指す。カメラで何かを撮影するとき，ファインダーをのぞきながらどの構図がいいか被写体の位置をいろいろ変えながら考える。フレーミングは被写体を切り取ることで，リフレーミングは「Re＋フレーミング」，つまり切り取ったものを再び組み立て直すことである。フレーミングの繰り返しが「観察」であり，リフレーミングは「洞察」である。

インフォグラフィックスは相手がいてこそ存在するものである。相手に何かを伝えたいときは，一方的にこちらの思いを「伝える」のではなく，どうすれば相手に「伝わる」のかを意識する。そのためには，1 つの見方だけでなく，いろいろなところに自分の目を浮遊させ，自分の姿を含めて外から眺めてみる。フレーミングとリフレーミングを繰り返すことが「思いやり」に満ちたデザインにつながっていくことになるのである。

理解とフレームワーク

ここで言うフレームワークとは，相手の価値観やスキルのことを意味する。たとえば，その場に小学生がいるなら小学生に合わせたしゃべり方や表現をするように，彼らが理解できないような言

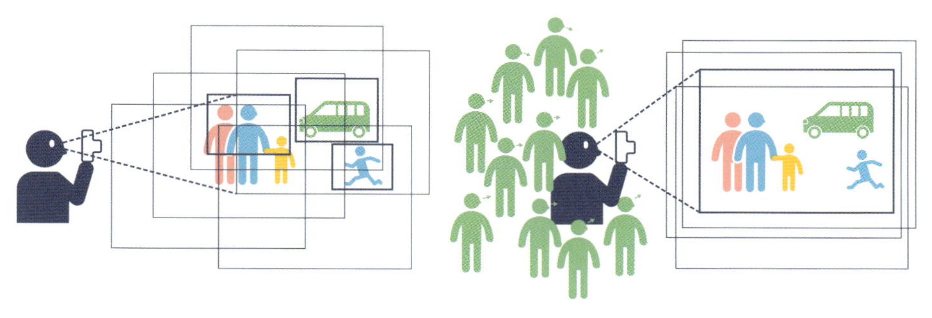

図 4-20　フレーミングからリフレーミングへ

葉遣いや専門用語は使わない。それはビジネスの場でも同じことである。専門家だけの場なら問題ないが，専門以外の人を気遣い，周りを見渡し相手の気持ちに寄り添った話し方をするよう心掛けよう。これが，人と人をつなぐコミュニケーションの重要なテクニックである。

共感のためのストーリーテリング

ストーリーテリングとは，誰でも知っていることに例え，体験談やエピソードなどを交えることで興味や関心を引き寄せ，相手に強く印象づける手法である。たとえば，日本昔話のような子どもの頃からよく知っている物語のストーリーになぞらえれば，一から説明しなくても理解する。相手の趣味や嗜好などを散りばめれば，引き込まれ，身を乗り出して参加したくなるような仕掛けができる。

図 4-21 はアトピー性皮膚炎のインフォグラフィックスであるが，掻くことが悪化の一番の原因ということなので，皮膚が荒れていく様子を，図 4-22 の泥という比喩を用い，乾いてひび割れし，めくれ上がっていく誰もが目にしたであろう風景と同化させている。

整理する

「捨てる」と「そろえる」

自分の目的，つまりコンセプトがはっきりしていれば，何を強調すればよいのかが見えてきて，不要なデータを捨てることができる。多くの情報を相手に伝えたいという気持ちが，逆にわかりづらくする原因となるので，思い切って捨ててしまおう。

たとえば，案内図はただ地図を簡略化すればいいというものではなく，はじめて現地を訪れた人でも迷わずたどり着けるように目印が強調されている必要がある。逆に言えば，目印にならないものは省いてもよい。

自分でも何をしたいのかが曖昧なまま進めていると，一番伝えたいものに焦点が合わないので，「ごちゃごちゃして見にくい」「どこから見たらいいのかわからない」「結局，何を伝えたいの？」となるわけである。

図 4-23 のように，整理するには「捨てる」と「そろえる」の 2 つの方向がある。インフォグラフィックスは，「こう見てほしい」とつくる側が積極的なので，メッセージや意図をはっきりさせるためにデータの数を絞り，メインを大きくするなど，見せ方を強調・演出するための「捨てる」

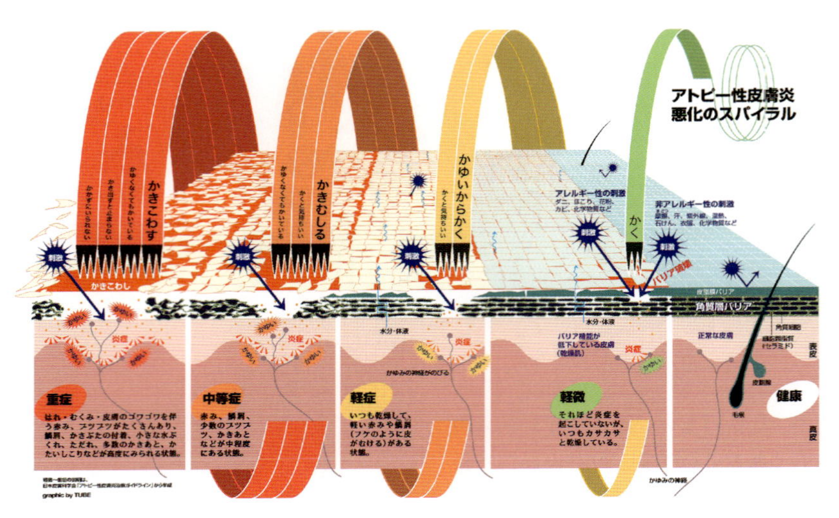

図 4-21　「アトピー性皮膚炎 悪化のスパイラル」（集英社「健康百科」2005 年 1 月）

図 4-22　泥が乾くにつれひび割れが激しくなり，地面がめくれ上がっていく

が絶対である。

コンセプト決めのときは「捨てる」であるが，ある程度データから形ができてきたら次は「そろえる」作業である。メッセージがスムーズに伝わるように，地ならしをする。

図 4-24 のように全体の流れのなかで統一感を持たせる。図の形状や大きさ，位置，フォント，色や濃度，矢印，線の太さなどがそろっていないとゴチャゴチャ感が生まれ，わかりにくさにつながるので，少しでも飛び出ているものは徹底的にそろえる[8]。プレゼンのスライド報告書などで思いつきの配色や効果などを見かけることがあるが，見せられる側にとっては大きなストレスになっていることを頭に留めておきたい。

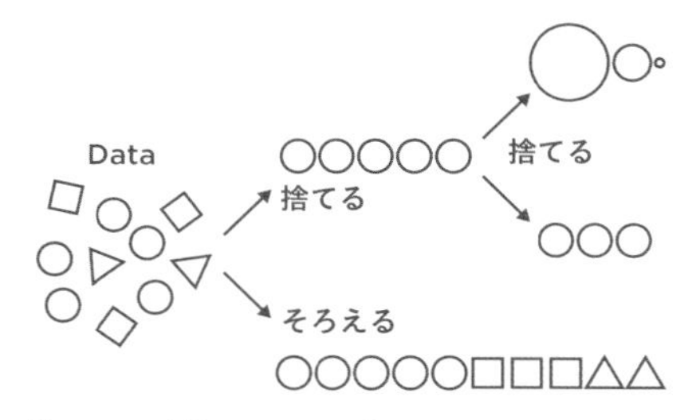

図 4-23　整理には「捨てる」と「そろえる」の 2 つの意味がある

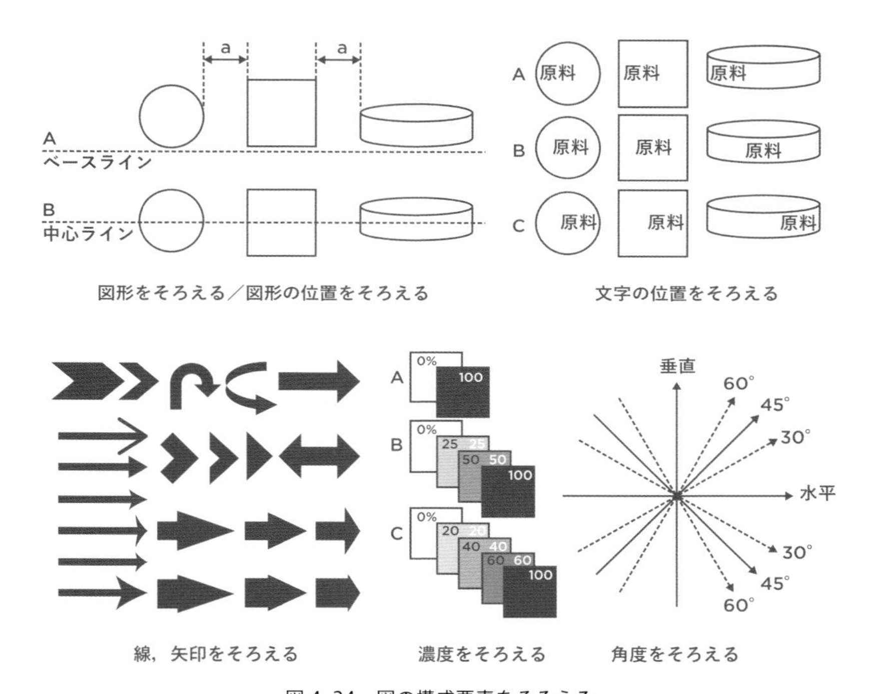

図 4-24　図の構成要素をそろえる

フィルター

フィルターを掛けるとは，図 4-25 のように最も有用な情報を残し，それ以外をふるい落とすことである。

利用しようとしているデータはすでに誰かのフィルターを通してそこに存在しているということや，情報収集作業の中で，今度は自分がフィルターを掛けているという認識が大切である。本当に価値あるデータがどこかの段階で消えている可能性に加え，悪意のフィルターによってデータ自体にはじめから偏りが仕組まれている可能性も否定できない。データの選択と使用については，いつもリフレーミングを意識し気を配りたい。

体験にもフィルターを掛けてしまうことがある。災害の後しばらくの間は，人々の記憶も鮮明

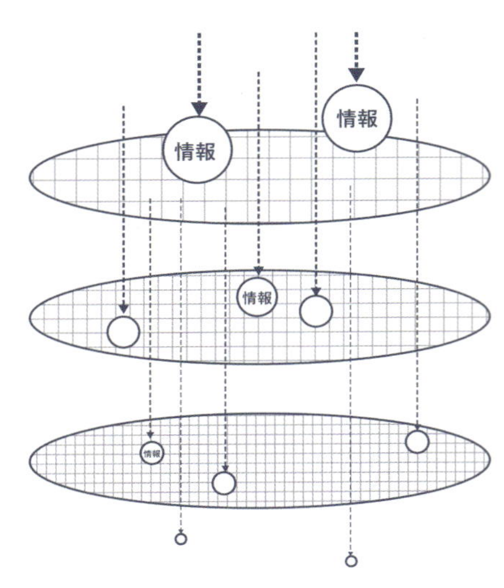

図 4-25　フィルターの概念

大地震の後には津波が来る
地震があったら津波の用心
昭和八年三月三日

図 4-26　津波記念碑（宮城県女川町，2011 年 3 月撮影）

で，各家庭でも身を守るためのさまざまな工夫をする。また，後世の人たちを津波から救いたいというメッセージを刻んだ石碑（図 4-26）も立てられるが，時を経て，世代が変わるなどの中で，今度は自分から都合の良いフィルターを掛けてしまい，再び被災を繰り返してしまう。

3
軸

どのように伝えるか

コンセプトが決まったら，次に考えるのは「どのように伝えるか？」，つまりどのように（How）見せるかという軸を設定する。

コンセプトを考えられても，それをどう表現まで持っていくのかがわからないとよく耳にする。そんなときは次にあげるような，時間軸，縦横軸，中心軸，対称軸，自分軸・他人軸，100 %軸など，さまざまなタイプの軸に当てはめてみる。しっくりするものに巡り合うはずである。

よく見かけるのは時間の流れを表す「時間軸」であるが，間違い探しのように左右や上下に並べて効果を比較する「対称軸」は，相手を引きつける力が強く，プレゼンテーションではとても効果的である。また，相手をまるで中心に据えているように見せる「中心軸」や，見る人を経験や風景に引き込む「自分軸」の方法もある。

軸が見つかっても，それだけで済ませず，他の軸との組合せが可能かどうかも探りたい。複数の軸の組合せによる表現は高度な技であるが，インパクトのあるデザインになるはずである。

時間軸

図 4-27 は歯周病で歯が抜けていく過程を示している。歯の位置を変えないことによって，歯茎の悪化していく変化を理解しやすい。図解の中でもっとも簡単でわかりやすい切り口は，業務フローや年表のように時間の流れで切り取る「時間軸」である。

中心軸（＋時間軸＋自分軸）

図 4-28 は健康雑誌に掲載された，子宮の病気がテーマの図解である。軸の設定を逡巡していると，女性に関する多くのイベント，たとえば，月経の周期や出産時間などが「月」に強くかかわっていることがわかる。子宮の病気のこの図は，月の比喩から生まれたものである。東の空に上がった少女期の三日月から西に沈もうとしている新月に向かう三日月まで，夜空を見上げながら一生を考えるスペクタクル。基本的に左から右へ流れる時間軸であるが，中心には女性の姿がある。

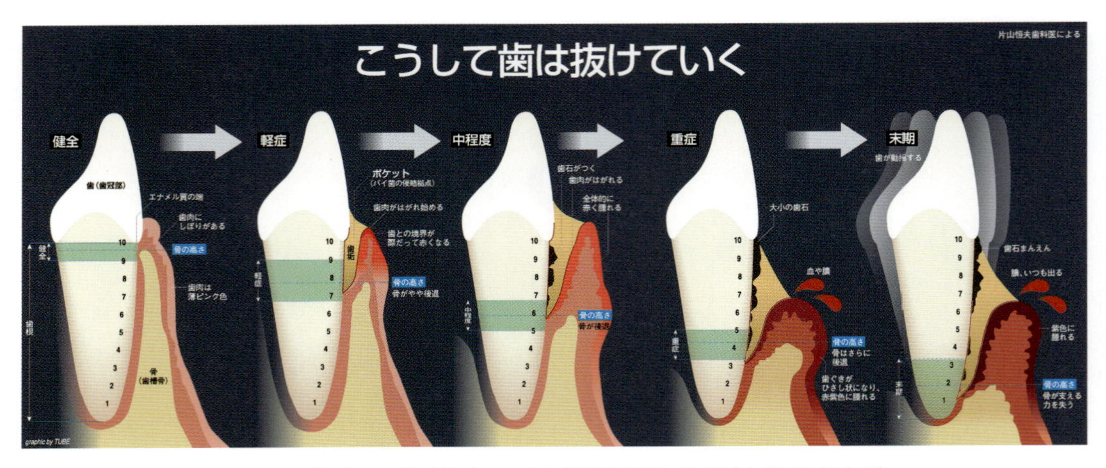

図 4-27 「こうして歯は抜けていく」（朝日新聞社「AERA」1995 年 6 月）

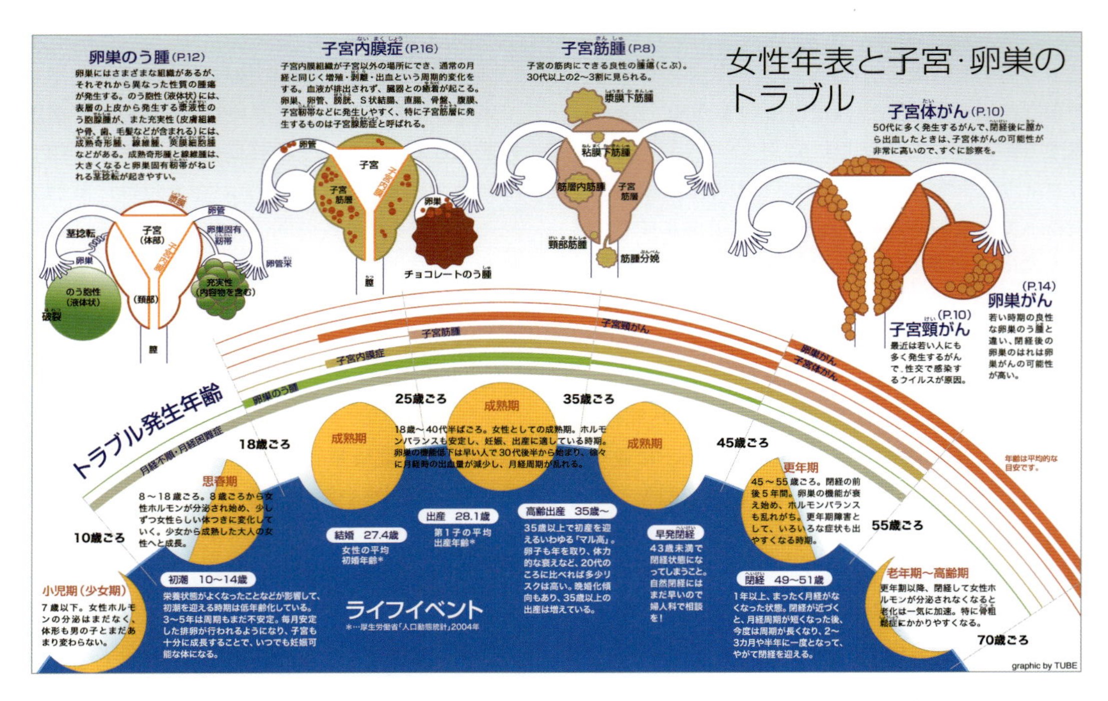

図 4-28 「女性年表と子宮・卵巣のトラブル」（集英社「健康百科」2005 年 10 月）

対称軸（＋時間軸）

間違い探しのように左右に並べて効果を比較する対称軸はよく使われる。図 4-29 のように，左に Before（従来），右に After（将来）を配置した「Before-After 図」。Before は現状の業務やシステムの問題点，After は問題点の解決策や効果である。対称構造にすると，わかりやすく，引きつける力が強いので，ビジネス環境の変化による影響を表したり，新しい経営戦略の効果を示したりする用途などにも広く使われる。当然，プレゼンテーションでも一番わかりやすいのが「対称軸」である。違いをはっきり認識させるには，どちらも同時に見比べられるスタイルがもっとも効

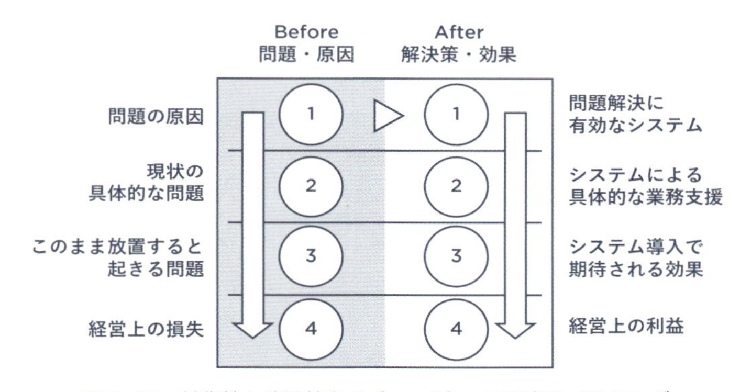

図 4-29　対称軸と時間軸を Before-After で要素をペアリング

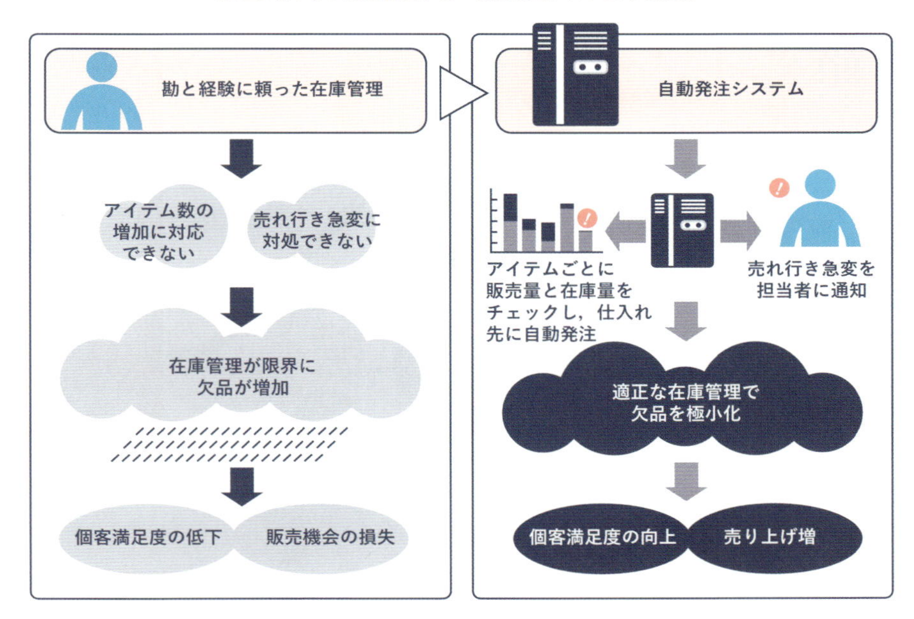

図 4-30（図 4-29 の応用例）

果的である。「今のまま行くと御社はこういう道を辿りますが，もしこのシステムを入れたらこんなふうに明るい未来が広がります」と対比するやり方は非常に有効である。

この図は，対称軸でありながら時間軸も持っている。4つのレイヤーに分けてしっかりとした対称構造をつくることで，左右の要素同士の対応がさらにはっきりする。こうして導き出された4つのレイヤーは，問題・原因（Before）と解決策・効果（After）を整理する目的で汎用的に使うことができる。この基本フォーマットに従って簡単にイラスト化してみたのが図4-30である。

自分軸（＋時間軸）

図4-31は，アジア各国の中間所得層の10年後の変化予想を表している地図である。これだけなら単なる時間軸のデータを地図上に配置しただけだが，それぞれの国が右にある日本の経済発展年

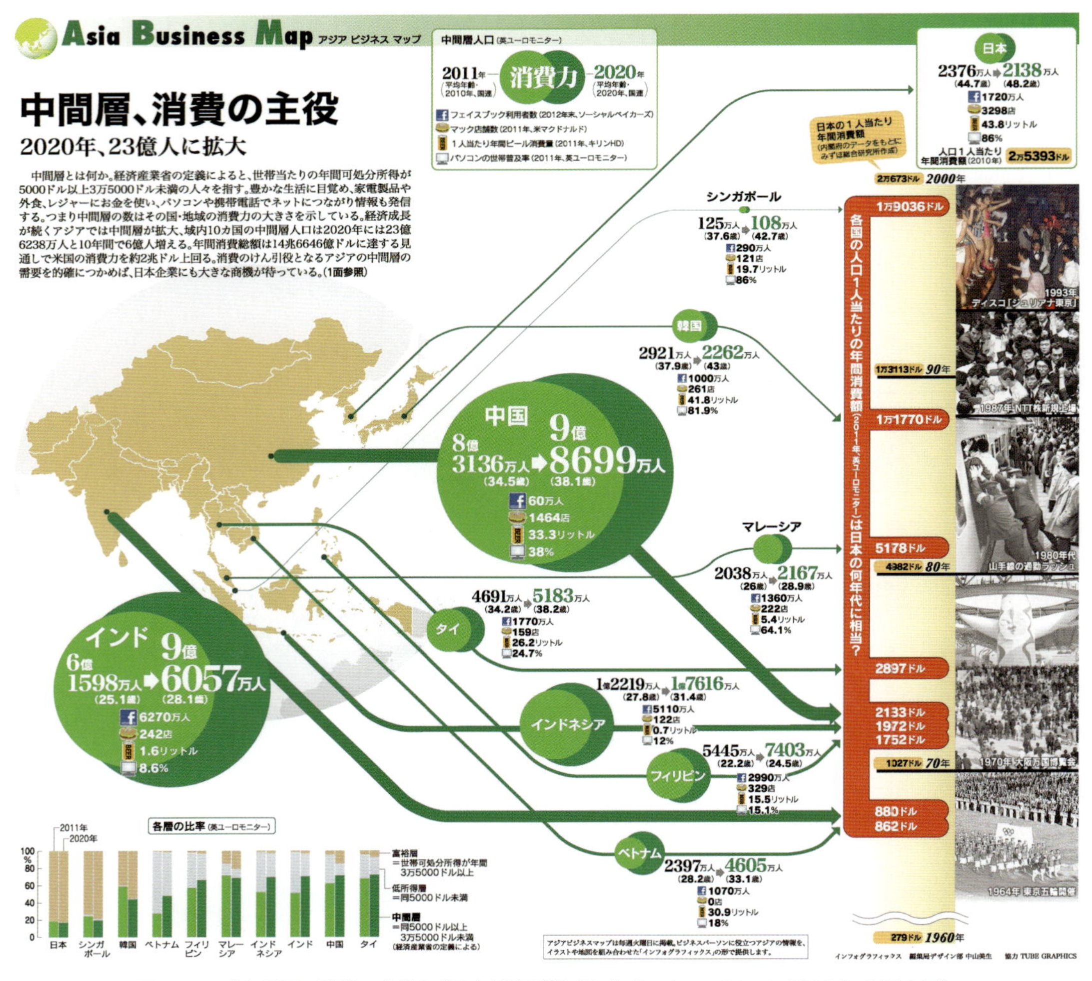

図4-31 「中間層，消費の主役」（日本経済新聞「Asia Business Map」2013年1月8日）

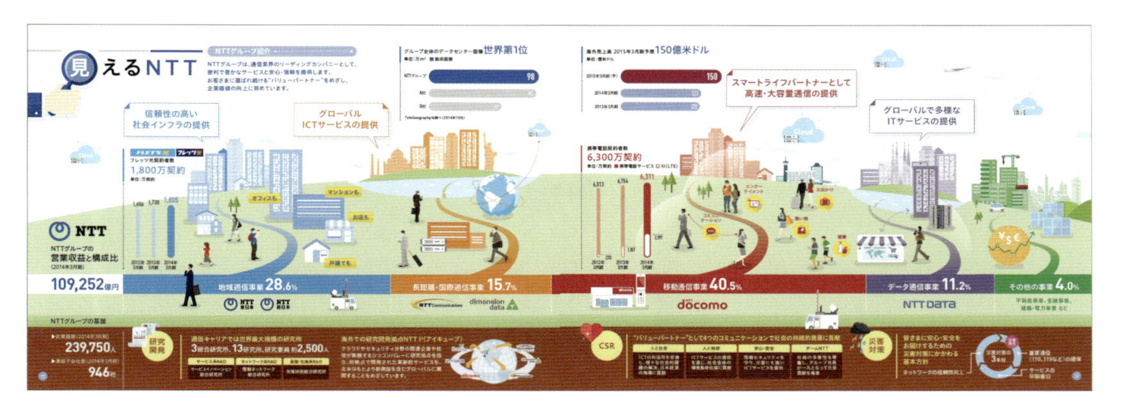

図 4-32 「見える NTT」(日本電信電話「株主通信 NTT is」2014 年 12 月)

表の同じレベルの時代と結びつけられている。こうすることで将来のその国の姿が俄然わかりやすくなる。たとえば，「中間層人口はとても多いが，日本のかつての東京オリンピック時代の経済規模なんだ！ ならば中間層をターゲットにこの国に進出すればこれから何十年も売れ続けるのではないか」などと，想いを巡らせることができる価値ある情報に変わる。日本経済の発展を体験している日本人にとっては，この軸との結びつきが「自分軸」になるのである。

100 %軸

図 4-32 は，全体の売り上げを 100 %としたとき，各事業体がどれくらい売り上げに貢献しているのかを示している。この営業収益の構成比を軸にすると，グループの各事業の内容や CSR などの取り組みを理解させるような説明スペースが生まれる。

4

スパイス

表現を整える

図解の基本「コンセプトと軸」がしっかりしていれば，8割方完成したようなもので，後は調味料で味を整えるだけである。

この調味料とは，図4-10（p.86）のコンセプトの柱にある6つのスパイスのことで，6つすべてを使うほど完璧な仕上がりになるのである。それは，見る人の目と心を引きつける「Attractive」，伝えたい情報を明確にする「Clear」，必要な情報だけに簡略化する「Simple」，見やすく読みやすい形に要素を配置する「Flow」，文字で説明しなくても理解させる「Wordless」，そしてきれいな仕上がり「Charming」などである。順に1つひとつ確認してみてみよう。

Attractive：見る人の目と心を引きつける

スパイスの中でもっとも大切な存在感をアピールするのがAttractiveである。これは，コンセプトや軸の設定のときから，行きつ戻りつしながら常に気にかけていなければならない。読者をまるで淡路島の上空の飛行機から関西を眺めているかのように感じさせる図4-13（p.88）のように，相手を素通りさせない，立ち止まらせ振り返らせる，引きつける魅力を演出する重要なスパイスである。

図4-34のレーダーグラフは「Attractive」の例。大阪王将という企業のロハス度を，働く人の環境の5項目で評価したものである。図4-33の通常のレーダーグラフでは，餃子の店らしくないので読者の興味を引きつけられない。何をモチーフにすれば大阪王将らしさが出るのか。のれんをくぐり，席について注文し，食べて，店を出るまでに目にする風景，音，客の喋り声，匂いや味，店員の声や振舞いなど感覚を総動員して想像する。図4-11（p.87）の目玉になりきって，レーダーグラフの核になる，見る人に直感的に内容を理解させるような，ストーリーテリングで相手の経験に入り込むような形を見つけるのである。

Clear：伝えたい情報を明確にする

何を伝えたいのか，何を理解してもらいたいのか，作る側がはっきりしていないものを見る側が理解してくれることは絶対にない。そのデザインは何のために，誰のためにされるものなのか。全体を貫き通すコンセプトがブレたり，軸が弱くなっていないかをもう一度立ち戻り振り返ってみる。

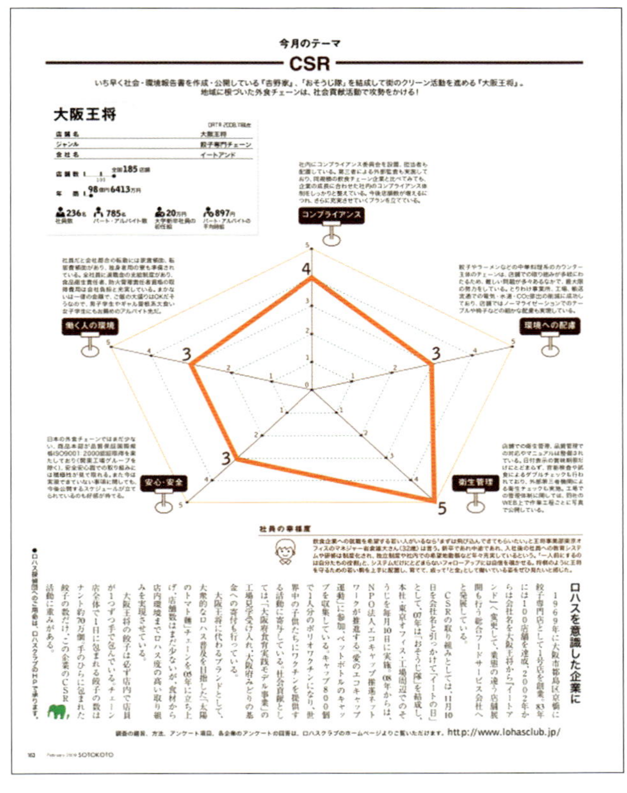

今月のテーマ

CSR

いち早く社会・環境報告書を作成・公開している「吉野家」、「おそうじ隊」を結成して街のクリーン活動を進める「大阪王将」。
地域に根づいた外食チェーンは、社会貢献活動で攻勢をかける！

大阪王将

店舗名	大阪王将
ジャンル	餃子専門チェーン
会社名	イートアンド

店舗数 全国185店舗
年商 98億円6413万円
236名 社員数
785名 パート・アルバイト数
20万円 大学新卒社員の初任給
897円 パート・アルバイトの平均時給

ロハスを意識した企業に

1969年に大阪市都島区京橋に餃子専門店として1号店を創業。83年には100店舗を達成、2002年からは会社名を大阪王将から「イートアンド」へ変更して、業態の違う店舗展開も行う総合フードサービス会社へと発展している。

CSRの取り組みとしては、11月10日を会社名と引っかけて「イートの日」として、07年は「おそうじ隊」を結成し、本社・東京オフィス・工場周辺でのそうじを毎月10日に実施。08年からは、NPO法人エコキャップ推進ネットワークが推進する「愛のエコキャップ運動」に参加、ペットボトルのキャップを収集している。キャップ800個で1人分のポリオワクチンになり、世界中の子供たちにワクチンを提供する活動に寄与している。社会貢献としては、「大阪府食育実践モデル事業」の工場見学受け入れ、大阪府みどりの基金への寄付も行っている。

大阪王将に代わるブランドとして、大衆的なロハス普及を目指した「太陽のトマト麺」チェーンを05年に立ち上げ、店舗数はまだ少ないが、食材から店内環境までロハス度の高い取り組みを実現させている。

大阪王将の餃子は必ず店内で店員が1つずつ手で包んでいる。チェーン店全体で1日に包まれる餃子の数はナント約70万個。手のひらに包まれた餃子の数だけ、この企業のCSR活動に重みがある。

●ロハス座談会へのご用命は、ロハスクラブのHPで承ります。

調査の趣旨、方法、アンケート項目、各企業のアンケートの回答は、ロハスクラブのホームページよりご覧いただけます。http://www.lohasclub.jp/

102 SOTOKOTO

図 4-33（図 4-34 の完成前）

Simple：必要な情報だけに簡略化する

軸の設定やアイデアはコンセプトをはっきりさせてから考える。コンセプトが明確ならば，優先度の低いデータを思い切って捨てることもデザイン力である。絞りきれないまま放置される情報は相手にとってはストレスでしかないので，一瞬で何を伝えたいのかがわかるような，最小限で最大の効果をもたらす情報だけを残すべきである。

シンプルにするのはデータだけではない。「整理する」でも触れたように，使う色，色数，書体，文字数，線，レイアウトなども同じことが言えるのである。

Flow：目の流れに沿う

人間の目の特性を活かしたレイアウトも大きな要素である。パネル，ポスター，横組みの雑誌，Web などでは，基本的に目は左上から入って右下に移動する。つまり，目の動く順番を意識して，メイングラフィックやデータを適所に配置していくのである。効果的なことに，この目の流れは空間的な移動だけでなく，時間の流れもセットできるのである。時間も左上の過去から右下の現在・未来へ流れる。パースペクティブな表現で遠近感を出したり，矢印が次第に太くなったり，数字を添えて読む順序を補足してあげるとさらに効果を発揮する（図 4-35）。

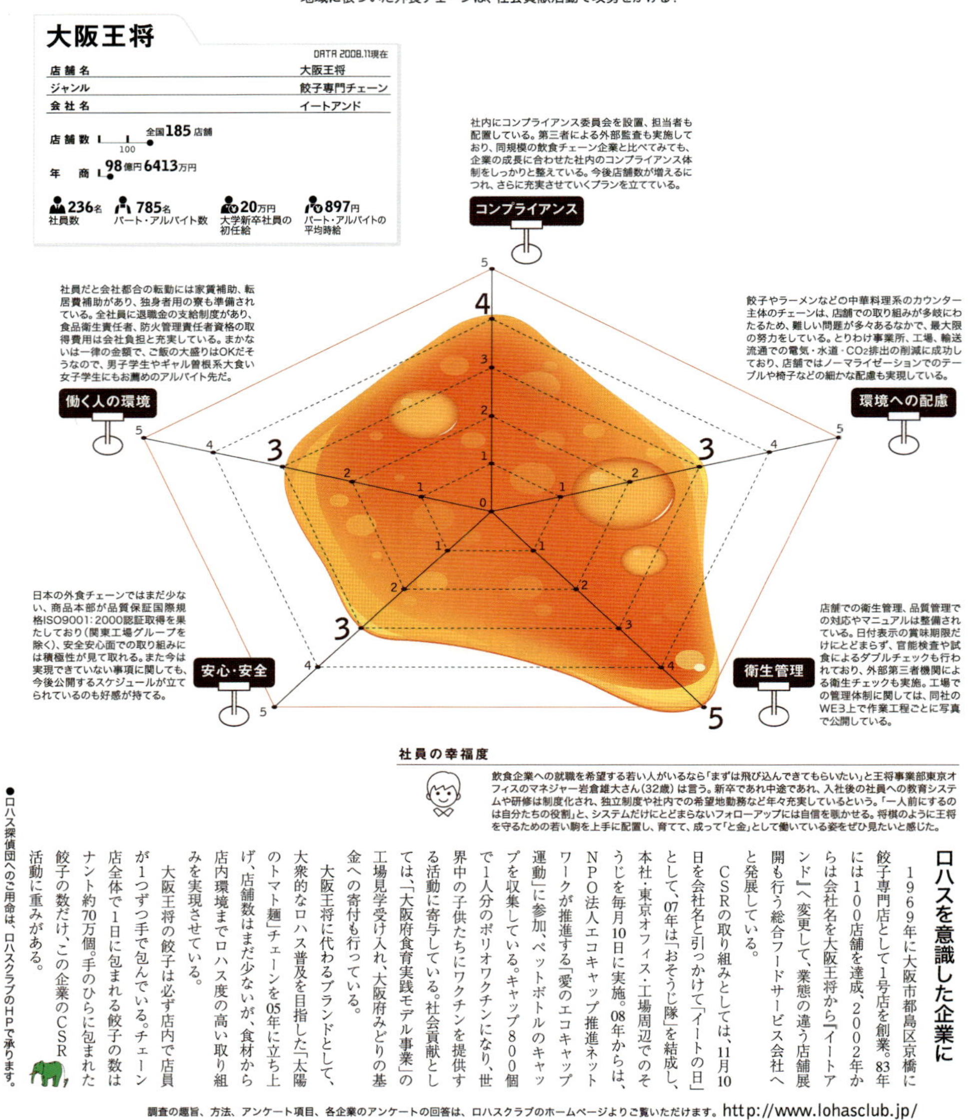

今月のテーマ

CSR

いち早く社会・環境報告書を作成・公開している『吉野家』、「おそうじ隊」を結成して街のクリーン活動を進める『大阪王将』。
地域に根づいた外食チェーンは、社会貢献活動で攻勢をかける！

大阪王将

DATA 2008.11現在

店舗名	大阪王将
ジャンル	餃子専門チェーン
会社名	イートアンド

店舗数 全国185店舗

年商 98億円6413万円

236名 社員数　785名 パート・アルバイト数　20万円 大学新卒社員の初任給　897円 パート・アルバイトの平均時給

コンプライアンス　社内にコンプライアンス委員会を設置、担当者も配置している。第三者による外部監査も実施しており、同規模の飲食チェーン企業と比べてみても、企業の成長に合わせた社内のコンプライアンス体制をしっかりと整えている。今後店舗数が増えるにつれ、さらに充実させていくプランを立てている。

働く人の環境　社員だと会社都合の転勤には家賃補助、転居費補助があり、独身者用の寮も準備されている。全社員に退職金の支給制度があり、食品衛生責任者、防火管理責任者資格の取得費用は会社負担と充実している。まかないは一律の金額で、ご飯の大盛りはOKだそうなので、男子学生やギャル曽根系大食い女子学生にもお薦めのアルバイト先だ。

環境への配慮　餃子やラーメンなどの中華料理系のカウンター主体のチェーンは、店舗での取り組みが多岐にわたるため、難しい問題が多々あるなかで、最大限の努力をしている。とりわけ事業所、工場、輸送流通での電気・水道・CO_2排出の削減に成功しており、店舗ではノーマライゼーションでのテーブルや椅子などの細かな配慮も実現している。

安心・安全　日本の外食チェーンではまだ少ない、商品本部が品質保証国際規格ISO9001：2000認証取得を果たしており（関東工場グループを除く）、安心安心面での取り組みには積極性が見て取れる。また今は実現できていない事項に関しても、今後公開するスケジュールが立てられているのも好感が持てる。

衛生管理　店舗での衛生管理、品質管理での対応やマニュアルは整備されている。日付表示の賞味期限だけにとどまらず、官能検査や試食によるダブルチェックも行われており、外部第三者機関による衛生チェックも実施。工場での管理体制に関しては、同社のWE3上で作業工程ごとに写真で公開している。

社員の幸福度

飲食企業への就職を希望する若い人がいるなら「まずは飛び込んできてもらいたい」と王将事業部東京オフィスのマネジャー岩倉雄大さん（32歳）は言う。新卒であれ中途であれ、入社後の社員への教育システムや研修は制度化され、独立制度や社内での希望地勤務など年々充実しているという。「一人前にするのは自分たちの役割」と、システムだけにとどまらないフォローアップには自信を覗かせる。将棋のように王将を守るための若い駒を上手に配置し、育てて、成って「と金」として働いている姿をぜひ見たいと感じた。

ロハスを意識した企業に

1969年に大阪市都島区京橋に餃子専門店として1号店を創業。83年には100店舗を達成、2002年からは会社名を大阪王将から『イートアンド』へ変更して、業態の違う店舗展開も行う総合フードサービス会社へと発展している。

CSRの取り組みとしては、11月10日を会社名と引っかけて「イートの日」として、07年は「おそうじ隊」を結成し、本社・東京オフィス・工場周辺でのそうじを毎月10日に実施。08年からは、NPO法人エコキャップ推進ネットワークが推進する「愛のエコキャップ運動」に参加、ペットボトルのキャップを収集している。キャップ800個で1人分のポリオワクチンになり、世界中の子供たちにワクチンを提供する活動に寄与している。社会貢献としては、「大阪府食育実践モデル事業」の工場見学受け入れ、大阪府みどりの基金への寄付も行っている。

大阪王将に代わるブランドとして、大衆的なロハス普及を目指した「太陽のトマト麺」チェーンを05年に立ち上げ、店舗数はまだ少ないが、食材から店内環境までロハス度の高い取り組みを実現させている。

大阪王将の餃子は必ず店内で店員が1つずつ手で包んでいる。チェーン店全体で1日に包まれる餃子の数はナント約70万個。手のひらに包まれた餃子の数だけ、この企業のCSR活動に重みがある。

●ロハス探偵団へのご用命は、ロハスクラブのHPで承ります。

調査の趣旨、方法、アンケート項目、各企業のアンケートの回答は、ロハスクラブのホームページよりご覧いただけます。http://www.lohasclub.jp/

図 4-34　大阪王将のロハス度（木楽舎「ソトコト」2009 年 2 月）

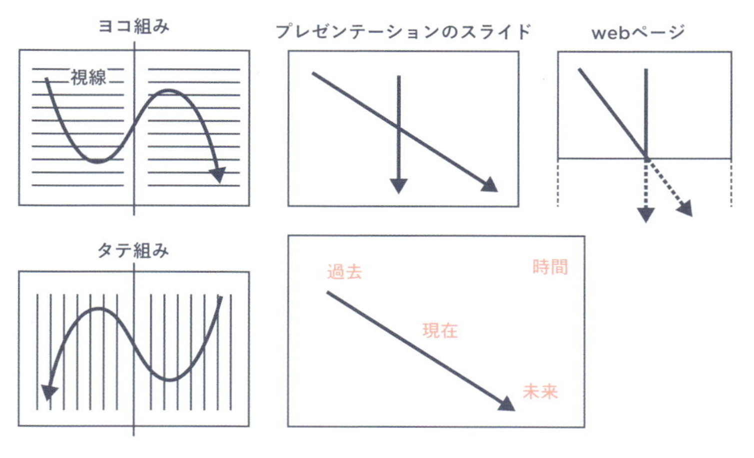

図 4-35　基本的な目の流れ，時間の流れ

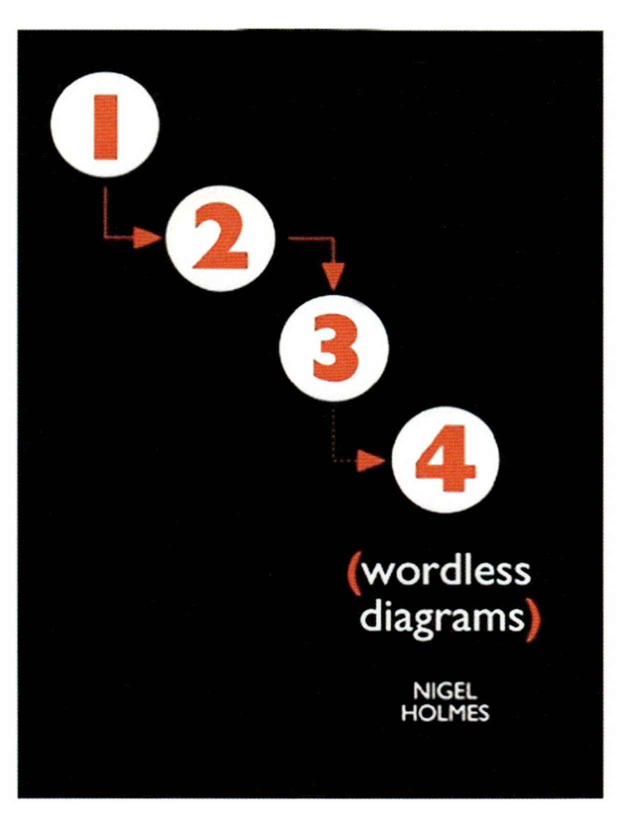

図 4-36　ナイジェル・ホームズ「wordless diagrams」表紙

Wordless：文字がなくても理解させる

インフォグラフィックスは，文字の説明なしでも理解されるのが究極の理想である。まさに世界共通言語になりうるコミュニケーションツールなのである。自然に相手を思いやる「伝わる」を意識したデザインになってくる。これはユニバーサルデザインと同じアプローチである。ナイジェル・ホームズの『wordless diagrams』[9]に登場するすべての説明図は，順番の数字以外の文字をまったく使わず絵だけで情報を伝えている（図4-36）。

Charming：美しい仕上がり

これは蛇足かもしれない。なぜなら，コンセプトと軸で8割方でき上がったインフォグラフィックスに，5つのスパイスまで振りかけているのであるから完璧な仕上がりになっているはずである。この最後の高みから振り返ってみてほしい。図4-10（p.86）の模式図のように，コンセプトと軸を考え，コンセプトの柱を下から上ってきた。一番上のスパイス「Charming」から入ってしまうと，美しさに一瞬見惚れるかもしれないが，わかりづらく，内容の薄いものになってしまう。

インフォグラフィックスをつくるときは，データをしっかり探すところから始め，コンセプトの柱をグラグラしないようにしっかりと地面に突き刺し，下から上に上っている必要がある。

5
演出の許容範囲

インフォグラフィックスは，情報の送り手側から受け手側に何かのメッセージを伝えたい，そして何らかの行動を促したいというキッカケづくりのコミュニケーションデザインである。すぐれた図には，フレームワークやストーリーテリングを取り入れ，アトラクティブな仕掛けなどで相手に簡単に通り過ぎられないための工夫が施されている。最適なデータを選び，組み合わせることでこれまで見えなかったものを視覚化するとき，相手にわかりやすく，そして興味を引くために演出をする。うそやデータのねつ造ではなく，どこまでの演出なら許されるのだろうか。その限界を新幹線のグラフで考えてみたい。

図 4-37 は朝日新聞日曜版の別刷「be」[10]に，新幹線の記事とともに掲載された。1964 年に時速 220km で登場した新幹線だが，長い間，時速 300km を超えることはなかった。なぜ 40 年以上かかっても 80km しか伸ばすことができなかったのか。昔が速すぎたのか，それとも技術革新が思うように進まなかったのか。そうではない。技術的には可能なのだが，ダイヤと効率を考えると時速 300km が最適ということだ。ちなみに，2017 年時点での営業最高速度は 2011 年に登場した東北新幹線「はやぶさ」の時速 320km である。

記事の内容は，時速を 1km 伸ばすための技術的な苦労話なのだが，速さの変化を仮に棒グラフにしてみると，ほんの少しだけ伸びてはいるがすごく速くなっているようには感じられない。ではどうすれば読者がもっと深く知りたい，記事を読んでみたい，となるような魅力的な表現ができるのだろうか。

ホームで待っているとき，通過する新幹線の迫力にドキドキした経験は誰もがもっているだろう。この感覚をグラフィックで実感させることはできないだろうか。目から入った情報から，加速，近づいてくるときの音と波動，そして通り過ぎる音と風圧などを自分の経験の中に想い起こさせてこそ引き込む力になると考えたのである。奥から一気に近づいてくる臨場感，その流れに読者の目を自然に誘導することが可能になるのは遠近法しかない。

本来，グラフは数値データを形の大きさや長さで比較判断するものなので，遠近法を使って歪める演出は適さない。誤解を与えかねない危ない面も併せ持っているが，この新幹線の図は日曜版の気楽な読み物という判断でこの演出を決めたわけである。パースをつけるということは風景画では奥行き感が一層増すが，グラフに使うのは事実を歪めることにはならないだろうか。これを振り返りながらセミナーなどで是非を問うと，広告関連

図 4-37 「新幹線車両の運転開始年と最高速度」（朝日新聞社「be」2005 年 4 月 24 日）

の集まりでは全員が問題ないとするが，ほかの業種の場合はかならず何人かは否定的な意見を寄せる。

図 4-38（a）に 4 つの同じ大きさの球が並んでいるが，パースをつけることで図 4-38（b）のようにだんだん大きくなっているように錯覚する。もし悪意を持ってすれば，数字が減少する場合でも増加しているように見せることができるということである。

グラフは客観的に内容を伝えてこそ意味がある。錯覚を利用したグラフ表現の裏側には，事実をねじ曲げて伝えようとする悪意の存在を疑う。こうした錯覚の利用は，すべてのグラフ表現で可能なため，作る側も見る側も十分な注意が必要で，扱う内容や対象によっては使用してはならない。

NHK の E テレの番組「メディアのめ」は，池上彰が進行役をつとめる小学校の中高学年向けの 10 分間番組である。メディア関連のさまざまなことを取り上げ，授業内で流し，生徒たちのディスカッションを誘い，メディアリテラシーを考えさせる。

「発見！グラフのちから」[11] という回で，さまざまなグラフの作り方の紹介を依頼されたのだが，希望リストにこの新幹線グラフが入っていた。小学生に遠近感を利用したグラフを教えてよいものか懸念されたが，番組ディレクターによれば，小学生も中高学年になれば，自分で考えしっかり議論できるので問題ないということであった。

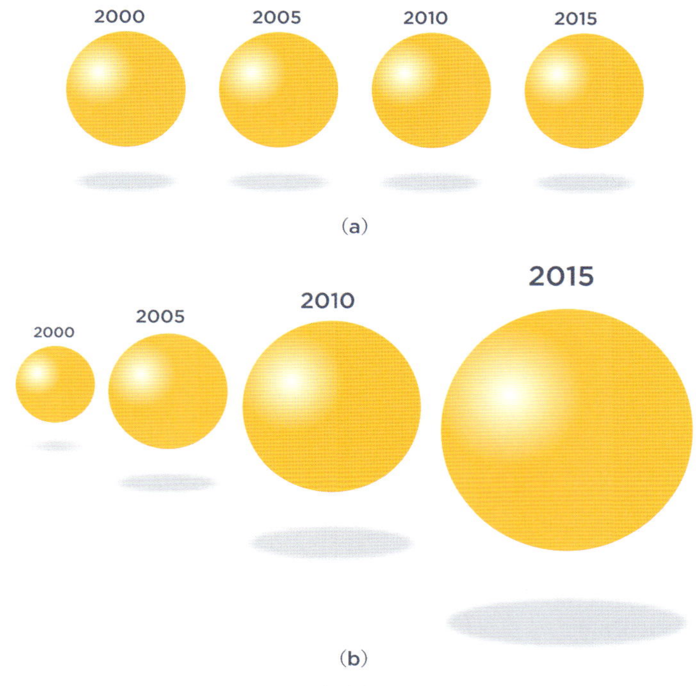

図 4-38　誤解を与える錯覚表現

グラフの演出について，どんなスタイル，どんな場所，どんなとき，またどの程度なら可能なのか不可能なのか議論を深める必要がある。

演習課題

第4章で取りあげたインフォグラフィックスに関する事柄について，3～4人のグループをつくり，順番にスケッチを見せ，説明し，ディスカッションし，アドバイスをもらおう。

（問1） p87の図4-11のように自分の部屋のあちらこちらに自分の想像の目を浮遊させ，どの視点からの自分の部屋がもっとも自分の部屋らしいかをアピールするスケッチを描く。

（問2） p90の図4-17，4-18，4-19の改善点がわかるスケッチをする。

（問3） p91の「共感のためのストーリーテリング」，p100の「Attractive」など，第4章全体を参考に下記のピクトグラムを作成する。

(a) ゴミは持ち帰りましょう

(b) 歩きスマホ禁止

（問4） p105の「演出の許容範囲」について，実例をあげてディスカッションする。

参考文献

[1] 木村博之：『インフォグラフィックス──情報をデザインする視点と表現』，誠文堂新光社，2010.

[2] SND　http://www.snd.org（As of January 18, 2018）.

[3] Malofiej Awards　http://www.malofiejgraphics.com（As of January 18, 2018）.

[4] （財）長野オリンピック冬季競技大会組織委員会：『長野オリンピック公式ガイドブック』，信濃毎日新聞社，1996.

[5] Nathan Shedroff：『experience design 1』, New Riders Publishing, 2001.

[6] 公益財団法人交通エコロジー・モビリティ財団「標準案内用図記号」
http://www.ecomo.or.jp/barrierfree/pictogram/picto_top.html（As of January 18, 2018）.

[7] 消費者庁「家庭用品品質表示法」洗濯表示
http://www.caa.go.jp/policies/policy/representation/household_goods/guide/wash_01.html（As of January 18,2018）.

[8] 木村博之：『システム企画・提案の図解術』，日経BP社，2015.

[9] Nigel Holmes：『wordless diagrams』, Duckworth, 2005.

[10] 朝日新聞社：*be*, 2005.
日本放送協会：『メディアのめ』，2012.
http://www.nhk.or.jp/sougou/media/?das_id=D0005180076_00000（As of January 18, 2018）.

CHAPTER

5

インタフェースとインタラクションのデザイン

製品やソフトウェアを意図通りユーザに使用してもらうためには，ユーザとそれらとのやり取り，すなわちインタラクションを適切にデザインする必要がある。本章ではまず，インタラクションをデザインする上で重要となる，人の認知特性について紹介する。その後，コンピュータ音声対話システムにおけるインタラクションデザインについて説明する。

（山本 岳洋・颯々野 学）

1
認知とインタフェースデザイン

どんなに優れた機能を持った製品・システムであっても，インタフェースが適切にデザインされていなければ，利用者はその製品・システムをどのように使うべきかがわからなかったり，その製品・システムを使うことでどのような効果が得られるのかがわからなかったりする。一方，適切にデザインされたインタフェースは，利用者が製品・システムを見ただけで，その製品・システムに対して行うべき行為や得られる効果を知覚することができる。ここでは，人の認知的側面に焦点を当て，インタフェースデザインにかかわる概念について述べる。

視覚と認知

図 5-1 はある有名な実験で用いられた動画 1 の一場面を切り取ったものである。興味のある読者は，まずこの動画にアクセスし，実際に体験してみてほしい。この実験では，「ある 2 つのチームがバスケットボールをしている場面を見せるので，白い服のチームが何回パスをしたか数えてください」という指示が被験者に与えられる。

この実験のおもしろいところは，2 つのチームがバスケットボールをしている最中に，ゴリラの着ぐるみを着た人物が動画に入り込みそのまま歩き去っていくのであるが，驚くべきことに，動画を見た約半数の被験者がゴリラが映っていることにまったく気づかなかったのである[1]。この実験は「見えないゴリラ」と呼ばれる有名な実験であり，実際に被験者の視線を分析してみると，たしかに視線はゴリラを実際に「見ていた」にもかかわらず，ゴリラの存在を見落としてしまっていた[2]。この現象は，**不注意による見落とし**（inattentional blindness）という現象として知られ，人は何かに注意していると，ほかのことを容易に見落としてしまうことを示している。インタフェースデザインの観点からこの実験を捉えてみると，デザイナがインタフェース上に操作の方法

図 5-1　実験で用いられた動画の一場面（出典：[1]）

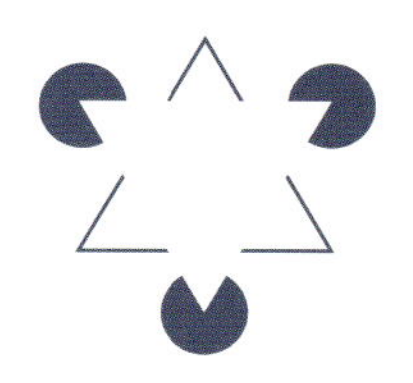
図 5-2　カニッツァの三角形

や注意点など必要な事柄をすべて含めたと思ったとしても，それがユーザにすべて伝わるとは限らない，ということが言えるだろう。

ゲシュタルトの法則

人が視覚から得た情報をどのように認知するかに関してはゲシュタルトの法則が有名である。ゲシュタルトとはドイツ語で「全体」や「形」を意味し，ゲシュタルト崩壊という用語を耳にしたことのある読者もいるだろう。ゲシュタルトの法則は，20 世紀初頭にゲシュタルト学派と呼ばれるドイツの心理学者グループによって構築された法則で，「人間がモノを視覚的にどのように認知するか」に関するさまざまな現象を分類したものである。

ゲシュタルトの法則の基本的な考え方は，「人は個々の要素ではなく全体として見たものを捉える」というものである。たとえば，図 5-2 は「カニッツァの三角形」と呼ばれる図形である。われわれはこの図を見たときに，黒丸が 3 つ，黒線の三角形が 1 つ，そしてその上に白い逆三角形が乗っているように感じる。しかし，実際には一部が欠けた黒丸と V 形の黒線が配置されているだけであり，白い逆三角形が実際に配置されているわけではない。このように，人はある図形を見たとき，個々として捉えるのではなく全体として構造化を行い，ときにはこの図のように見たものをシンプルに捉えようとする。

ここでは，ゲシュタルトの法則のうち，有名なものをいくつか紹介する。また，そうした法則がインタフェースデザインにどのように活かせるのかについても触れる。

近接の法則

近接の法則は，「近くに配置されているもの同士を関連づけようとする」法則である。図 5-3 (a) には黒丸が 12 個配置されているが，縦方向に 4 つ並んだ黒丸が横方向に 3 列配置されているように見える。つまり，縦方向に並んだ 4 つの黒丸同士は同じグループに属しているように見える。近接の法則は，このようにオブジェクト同士の距離とそれらの対応づけに関する法則であり，この図では，オブジェクト間の距離が横方向よりも縦方向の方が近いため，縦方向に並ぶ黒丸同士が同じグループであるかのように見える。

類同の法則

類同の法則も先ほどの近接の法則と同様に，オ

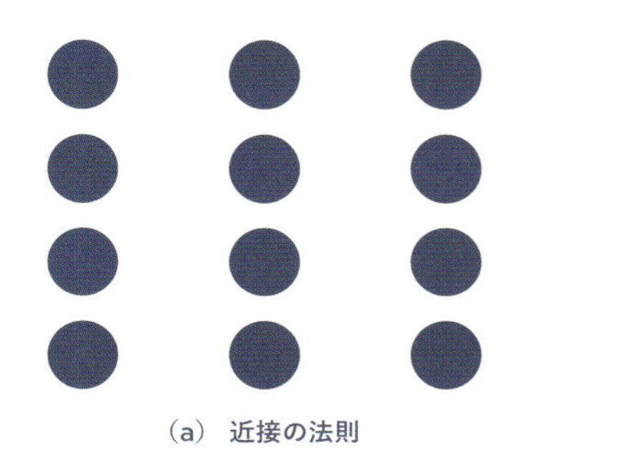
(a)　近接の法則

(b)　類同の法則

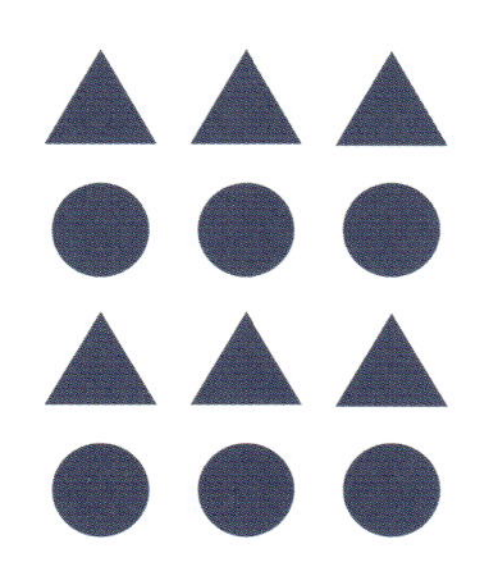
(c)　類同の法則

図 5-3　近接の法則と類同の法則の例

ブジェク同士の関連づけにかかわる法則である。類同の法則は，「視覚的に類似するもの同士を関連づけようとする」という法則である。図 5-3（b）もオブジェクトが 12 個配置されているが，水色のオブジェクトと黒色のオブジェクトの 2 種類のグループがあるように知覚される。視覚的な類似性には色，大きさ，形といったようにさまざまな場合があり，図 5-3（c）も黒丸のオブジェクトと三角形のオブジェクトの 2 グループがあるように見える。これらは，視覚的に同じオブジェクト同士を同じグループとして知覚しようとする類同の法則によるものである。

閉合の法則

近接の法則と類同の法則は，オブジェクト間の関連づけに関する法則であった。閉合の法則は「欠けている情報を自動的に補完して捉えようとする」法則である。先ほど紹介したカニッツァの三角形も，閉合の法則によるものである。この図形では，われわれは白い逆三角形を自動的に補完することで，この図形全体を捉えている。

その他の法則

ゲシュタルトの法則には，ここで紹介したもの以外にも，図と地の関係（プレグナンツの法則），

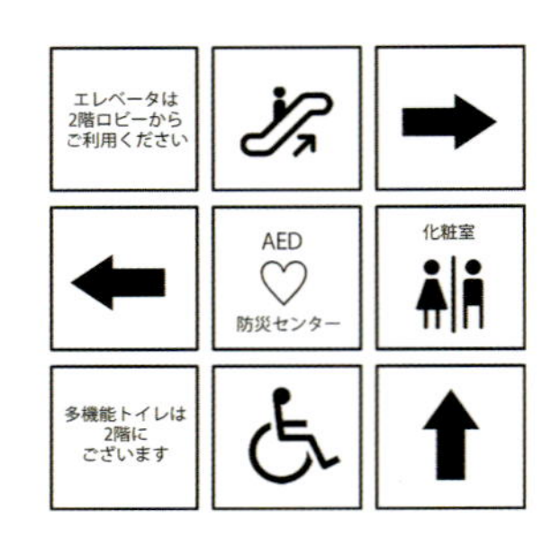

図 5-4　紛らわしい案内板の例

良い連続の法則，共通運命の法則，経験の法則，などが知られている。

ゲシュタルトの法則とインタフェースデザイン

ゲシュタルトの法則は，人の視覚と知覚に関する非常にシンプルな法則ではあるものの，インタフェースデザインのさまざまな場面で，意識的あるいは無意識的にかかわらず利用されている。ここでは，ゲシュタルトの法則を利用してインタフェースを改善することを考えてみよう。図 5-4 は図 4-18 で示した案内板を模式的に表した図である。この案内板はエスカレータや化粧室などの施設を，右・左・奥の 3 つの矢印で示している。この案内板の問題点は，どの施設がどの矢印に対応しているのかが曖昧な点である。たとえば，この案内板から化粧室がどの方向にあるか，自信を

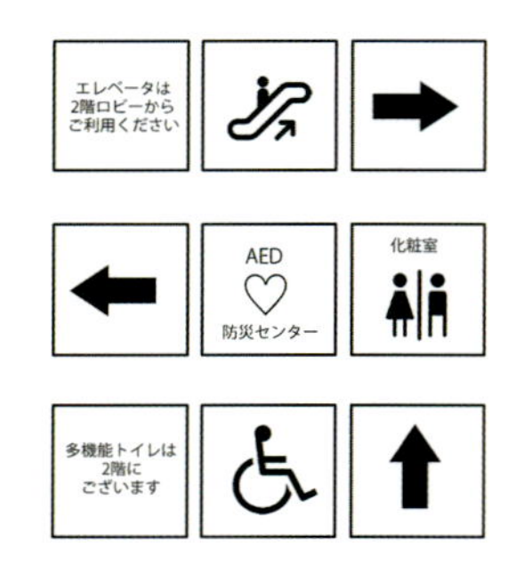

（a）近接の法則

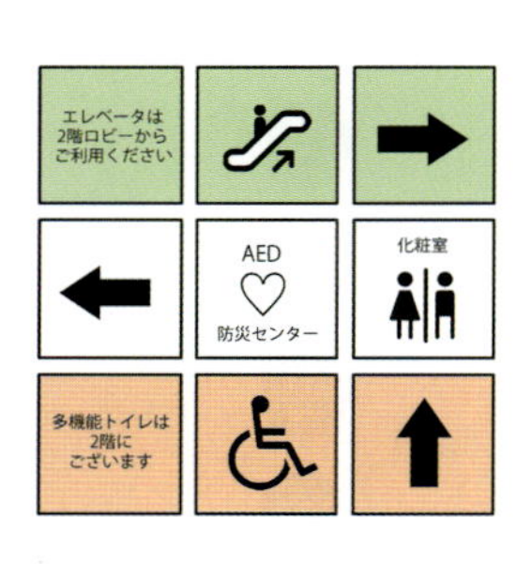

（b）類同の法則

図 5-5　ゲシュタルトの法則を用いた改善例

もって答えられるだろうか。

この案内板は，横でグループ化されており，実際には化粧室は左方向にある。しかし，各タイル同士が同じ視覚的特徴を備えており，かつタイルが等しい間隔で配置されているため，タイル同士をグループ化するのが非常に難しくなっている。

ゲシュタルトの法則を用いてこの案内板を改善することを考えてみよう。図 5-5（a），（b）はそれぞれ近接の法則，類同の法則を用いた改善案である。図 5-5（a）では，タイル間の距離に違いを持たせることで，横同士のタイルが 1 つのグループであることが視覚的にわかるようになっている。これは近接の法則の考え方である。また，図 5-5（b）は類同の法則を用いたもので，タイルに色づけし横同士のタイルに同じ視覚的特徴を持たせることでグループを表現している。現実にはデザイン上のさまざまな制約があり，こうした案が実現できるかどうかは場合によるが，あるインタフェースが本当にわかりやすく情報を伝えているかどうかを，ゲシュタルトの法則の観点から検証してみることは有用であろう。

アフォーダンスとメンタルモデル

わかりやすいインタフェースをデザインするためのさまざまな考え方や原則がある。ここでは，アフォーダンスとメンタルモデルという，インタフェースをデザインする上で重要な 2 つの概念について述べる。

アフォーダンス

インタフェースをデザインする上で重要な概念の 1 つがアフォーダンスである。認知科学者のドナルド・ノーマンは，その著書[3]において，アフォーダンスを，『事物の知覚された特徴あるいは現実の特徴，とりわけ，そのものをどのように使うことができるかを決定する最も基礎的な特徴』と述べている。すなわち，アフォーダンスとは，人間が知覚できる，あるオブジェクトへの行為の物理的な手がかり[2]と捉えることができる。

アフォーダンスを説明する例としては，図 5-6 に示すようなドアの取っ手の例がよく用いられる。たとえば，左図の取っ手は，利用者はこのド

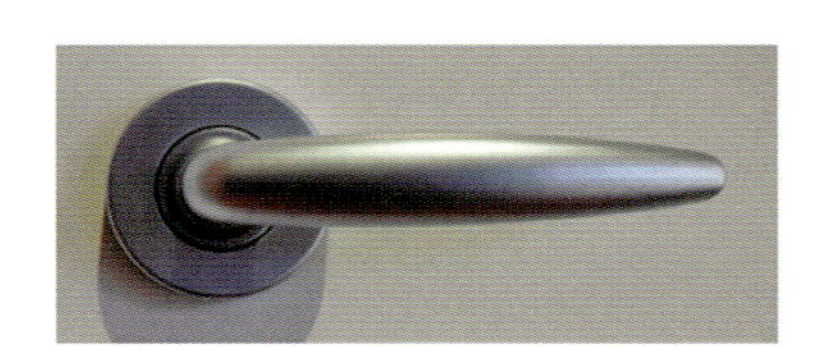

「つかんで押し下げる」というアフォーダンスを備えた取っ手

「つかんで引く」というアフォーダンスを備えているが，実際には押して開けるドア（出典：Susan Weinschenk 著『インタフェースデザインの心理学』）

図 5-6　アフォーダンスの例

アを開けるには取っ手をつかみ，押し下げればよいことがわかる。一方で，右図の取っ手は，利用者は「つかんで引く」という行為を知覚するものの，実際には押して開けるドアとなっている。これは，利用者が知覚する行為とそのオブジェクトの使い方が一致していない例である。このような，製品の使い方と知覚されるアフォーダンスが一致していないインタフェースをデザインしてしまうと，利用者はデザイナの期待どおりに製品を利用することができない。アフォーダンスが適切にデザインされたインタフェースは，利用者がモノに対してどう働きかければよいのかを，インタフェースそのものが示している。

メンタルモデル

ユーザビリティやインタフェース研究で著名なヤコブ・ニールセンは，インタフェースデザインおけるメンタルモデルを『製品がどのように動作するか，利用者がその製品に対して思い描いているもの』[3]と定義している。たとえば，「このボタンを押すとこの機能が実行されるはずだ」というイメージはメンタルモデルの一例である。製品に対して誤ったメンタルモデルを利用者が持っていると，操作した結果が期待したものと異なることになってしまい，デザイナの意図どおりに製品を利用することができない。それに対し，製品に対して適切なメンタルモデルを持っていれば，ユーザはその製品を自然と使うことができるだろう。ユーザがある製品に対してメンタルモデルを適切に構築できるようなデザインになっているかどうかを考えながらインタフェースをデザインすることは，インタフェースを作成する上で非常に重要な要因である。

メンタルモデル構築を助けるために

利用者がある製品に対して正しいメンタルモデルを構築するためのアプローチの1つとしてメタファの利用があげられる。本書でもこれまで触れてきたように，「伝えたいことを身近なものに喩える」という行為は，情報をわかりやすく伝達するための方法論の1つであり，それはインタフェースデザインにおいても例外ではない。

図5-7（a）はApple社のmacOS Sierraに搭載されている計算機アプリケーションである。これはいわゆる電卓アプリケーションであり，現実世界の電卓を模倣したインタフェースとしてデザインされている。現実世界の電卓を模倣することで，アプリケーションを初めて使う人でも現実世

（a）Apple社 macOS Sierraにおける「電卓」アプリケーション

「検索」

「商品を入れる」

（b）機能をイメージさせるアイコン

図5-7　メタファを利用したインタフェース

界の電卓に対するメンタルモデルをそのままこのアプリケーションに適用し，容易に使用することができる。

図 5-7（b）で示したアイコンも，現実世界のメタファを利用することでシステムに対するメンタルモデルの構築を助ける例となっている。システム上での「検索」という行為を，虫眼鏡を持って辺りを探す現実世界の行為に，また，システム上での「商品を入れる」という行為を，ショッピングカートに商品を入れるという現実世界の行為にそれぞれ喩えている。このようなボタンは，テキストで機能を説明しなくとも，ユーザはアイコンを見ただけでどのような機能を備えたボタンであるのかをイメージすることができる。さらに，5.2 節で紹介するデスクトップメタファも，コンピュータ上でのデータの表現や操作を現実世界の「机の上」に喩えたインタフェースデザインである。

また，本書では言葉の表現としてわれわれはメタファ以外にもメトニミーやシネクドキを日常的に用いていることを述べた。インタフェースデザインにおいてもそれは同様であり，メタファだけでなくメトニミーやシネクドキがインタフェースデザインに用いられている例を発見することができる。図 5-8 左図では，WiFi 接続という概念を表現するために，その構成要素である「電波」をアイコン化することでこのボタンが WiFi 接続を表すボタンであることを表現しており，メトニミーを利用したデザインといえるだろう。また，

「Wifi 接続」

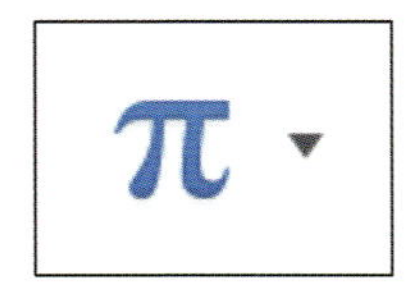

Micorost 社 Excel の「数式の挿入」

図 5-8　メトニミーやシネクドキとアイコン

図 5-8 右図は「数式」という概念を表現するために，数式の「一例」である π（パイ）を用いることで，無数にある数式「全体」を表現しており，これはシネクドキに基づくデザインといえる。このようなメタファ・メトニミー・シネクドキなどを用いたインタフェースデザインはコンピュータ上のインタフェースでしばしば見られる。これは，コンピュータ上で表現される情報が，われわれの現実世界には存在しないものであるため，メンタルモデルの構築に現実世界のメタファを利用することが大きな助けとなっていると考えられる。

経験とインタフェースデザイン

わかりやすいインタフェースをデザインするための 1 つの規範は，標準や慣習に従ってデザインすることである。人は新しいインタフェースを使用する際に，まずは過去の経験に当てはめメンタルモデルを構築する。そのため，同じような機能を使用するために，ユーザがこれまで経験してきた製品と，今使用している製品とで異なる操作が必要になってしまっていては，ユーザはその製品をすぐに使いこなすことは難しいだろう。したがって，その業界でのインタフェース標準や慣習に従う必要がある。たとえば，Microsoft 社の Windows では，「OK」と「キャンセル」を表示するダイアログでは，OK ボタンは左側に表示されるのが一般的である。一方，Apple 社の macOS では OK ボタンとキャンセルボタンは Windows と逆，つまり OK ボタンが右側に表示される。極端な例ではあるが，デザイナが Windows 上のソフトウェアをデザインする際に，OK ボタンを Windows の慣習とは逆の右側に配置してしまうと，そのソフトウェアのユーザは誤ってボタンを押してしまうかもしれない。

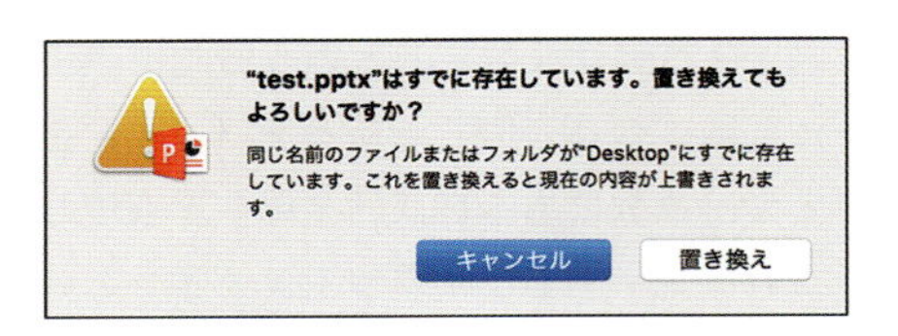

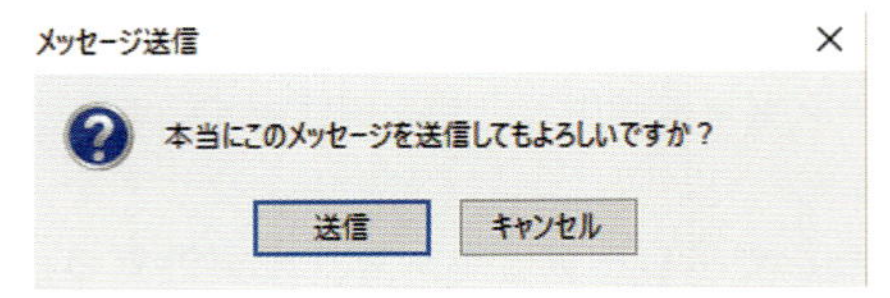

図 5-9 「警告」を表すダイアログ

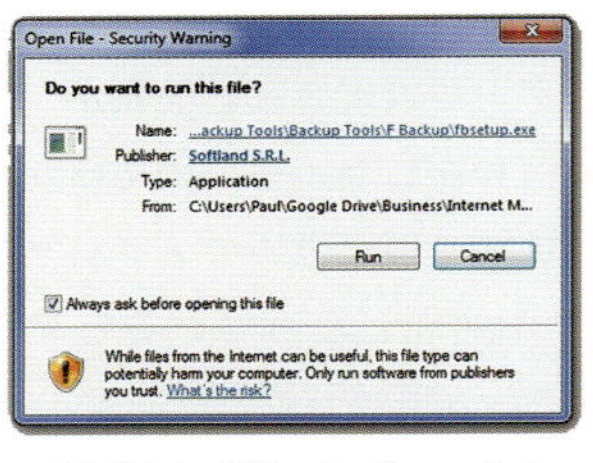

(a) *Original Warning Screenshot*

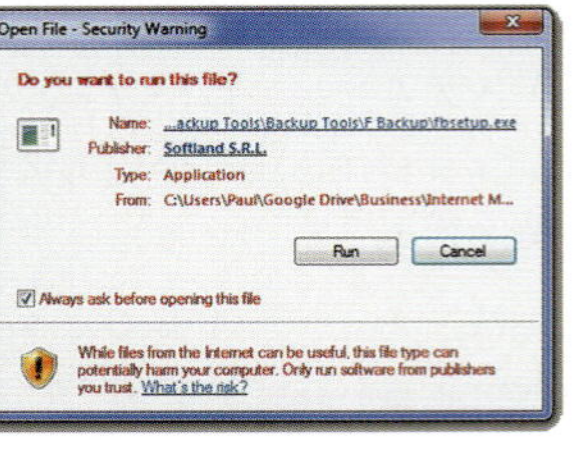

(b) *Color of Text Variation*

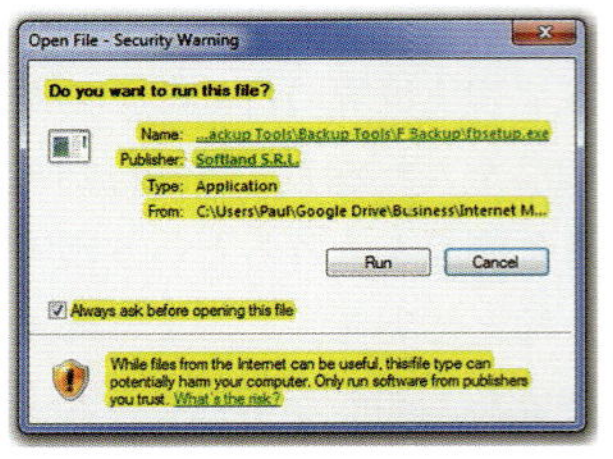

(c) *Highlight of Text Variation*

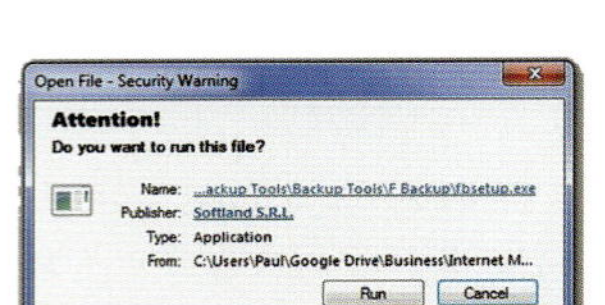

(d) *Signal Word Variation*

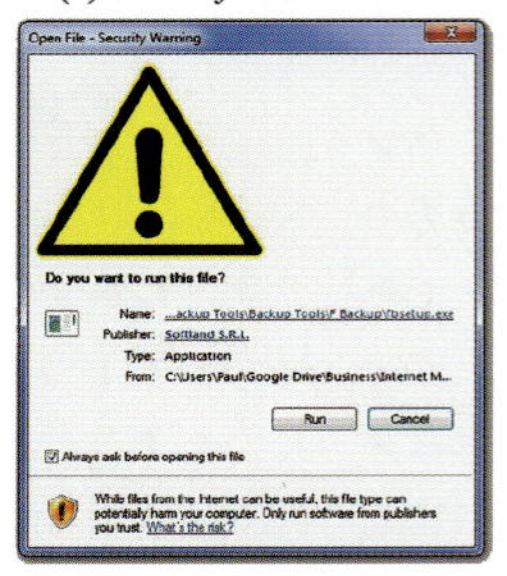

(e) *Pictorial Signals Variation*

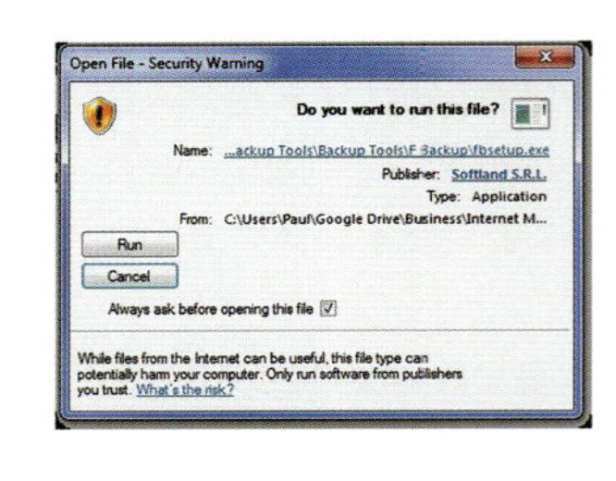

(f) *Ordering of Options Variation*

図 5-10 Anderson らが用いた警告画面の一部（出典：[6]）

一方，普段使っているインタフェースに慣れることが常に良い結果をもたらすとは限らない。特に，「警告」を表すインタフェースを使用する際に，慣れの問題は重大になってくる。図 5-9 はわれわれが普段よく目にするであろう警告画面である。これらの警告画面は，ユーザが誤った操作をしないよう，ユーザに本当にその操作を実行してよいかを確認させるために表示される。このような警告ダイアログは，コンピュータ上のインタフェースのさまざまな場面で表示されるが，多くのユーザがその内容を吟味せず操作を実行していることが知られている。たとえば，Akhawe らは，Web ブラウザで表示される SSL の警告画面を，50 % のユーザがわずか 1.7 秒以内でクリックしていると報告している[5]。

このような警告画面に対する慣れが大きな問題になることもある。2005 年 12 月 8 日に起こった，ジェイコム株誤発注事件[4] では，証券会社の担当者が，「61 万円で 1 株売却」とすべき注文を，「1 円で 61 万株売却」と誤ってコンピュータに伝えてしまい，実際に取引が成立してしまい多大な損害をもたらした。実はこの際，コンピュータの画面に，注文内容が異常であるとする警告が表示されていたが，『警告はたまに表示されるため，つい無視してしまった』として担当者はこの警告を無視して注文を執行してしまったという。このように，あるインタフェースに慣れてしまうことは，思わぬ弊害を生んでしまう場合がある。

警告画面に対する慣れの問題は，脳科学における**反復抑制**と呼ばれる現象で説明できることが知られている。反復抑制とは，同じ刺激を繰り返し受けるほど，脳の反応が弱くなっていく現象のことである。この現象はインタフェースについても当てはまり，同じインタフェースに触れ続けるほど，脳がそのインタフェースに対して反応しなくなっていくのである。つまり，同じ警告画面をユーザに提示するほど，その警告画面に対する脳の活動は弱くなっていってしまう。

警告画面における反復抑制の問題を解決する方法として，Anderson らは図 5-10 に示すように，警告画面を毎回異なるインタフェースで表現することで，ユーザがインタフェースに慣れてしまうのを防ぐというアイデアを提案している[6]。彼らの実験では，実際に脳の活動量を計測する fMRI を用いることで，毎回インタフェースを変えながら警告画面を出す方が反復抑制が起こりにくいことを明らかにしている。しかし，彼らが提案しているような，毎回インタフェースが変わる警告画面を日常的に使用したいかどうかは検討の余地がある。「インタフェースへの慣れによって生じる問題」と，「インタフェースの使いやすさ」を同時に解決するデザインを実現することはなかなか難しい課題であろう。

信頼とインタフェースデザイン

Sillence らが行った，医療情報 Web ページに対する信頼に関する調査によれば，Web ページが「信頼できない」と判断した要因の 94 %が，レイアウト，文字の大きさ，見た目の印象といった視覚的なデザインによるものであった[7]。また，使いやすいシステムは信頼されやすいことが知られており，これは認知心理学における流暢性バイアスという現象である。つまり，インタフェースの見た目や使いやすさは，人が製品やシステムに対してどのような信頼感を抱くかということに対して大きな影響を与えている。情報の信頼性については第 9 章でさらに詳しく述べる。ここでは，インタフェースと信頼の関係について，謝罪メッセージのデザインという話題を取り上げながら紹介しよう。

コンピュータ上でシステムを作る際に，エラーメッセージを表示することはよくあるが，このエラーメッセージの表示の仕方もシステムに対する信頼感に影響を与えることが知られている。心理学の分野においては，人と人とのコミュニケーションにおいて，効果的な謝罪に関する **5 つの R** と呼ばれるモデルが知られている[8]。

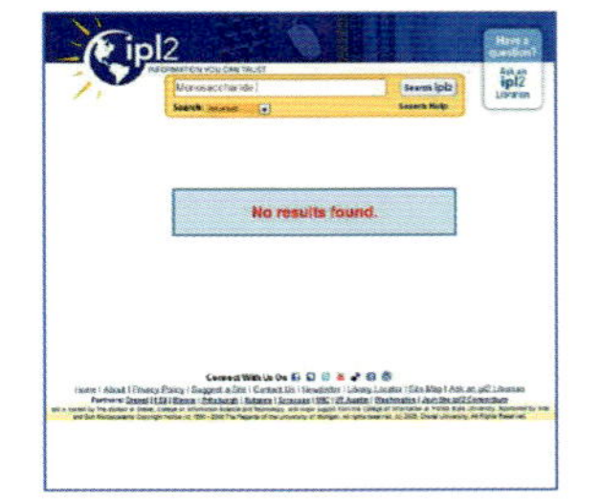

(a) 無機質なメッセージ

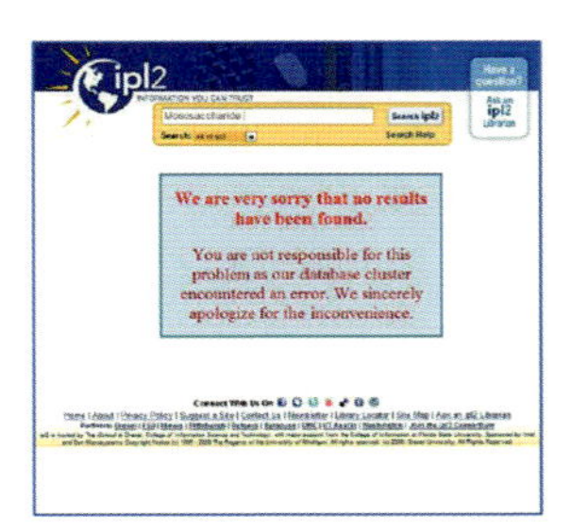

(b) 謝罪的なメッセージ

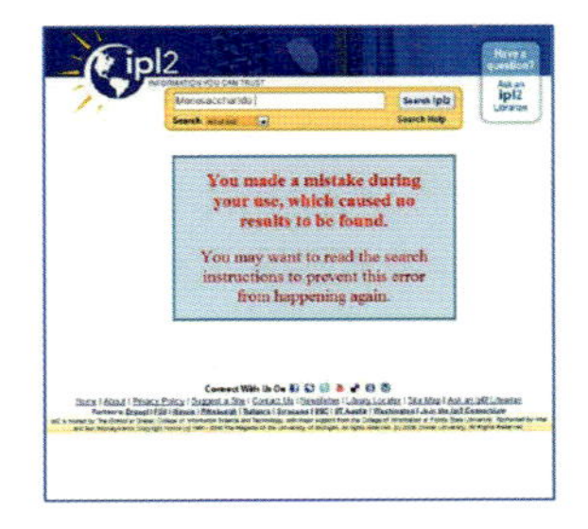

(c) 非謝罪的なメッセージ

図 5-11 検索結果が見つからなかったことを示すエラーメッセージのデザイン（出典：[9]）

1. 認識（Recognition）：エラー，失敗を認める
2. 責任（Responsibility）：責任の所在をはっきりと述べる
3. 反省（Remorse）: 反省していることを示す
4. 復旧（Restitution）：エラーからの復旧・解決を約束する
5. 反復（Repetition）：重ね重ね謝罪する

Park らはこのモデルをコンピュータ上でのエラーメッセージに適用することでメッセージのデザインを行っている[9]。彼らは，IPL（Internet Public Library）と呼ばれるサービスにおける検索システム上で，検索結果が 1 件も見つからなかった際に表示するメッセージをいくつか用意し，比較実験を行っている。具体的には，図 5-11 に示したような，(a) 検索結果がないことを知らせるだけの無機質なメッセージ，(b) 5 つの R の考え方を用いた謝罪的なメッセージ，(c) エラーの責任がユーザ側にあるかのような非謝罪的なメッセージの 3 種類を用意し，これらのメッセージがユーザのシステムに対する信頼感にどのような影響を与えるかを実験している。この実験によれば，5 つの R の考え方に基づいてデザインされた謝罪的なエラーメッセージを提示したインタフェースの方が，非謝罪的なエラーメッセージを表示するインタフェースよりもユーザはシステムに対する高い信頼感を抱いていたことがわかった。さらに，システムに対する信頼感だけでなく，使いやすさやシステムの美しさといった点についても，謝罪的なメッセージの方が他のメッセージよりもユーザは高いスコアをつけていたことがわかった。このように，インタフェースをデザインする際に，使いやすさやわかりやすさだけではなく，そのインタフェースが信頼されるかどうか，という観点からもデザインすることが重要である。

2 コンピュータにおけるインタフェースデザイン

デスクトップ型コンピュータやスマートフォンに代表されるように，われわれは日々コンピュータに触れながら生活している。ここでは，グラフィカルユーザインタフェースやナチュラルユーザインタフェースといった，コンピュータインタフェースの変遷を知る上で重要な技術について述べる。

グラフィカルユーザインタフェース

現在われわれが慣れ親しんでいるデスクトップ型のコンピュータインタフェースは，マウスやキーボードを用いてコンピュータを操作する**グラフィカルユーザインタフェース**（GUI）が中心である。GUI が登場する以前のコンピュータインタフェースは，図 5-12 に示すような**キャラクタユーザインタフェース**（CUI）と呼ばれる，ユーザがコンピュータに対する操作を文字列として入力することでコンピュータを操作するインタフェースであった。CUI では文字列によって情報のやり取りが行われ，ユーザはコンピュータを操作するために多くの命令を覚える必要があった。

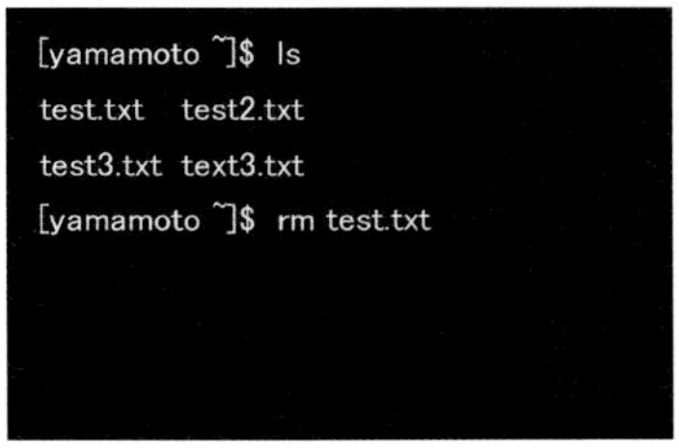

```
[yamamoto ~]$ ls
test.txt   test2.txt
test3.txt  text3.txt
[yamamoto ~]$ rm test.txt
```

図 5-12　キャラクタユーザインタフェース（CUI）

文字列でのやり取りが主だった CUI とは異なり，GUI はグラフィック表現をふんだんに使うことでコンピュータの情報や操作をユーザにわかりやすく伝えるインタフェースである。GUI を備えた初めてのコンピュータは，1973 年に米 Xerox 社の Palo Alto 研究所で製作された Alto であるといわれている。GUI を構成する基本的な概念は，デスクトップメタファ，WYSIWYG，オブジェクト指向からなる。ここでは，それぞれの概念について説明する。

デスクトップメタファ

デスクトップメタファは，コンピュータの空間を，現実世界の「机の上（デスクトップ）」に喩えて表現するものである（図 5-13（a））。現実世界の机の上では，紙の文書やそれらをまとめたフォルダが置かれているように，コンピュータのディスプレイ上に文書やフォルダを配置する。ま

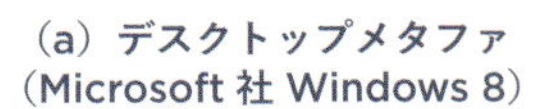

(a) デスクトップメタファ
(Microsoft 社 Windows 8)

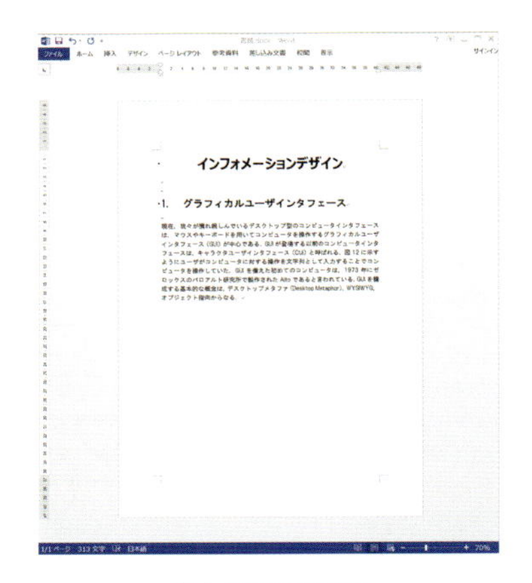

(b) WYSIWYG
(Microsoft 社 Word)

図 5-13 グラフィカルユーザインタフェース (GUI)

た，現実世界の机の上で文書を広げるように，ディスプレイ上で文書を開くとその文書がウィンドウとしてディスプレイ上に展開される。さらに，現実世界では不要な文書類をゴミ箱に捨てるように，ディスプレイ上にもゴミ箱が置かれ，不要なファイルやフォルダをそのゴミ箱に移動することで削除を実現する。

デスクトップメタファはコンピュータ上でのプログラムの実行や削除といった操作を，現実世界の操作に「喩える」ことによって，コンピュータ上での操作をユーザにわかりやすく伝えるための方法であるといえる。たとえば，コンピュータ上でファイルを削除するには，現実世界で紙の文書をゴミ箱に入れるように，ファイルをデスクトップ上に配置されたゴミ箱へ移動するだけでよい。一方，GUI が登場する以前の CUI では，ファイルの削除は図 5-12 に示すような“rm test.txt”(text.txt を削除せよ，という命令を意味する）といった命令を 1 つひとつ覚えて使いこなす必要があった。このように，デスクトップメタファを用いることでコンピュータに習熟していないユーザでもコンピュータ操作に対するメンタルモデルを容易に構築することができる。

WYSIWYG

WYSIWYG は，What You See Is What You Get（見たままのものが得られるもの）の頭文字をとったものであり，ディスプレイに表示される内容と処理内容（特に印刷結果）を一致するように表現するという考え方である。たとえば，図 5-13 (b) に示している，現在広く用いられている Microsoft 社の Word は，WYSIWYG に基づく文書作成ソフトの 1 つである。文書を開くと，ディスプレイ上には現実の文書の印刷イメージがそのまま示される。

オブジェクト指向

オブジェクト指向は，プログラミングにおける考え方の 1 つであり，その基本はデータとプログラムの一体化（カプセル化）である。GUI ではこのオブジェクト指向の考え方が取り入れられている。たとえば，文書ファイルをクリックするとその文書を作成したプログラムが起動され，動画ファイルをクリックすると動画プレイヤーが起動するといったように，ユーザはデータ（ファイル）に対してクリックという同一の操作をするだけで異なるプログラム（文書作成ソフトウェアや動画プレイヤー）を起動することができる。これはオブジェクト指向の考え方の1つである多態性（Polymorphism）によるものであり，ユーザはファイルを開く際にわざわざそのファイルをどのプログラムで実行するかを意識する必要がない。

ナチュラルユーザインタフェース

従来のCUIやGUIではキーボードやマウスといったデバイスを用いてコンピュータとのやり取りを行っていた。それに対して，人間にとってより直感的な，自然界の物理法則を利用したインタフェースは，**ナチュラルユーザインタフェース**（NUI）と呼ばれ，近年急速に広まっている。具体的には，触る（touch），話す（speech），身振り手振り（gesture），手書き（handwriting），見る（vision）といった自然な操作で指示ができるインタフェースである。ナチュラルユーザインタフェースは，センサデバイスを用いたジェスチャ認識（Microsoft社のKinectなど），音声認識・対話（Apple社のSiriやYahoo! JapanのYahoo!音声アシストなど），視線検出，マルチタッチセンシング（トラックパッドやタッチパネル上で2点以上の接触を認識する技術）といった技術で実現される。近年のスマートフォンではマルチタッチセンシングによる操作が当然になっており，ノート型のコンピュータもマルチタッチによる操作が可能なものが増えてきている。

情報デザインという観点からすると，NUIは従来よりも柔軟で自然な操作を可能とする「入力技術」と捉えることができる。一方，GUIはコンピュータ上での情報や操作をどのように表現するかに主眼が置かれた技術であると捉えることができる。つまり，GUIとNUIは必ずしも相反する技術ではない。たとえば，Agarawalaらはマルチタッチディスプレイ環境を想定したデスクトップメタファインタフェースを提案している（図5-14）。このシステムはマルチタッチやペン入力といったNUIによる入力を想定しており，これまでのデスクトップメタファでは表現できなかった，積み上げる（pile）ことを3Dデスクトップ環境で実現している。このシステムはBumpTopという名前で実際にオープンソースとして公開されており[5]，NUIによるデスクトップメタファの実現といえる。

図5-14　BumpTop（出典：BumpTop[1]）

また，NUIに基づくインタフェースがGUIに基づくインタフェースよりも常にわかりやすいということではないことに注意する必要がある。NUIに基づくインタフェースをデザインする際にも，5.1.2項で述べたアフォーダンスやメンタルモデルは重要な問題となってくる。たとえば，ジェスチャーを用いた入力では，どのような種類のジェスチャーが存在するのかは利用者にわからないままであったり，ジェスチャーと機能が適切に対応づけられていなかったりする。また，音声対話システムでは，どのような質問であればシステムが適切に回答してくれるのかは，システムを通して経験を積んでいくことでしか構築できないことが一般的である。また，システムが音声を誤って認識した場合，どのように修正すればシステムが正しく認識してくれるのかといったフィードバックを利用者に与えることも難しい。ドナルド・ノーマンは，NUIは現実空間での人の操作に基づいており情報空間の表現には寄与していない，また，ジェスチャーが文化的多義性の問題を抱えているとして，NUIは有益な技術ではあるが「自然ではない」という指摘を行っている[10]。NUIに基づく新しいインタフェースにおいては，利用者は過去の経験を用いてメンタルモデルを構築することが難しいため，デザイナはインタフェースを従来よりも注意深くデザインする必要がある。

近年のコンピュータインタフェース

コンピュータやWeb上のインタフェースとして近年注目を集めているデザイン手法として**フラットデザイン**がある。フラットデザインとは，たとえばあるボタンを表現する際に，これまでのインタフェースデザインに見られたような陰影や質感によって立体感を表現するのではなく，そうした要素を一切排除することで2次元的に表現するようなデザイン手法のことである。フラットデザインは2012年頃から急速に浸透しはじめ，特にApple社のiOS 7（図5-15）やMicrosoft社のWindows 8におけるMetro UIなどがフラットデザインの代表例であるといわれている。なお，フラットデザインとは対照的に，現実世界のオブジェクトを模倣したデザインにすることで，メンタルモデルの構築やアフォーダンスを表現するようなデザイン手法をスキュアモーフィズムという。

図5-15　左はApple社iOS 6，右はiOS 7におけるインタフェース。iOS 7ではiOS6で見られたようなアイコンに対する陰影表現が除かれ，平面的な表現になっている。（出典：The Next Web[6]）

フラットデザインはマルチタッチインタフェースやモバイルによるアクセスといった要因により急速に普及しているが，NUIと同様に，アフォーダンスやメンタルモデルという観点からの問題点もある。たとえば，ヤコブ・ニールセンは，フラットデザインでは画面上のどの部分をクリックやタッチできるのかのアフォーダンスが乏しい場合があり，ユーザに混乱を招くことがあると警告している[7]。図5-16はWindows 8のMetro UIの一例である。この画面は設定項目を表示しているが，ここに表示されている「Change PC Settings」というテキストもクリック（あるいはタッチ）可

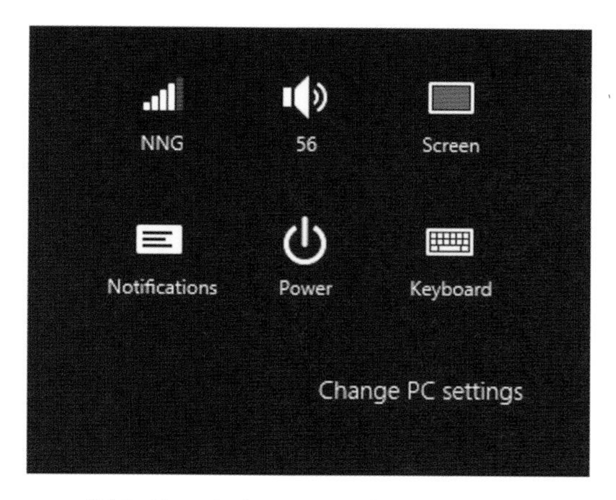

図 5-16　Windows 8 の設定画面
（出典：Nielsen Normal Group）

能な箇所であるが，クリックできるという物理特徴が乏しいため，そのことがユーザに伝わりにくくなっている。このように，コンピュータ上のインタフェースは CUI に始まり，GUI，NUI といったように日々進化を遂げてきているものの，コンピュータ上の操作をわかりやすく伝えるためには，アフォーダンスやメンタルモデルといった観点から，本当に使いやすいものになっているかどうか，注意深く検討する必要がある。

3 音声インタラクション

ここでは音声を利用したインタフェースを考えよう。特に対話的（interactive）にコンピュータを利用する場面を想定する。どのような特徴があり，どういうデザインの方法があるだろうか。

対象とするもの

ここでの議論は，音声を媒介としスマートフォンを操作するインタフェースを主な対象とする。

2011年にApple社のSiriが登場した。その後，NTTドコモのしゃべってコンシェル，ヤフーの音声アシストなど，音声でさまざまな操作を実現するアプリケーションが登場し，広く認知されるに至った。それまでもこうしたアプリケーションはなかったわけではなかったが，スマートフォンのマイクの性能の向上や音声認識技術の進展なども合わさって大きく認知された。こういった音声対話を利用するアシスタント型のアプリでは，複雑な操作を覚えることなく，いろいろなサービスを利用することができる。アプリの切り替えも不要で，メニューやボタンの操作も省略できる。行いたいことを音声だけで指示できるので，機器の操作や文字の入力に不慣れな人（たとえば幼児や年配者）にも扱いやすい。自動車の運転や料理など，作業中でも音声であれば使いやすい。

今日の音声対話システムの構成例[8]を図5-17に示す。この構成では音声認識を行う部分とその意図や意味を理解し，応答を生成する部分が分かれている。処理の流れは次のようになる。

1. 発話された音声は随時スマートフォンから音声認識サーバに送信される。
2. 音声認識が完了するとテキストがスマートフォンに送り返される。
3. 次に発話されたテキストと前回の発話など文脈の情報が応答生成サーバに送られる。応答生成サーバでは，発話された内容の意味の理解を行い，必要な情報を集めて，応答を作成し，スマートフォンに返すまでの処理を行う。意図の判定には，事前に作成しておいた対話の用例集（コーパス）や地名などの固有名詞の辞書も利用する。
4. 発話の意図に応じて，必要なら別のサービスに情報取得のリクエストを送信する。単に挨拶を返すような場合ではこの処理は必要ないが，天気やニュース記事など外部の情報が必要な場合は行わなければならない処理である。
5. 情報取得のリクエストを受けたサーバは求められた情報を応答生成サーバに返す。

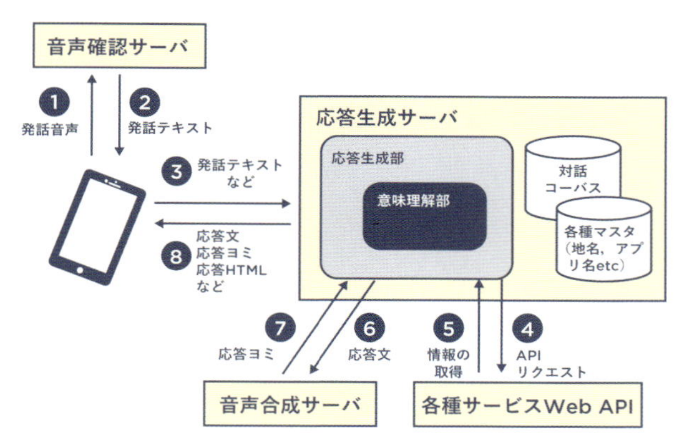

図 5-17　音声アシスタントの仕組み

6. 応答生成サーバでは作成した応答を読み上げるための準備も行う。読み上げが必要な個所のテキストを音声合成サーバに送信する。
7. 音声合成サーバでは送られたテキストの読みや抑揚の情報などをつけて応答生成サーバに返す。
8. 応答生成サーバは回答すべき情報をスマートフォンに返す。応答文言やその読み，外部の情報，表示のためのレイアウト情報などを返す。

音声インタラクションの特徴

言語表現の多様性

言葉でシステムを操作する場合，一般には，ある意図をシステムに伝えるのに使う表現は1つに固定されない。たとえば，スマートフォンの音声アシスタント型システムに音楽プレーヤを起動させる場合を考えよう。どういう表現がありうるだろうか。

音楽プレーヤを起動
ミュージックプレーヤを起動
曲を流して
音楽が聴きたい
歌を聞きたい

1つの伝え方は何か事物を指定し，それをどうするのか伝えるものである。事物に対し，動詞でどうするかを伝える形式である。事物の言い方にも，「音楽プレーヤ」,「ミュージックプレーヤ」などのバリエーションがある。こういう直接的に起動すべきアプリケーションの名前を伝える場合もあるし,「曲」「音楽」「歌」と実際にそのアプリケーションで操作したいものを言う場合もある。もっと具体的に「〈歌手の名前〉」「〈曲のタイトル〉」などの固有名詞で指示することもできる。

どうするのかを伝える部分についても考えよう。アプリケーションの名前を言う場合には「起動」「起動して」「起動しろ」などが典型的であるが，ほかにも「開いて」「出して」「見せて」などの言い方もありうる。「曲」などであれば，「かけて」「流して」「聞かせて」「再生して」などの表現がありうる。動詞の部分には，話し手の態度が現れる（言語学では mood や modality と呼ばれる概念)。たとえば,「曲を聞きたい」という話し手の希望を表している。「曲をかけて」であれば，システムが何をすべきか詳細には指示はせず，やや間接的になっている。「音楽プレーヤを起動」はシステムにとっては十分に具体的である。

別の意図を伝える場合を考えよう。たとえば，自分の今いる場所の近くにあるコンビニエンスストアを探すことを意図している表現は

近くのコンビニ
周辺のコンビニ
近くにコンビニある
近くにコンビニない

などがある。「ある」と「ない」はその語単独で見れば正反対の意味であるが，コンビニエンスストアを探す質問の発話の中では同じ意図を表すのに使われている。同じ意図を伝えるにも多くの表現がありうることがわかる。

誰かにあるものAを尋ねる場合はどういう表現があるだろうか。

Aを教えてください
Aを知りたい
Aを知っている人いますか
誰かAを知りませんか
Aを知っていますか
Aを知りませんか

など多くの表現があることがわかる。

音声のインタフェースをグラフィカルユーザインタフェース（GUI）やキャラクタユーザインタフェース（CUI）との対比で考える。音声で人間側がやりたいことを直接的に指示する場合は似ている部分がある。たとえば電子メールをアプリケーションを使って読みたい場合に，GUIではメールアプリをクリックしてあるいはメニューなどから選んで起動し，CUIではメールを読むプログラムをコマンドラインから打ち込んで起動する。音声や自然言語で起動する場合は，「メールアプリを起動」などと直接話しかけることになる。ただし，音声の場合は直接的に指示する以外の表現が複数ある。

入力形式は自由

音声で入力する場合は，ユーザは何を言ってもよい。GUIでは，行える操作は基本的にはメニューから選ぶものに限定される。逆にユーザは何を言ったらよいのかわからず戸惑う。制限がなく事前に選択肢が明示されないことは，次に行うべき操作のヒントやガイドがないことを意味する。ユーザにとっては，どう言えば希望する動作が行われるのか明示的にはわからないデザインである。

これには利点と欠点がある。システムを作る側にとっては，入力を想起させるあるいは促すもの，たとえばマイクのボタンやテキストを入力するためのウィンドウなどを用意すればよいので，見た目のデザインはシンプルにできる利点がある。またシステム側の機能が増えても，入力を想起させる見た目のデザインは変更しなくてよいことも利点である。これはそのまま欠点にもなりうる。仮にシステム側の機能が増えてもインタフェースの見た目では増えたことがわからない。

入力結果が100％正しいとは限らない

別の例も考えよう。小学生の女の子が「音声アシスト」のアプリを使ってある言葉を話したところ，当時の音声認識システムでは「田中ワイパー」と認識された。本当に言った発話は何だろうか。実際には「喉が渇いたー」であった。イントネーションや発話されている音に類似性があることがわかる。これは前節で述べたように，何を言えばよいのかよくわからないからこそ言ってしまった発話であるが，それに加えて，ユーザの意図とも違う入力になってしまった。

ユーザから受け取る入力が正しいとは限らないと考えなければならない。音声認識の精度は近年著しく向上しているが，必ず一定の割合で誤りが含まれる。話し始めや話し終わりの短い時間を正しく認識できない場合がある。このとき発話の最

初や最後が欠けた入力となる。「明日の天気」のつもりが「の天気」と認識されることが起こる。また静かな環境での音声認識に比べて，周囲の雑音や他の人やテレビの話し声が聞こえる場合などは認識精度が落ちてしまう。また，正確に認識されたとしても発話する側の言い直しや言い間違いもありうる。同音の間違いも起こる。「サトー」という音声は「佐藤」と「砂糖」のいずれにも認識されうる。システムへの入力も当然間違いが入ることを十分考慮して設計することが望ましい。システム内部に自動訂正の仕組みを入れることや，音声認識結果の信頼度が低い場合にはユーザに確認を促すことなどが考えられる。

人間らしさや知性を感じさせる

言語は基本的には人間と人間のインタフェースとして使われるものである。それをコンピュータとのやり取りに使うと，コンピュータを人間を相手にしているときと同じように考え，同じように接してしまうことが起こる。場合によっては賢いと思ったり，かわいいと思うことがある。機械だとはわかりつつも愛着をもってしまう[9]。

人間と同様に受け取られうることを踏まえると，音声対話システムにおいて入力されたものが処理できないとき，どんな応答がふさわしいだろうか。

- 「処理できません」あるいは「エラーです」と出力する。
- 「ごめんなさい」と謝る。
- エラーメッセージだけでは何も有益な情報が得られないので，ウェブ検索などを行う。
- はぐらかすような適当な応答をランダムに返す。
- 「○○とは何ですか」と聞き返す。
- 「別の言い方でお願いします」と言う。

これらそれぞれの注意点を見よう。エラーとして処理できないことを出力するのは，システムとしては誠実な動きである。しかし，頭が悪いと思われてしまう可能性がある。

人間と同じように受け取られることを考えると，処理できなかったこと，期待に応えられなかったことを詫びる言葉を添えることも効果的であろう。人間同士のやり取りの場合でも単に不可能であると告げられるよりも低姿勢で残念であると伝えられたほうが受け入れやすいものである。ただ，低姿勢であればよいというものでもない。いつも謝ってばかりの人が周りをいらだたせる場合があることからもわかる。あまりに度が過ぎるとユーザをいらいらさせてしまう。

ウェブ検索などで何かしらの情報を返すこともよさそうであるが，処理できる入力発話が限定的であるとユーザを失望させてしまうので注意が必要である。「ちゃんと答えてね」とユーザがシステムに注文をつけた場合に，そのウェブ検索結果を返してもユーザをいらだたせるだけであろう。

はぐらかすのもユーザを当惑させるのでよくない。会話を弾ませる効果も考えられるが，ユーザが真面目に話しかけている場合にシステムが向き合わずに応答するのは不誠実である。また，ユーザにとっては，システムが何を理解できるのか，何ができるのか把握しづらい。

「○○とは何ですか」と聞き返すのは悪くないアプローチに思える。わからない部分を特定する，それを追加で説明されたものを理解するのは一般には高度な技術が必要である。説明を促して，ユーザから説明を受けてもその説明も理解できない可能性が高い。「別の言い方で」も上記と同様である。ある言い方をシステムが理解できないとき，別の言い方も理解できない可能性があることは十分想定できる。また，特に別の言い方をするのが難しい場合も多い。固有名詞には言い換えや別の言い方がなくても不思議ではない。固有名詞や外国語は音声認識の精度も下がりやすいので，言い直してシステムに伝えるのも難しい。

人間と同様に感じられることから，次のような発話がなされることもある。

結婚して
眠れない
早口言葉
あいうえお，あ
赤，高，アーク
入院しました
学校行きたくない
男ですか女ですか

先ほどのシステムが処理できない場合の応答の適切さの議論に，上記の発話を具体的に当てはめて考えてみるとよいだろう。上記のような発話の場合，いずれもウェブ検索では不十分であることがわかる。上の例の「赤」が「馬鹿」の音声認識誤りの場合，「赤とは何ですか」「赤を別の言い方で」と応答することが適切でないのも容易にわかる。「結婚して」「眠れない」「入院しました」などのように，仮にユーザが話している内容がわかったとしても，どうシステムが応答すべきかは自明でないケースもある。これらはユーザの入力が理解できることと，適切な応答や処理を実行できることは別であることも気づかせてくれる。

言語インタフェースの特徴と設計

これまでの議論を以下にまとめる。

表現の多様性が非常に高い。
さまざまな種類の入力の誤りがある。
システムが解析できず，処理できない場合も多い。
人間らしさや知性を感じさせる。

言語は非常に汎用的なインタフェースであり，あらかじめユーザがどのような表現でどのような入力をしてくるのかを想定しづらいことがわかる。もちろん，一定の想定の下に仕様を決めて作ることは可能だが，ユーザがある機能の実行をシステムにどのような言い方で伝えるのかは自明ではなく，仕様の決定やシステムの設計は困難である。

入力される表現は多種多様なことが想定できる場合に，これを処理する自然言語理解システムはどうやって作ればよいだろうか。どんな言い方がされるか事前にはわからない。

この場合は，まずは仮の仕様でシステムを作成し稼働させ，実際の入力にどんな発話が多いか調べるのが効率が良い。未対応の発話に対して対処を逐次実施する。対応すべき言い方，言われる内容がまずある程度わからなければ，効果的にシステムを作っていくことはできない。現在の技術では，汎用的な意味理解システムを作るのは困難である。また，仮に意味を理解し，いくつかの解釈に絞ったとしても，曖昧性がある場合もある。仮に解釈が1つに絞られても，どういう内容の応答，どういう仕様がいいのか事前にはわからないことが多い。こういうケースに対処する1つの方法は，2つ以上の案を試してみて良い方を選ぶものである。

A/B テスト

複数の案を実際にユーザに使ってもらって，利用のされ方を観測し，仕様を決めていく方法の1つにA/Bテストがある。ウェブサイトのデザインを決める際に利用されることが多い。

ここでは2008年のアメリカ大統領選挙におけるオバマの選挙キャンペーンでのページデザイン改善の取り組み[10]を紹介しよう。このキャンペーンでオバマ支持を呼びかけるメールマガジンの読者を募った。オバマの写真を用意し，真っ赤な

図 5-18　オバマ大統領の選挙キャンペーンでのページのデザイン：Get Involved[11]

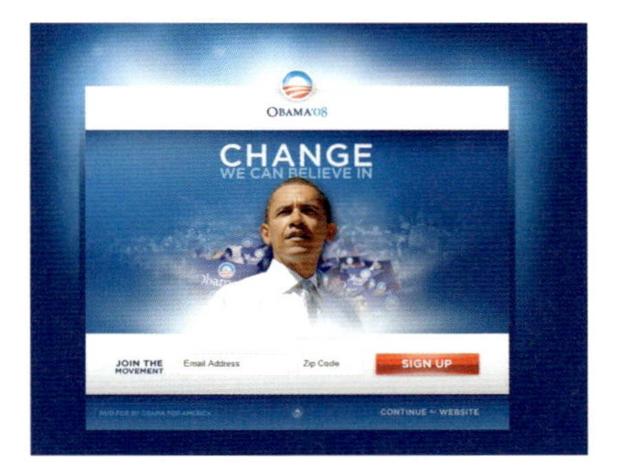

図 5-19　オバマ大統領の選挙キャンペーンでのページのデザイン：Change[12]

図 5-20　オバマ大統領の選挙キャンペーンでのページのデザイン：Family[13]

「Sing Up」ボタンを配置した（図 5-18）。このサインアップボタンで読者登録へと誘導される。ボタンの文言は「Learn More」「Join Us Now」「Sing Up Now」の 3 通りを用意した。これらの 3 種類を比べてみると「Sing Up」よりも「Learn More」のほうが 18.6 % も多くの読者登録を獲得したことがわかった。

ボタンのラベルに加えて，中央のイメージでも複数のバリエーションを使って効果の違いを調べた。動画 3 種と静止画 3 種である（図 5-18，図 5-19，図 5-20 に静止画のみ示す）。効果が高かったのは静止画である。青緑のオバマの写真（図 5-18）に変えて，白黒のオバマの家族写真（図 5-20）を使ったところ，13.1 % も多かった。家族写真と「Learn More」を組み合わせて利用したページでは，読者登録率は 40.6 % も上昇した。サイトを担当していたチームは，自分たちの勘がいかに当てにならないかを認識したという。

こういった例はほかにもたくさんある。ウェブ検索のサービスを提供する会社では，検索窓の縦幅を変えてたくさんのテストを行い，その結果をもとに仕様を決定し，検索連動広告の売り上げが 0.64 %（当時で 4 億 8000 万円）上がった[14]とのことである。ユーザがどう利用するかによって，システム側の動きが変わる例は，広告の配信やニュースサイトでの記事の並び順など多数見られる。設計において少数のモニタを通じて，使い勝手や仕様を検討することはさまざまな工業製品で行われる（たとえば電気製品など）が，多くのバリエーションを多数のユーザに実際に使ってもらいながら，効果を測定し，仕様を決めていく点にウェブサイトのデザインでの A/B テストの特徴がある。

言語インタフェースでの測定指標

言語のインタフェースでのA/Bテストの利用はまだ本格的には始まってはいない。何を測定するのか，何の良し悪しで判断するのか，そのKPI（key performance indicators）を決めることさえ一般的には難しい。『デザイン学概論』[12]の12ページの「意地悪な問題」に当てはまっていることがわかる。

たとえば，ユーザの利用度合いや満足度を間接的に反映する指標として発話回数を考えよう。多く発話していることはより長く使っていると想定でき，一見よさそうである。実際，どのような場合に発話の回数が多くなるか調べてみると，うまく音声認識されずに何度も発話している場合や，期待した答えが得られず，否定的なフィードバックの発話をしている場合が見られた。この否定的なフィードバックの発話とは「違う」や「そんなこと言ってない」あるいは「ばか」などの罵倒表現を指す。発話回数が多いことがよく利用されていることを示していると思われたが，実際はうまくシステムが機能していない場合に発話の回数が多くなっていたのである。

また，これらの指標に与える要因の切り分けも必要になる。たとえば，アシスタント型のアプリで天気の情報を調べる機能の呼び出しにおいて指標が悪い場合に，考えられる要因は複数ある。天気情報の取得機能にシステムのトラブルがあり，天気の情報がそもそも得られなかった場合，ユーザの指定した場所や日時の情報が正確に認識されなかった場合など，天気の情報が欲しいというユーザの意図は解釈できても他の要因で満足度が下がっていることがある。

各仕様や機能ごとによい測定指標を決めるのは今後の課題である。ただ，測定しながら改善することが有効なケースは多い。たとえば，発話意図の解釈や応答内容が複数考えられる場合に，適当な指標を決めて測定し，可能な候補の中でどれが優れているかを選ぶケースがある。ほかにも，システム内部のアルゴリズムのパラメータをチューニングする場合に，測定指標が良くなるものを選ぶケースがある。

言語インタフェースの設計のまとめとしては次の2点が重要な項目になる。

- 多様性や誤りを受けつけなければならない。
- 使われ方を見ながら継続的に改善していく。

演習課題

（問 1）　身の回りのインタフェースにおいて，メタファ・メトニミ・シネクドキが効果的に使われていると感じる例を，実世界のインタフェース，コンピュータ上でのインタフェースについてそれぞれ挙げよ。

（問 2）　5.1 節で解説したように，警告画面への慣れは時として重大な問題を引き起こす。この問題点を解決するためにどのようなインタフェースデザインが考えられるか，毎回異なるインタフェースを提示する以外の解決策を自分なりに考えてみよ。考えるインタフェースは，メールの添付し忘れやファイルの上書き保存といった，特定の警告画面を対象としたものでよい。また，提案したインタフェースの利点・欠点，そして一般的な警告画面への適用可能性についても考察せよ。

（問 3）　音声のアシスタントのスマートフォンアプリを設計する際，乗換案内のサービスに対応するために，ユーザと積極的に対話する仕様が検討された（表）。しかし採用は見送りに。理由を考えなさい。

表：想定対話の例

発話者	発話内容
ユ ー ザ	京都に行きたい
システム	出発駅はどこですか
ユ ー ザ	東京駅から
システム	わかりました。出発時間は？
ユ ー ザ	朝 7 時でお願いします
システム	わかりました。指定席ですか？
ユ ー ザ	...

（問 4）　音声アシスタントの設計で，処理できないユーザの発話があった場合に「ごめんなさい」「がんばります」「まだ勉強中です」と返す仕様にした。その結果，開発当初は想定していなった発話が多数あった。どんな発話が多かったかのか考えなさい。

（問 5）　音声アシスタントの設計で，メールを読むために，メールのアプリを起動することを考える。受けつける表現すべき発話の表現を考えなさい。

例
メールを読みたい
メール見たい
メールアプリを起動
新着メール

また，メールを書くための表現についても考えなさい。

（問 6）　音声アシスタントに「しりとり」機能をつけることを考える。より自然なやり取りするための工夫を考えなさい。特にシステムの応答の返し方としりとりの語彙の 2 点から検討しなさい。

（問 7）　音声アシスタントに目覚まし時計の機能をつけることを考え，目覚まし時計に必要とされるサブ機能を列挙しなさい。また，各サブ機能のインタフェースを設計しなさい。

（問 8）　音声アシスタントに機械翻訳機能をつけることを考える。どんな表現が多く発話されるか考えなさい。

例
○○を翻訳して
○○を英語で言うと
○○を英訳して
○○を英語にして

（問 9）　音声アシスタントの機能をカーナビに搭載することを考える。スマートフォン用と変えるべき部分を考えなさい。

（問 10）「ラーメン」とだけ発話されたときに，どんな応答結果を返すべきか考えなさい。また「バッテリー」「ツイッター」

「温度」「プロ野球」「京都大学」でも同様に考えなさい。よりよい意図の理解を行い，ユーザの意図にあった応答結果を返すためにどんな情報が必要か考えなさい。

（問 11） あなたが音声アシスタントのプロダクトの責任者だとしたら，どのような A/B テストを設計するか考えなさい。キーになる指標を想定しなさい。また，意図理解モジュールの開発責任者，画面デザイン・ユーザインタフェースの開発責任者だとしたら，どんなテストを設計しますか。

（問 12） 音声アシスタントでのユーザの発話回数はユーザの満足度の指標となりうるか検討しなさい。発話回数が増える場合，減る場合それぞれどんな理由があるか整理しなさい。次の具体例でも考察せよ。「おみくじ」と言われたら，大吉，中吉，小吉，吉，凶を返す機能をつけたとする。大吉と凶では，続けて発話する回数が多いのはどちらか考えなさい。大吉が返されたとき，凶が返されたとき，それぞれユーザはどういう発話をしそうか考えなさい。

参考文献

[1] Daniel J. Simons, Christopher F. Chabris: Gorillas in our midst: Sustained inattentional blindness for dynamic events, Perception, 28(9), pp.1059-1074, 1999.

[2] Christopher F. Chabris, Daniel J. Simons: The invisible gorilla: and other ways our intuitions deceive us, Harmony, 2010.

[3] ドナルド A. ノーマン（著），野島久雄（訳）：「誰のためのデザイン？—認知科学者のデザイン原論」，新曜社，1990.

[4] Lukas Mathis（著），武舎広幸，武舎るみ（訳）：「インタフェースデザインの実践教室—優れたユーザビリティを実現するアイデアとテクニック」，オライリージャパン，2012.

[5] Devdatta Akhawe, Adrienne Porter Felt: Alice in warningland: a large-scale field study of browser security warning effectiveness, Proceedings of the 22nd USENIX security symposium, pp.257-272, 2013.

[6] Bonnie Brinton Anderson, C. Brock Kirwan, Jeffrey L. Jenkins, David Eargle: How polymorphic warnings reduce habituation in the brain: Insights from an fMRI study, Proceedings of the 33rd Annual ACM Conference on Human Factors in Computing Systems, pp.2883-2892, 2015.

[7] Elizabeth Sillence, Pam Briggs, Lesiey Fishwick, Peter Harris: Trust and mistrust of online health sites, Proceedings of the 24th SIGCHI conference on Human factors in computing systems, pp. 663-670, 2004.

[8] John Kador: Effective apology: mending fences, building bridges, and restoring trust, Berrett-Koehler Publishers, 2009.

[9] S. Joon Park, Craig M. MacDonald, Michael Khoo: Do you care if a computer says sorry?: user experience design through affective messages, Proceedings of the Designing Interactive Systems Conference, pp.731-740, 2012.

[10] Donald. A. Norman: Natural user interfaces are not natural, ACM Interactions, 17(3), pp.6-10, 2010.

[11] Dan Siroker and Peter Koomen. A/B Testing:The Most Powerful Way to Turn Clicks into Customers. Willey, 2013.

[12] 石田亨編，「デザイン学概論」，共立出版，2016.

注

1 https://www.youtube.com/watch?v = vJG698U2Mvo
2 現在では，ある事物に対する可能な行為を決定づける物理的な特徴のことを「シグニファイア」とも呼ぶ。
3 Jacob Nielsen, “Mental Models”, http://www.nngroup.com/articles/mental-models/
4 https://ja.wikipedia.org/wiki/ジェイコム株大量誤発注事件
5 http://bumptop.github.io/
6 https://thenextweb.com/dd/2014/03/19/history-flat-design-efficiency-minimalism-made-digital-world-flat/
7 https://www.nngroup.com/articles/windows-8-disappointing-usability/
8 http://news.mynavi.jp/articles/2014/02/05/yahoo_voice/
9 アシスタントとして作られているスマートフォンのアプリのレビューコメントを見ると，一定数のユーザが愛着をもっていることがわかる。https://play.google.com/store/apps/details?id=jp.co.yahoo.android.vassist&hl=ja
10 http://wired.jp/2012/12/29/abtest_vol5-2/ にある WIRED の記事や［11］を参照.
11 https://www.flickr.com/photos/optimizely/5140902465/in/album-72157625300462626/ から引用
12 https://www.flickr.com/photos/optimizely/5140902631/in/album-72157625300462626/ から引用
13 https://www.flickr.com/photos/optimizely/5141506386/in/album-72157625300462626/ から引用
14 http://web.archive.org/web/20160129155725/http://japan.cnet.com/marketers/news/35034996/

CHAPTER

6

情報の可視化

コンピュータを用いる目的の１つに，大量のデータを分析し，特徴的なパターンやデータ間の関連を発見することで，データから価値ある知識を発見することがある。これを実現するためには，コンピュータのディスプレイ上に大量のデータをわかりやすく表現し，ユーザの要求に合わせた分析を可能とする必要がある。**情報可視化**（Information Visualization）は，大量のデータをコンピュータのディスプレイ上にわかりやすく表現するための技術であり，さまざまなアイデアがこれまで提案されてきた。ここでは，代表的な可視化手法や科学データの可視化について紹介する。

（山本 岳洋・小山田 耕二）

1
情報可視化とインタラクション

扱うデータが大量になればなるほど，すべてのデータを1つのディスプレイ上に表現することは物理的な制約上困難である。また，多くの場合，ユーザはデータ全体を眺めるだけでなく，ある条件に合致する特定のデータだけを注視したり，時にはデータを1つひとつ詳細に見たりする必要がある。すなわち，ユーザとデータとのインタラクションを通じて分析対象となるデータへの理解を深めることが重要であり，また，可視化システムもそうしたインタラクションを可能とする必要がある。Shneiderman は，インタラクティブな情報可視化技術に求められる要件として，情報可視化マントラと呼ばれる以下のガイドラインを提案している[1]。

まず**概要**（overview first）
次に**ズーム**と**フィルタリング**（zoom and filtering）
そして，**必要に応じて詳細化**（then details-on-demand）

これは，情報可視化技術として，まずはデータ全体の概要を俯瞰することが必要であり，その後，ユーザの要求に応じて特定のデータ集合に焦点を合わせ分析し，そして必要があれば1つひとつのデータの詳細を知ることができるような可視化技術が望ましい，ということを述べている。

2
文脈つき注視法

ディスプレイの解像度は日々進化しており，昔のディスプレイと比較すると信じられないほど大量の情報を一度に表示することができるようになってきている。しかし，それでもディスプレイの表示領域には限りがあり，大量のデータをすべて 1 つひとつ詳しく表示することは難しい。また，人間が一度に処理できる認知能力にも限界があり，詳細な情報を大量に表示しても，そこからデータの概要をつかむのはやはり難しい。

一方で，ユーザが注目しているデータ集合だけ表示してしまうと，今度はそのデータが全体の中でどのような位置関係にあるのかがわからなくなってしまう。たとえば，地図検索システムで京都大学の場所を探すことを考えてみる。京都府がすべてディスプレイに収まるくらいズームアウトしてしまうと，京都大学が京都府のどのあたりにあるかはわかるものの，京都大学周辺の詳細な地図はわからない。一方，京都大学周辺の地図がわかるくらいズームインすると，今度は京都大学周辺についてはよくわかるものの，京都大学が京都府のどのあたりにあるのか，という全体の位置関係に関する情報は失われてしまう。つまり，先述した情報可視化マントラでいえば，すべてのデータを俯瞰する（概要）ことと，特定のデータに関する詳細な情報を得る（ズーム）ことはトレードオフの関係にあると言える。

この問題を解決するための有名な技術として**文脈つき注視法**（Focus＋Context）が知られている。文脈つき注視法の基本的なアイデアは，データの表現を「歪める」ことで，ユーザが注視しているデータを詳細に表示（Focus）すると同時に，その周辺のデータについても低い詳細度で表示（Context）するという考え方である。この技術により，ユーザはいま注視しているデータについての詳細な情報がわかると同時に，そのデータ周辺の情報も文脈としてわかる。ここでは，文脈つき注視法として有名な研究である，魚眼ビュー，遠近法の壁，そして双曲線木を紹介する。

魚眼ビュー

魚眼ビュー（Fisheye View）は Furnas によって提案された，文脈つき注視法の一種である[2]。魚眼ビューの基本的な考え方は，ユーザが注目したデータを詳細に（つまり，大きく）表示し，注目したデータから離れた重要でないデータほど低い詳細度で（つまり，小さく）表示するというものである。図 6-1（a）はアメリカ合衆国における都市同士の道路ネットワークをグラフで表現したものである。このように，ユーザがどこにも注

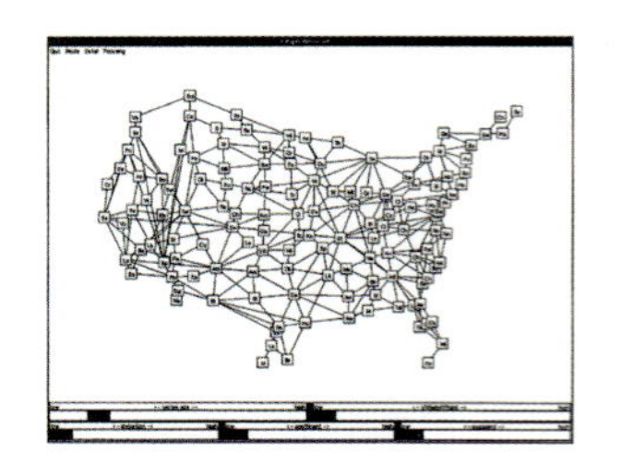

(a) どこにも注視しない場合

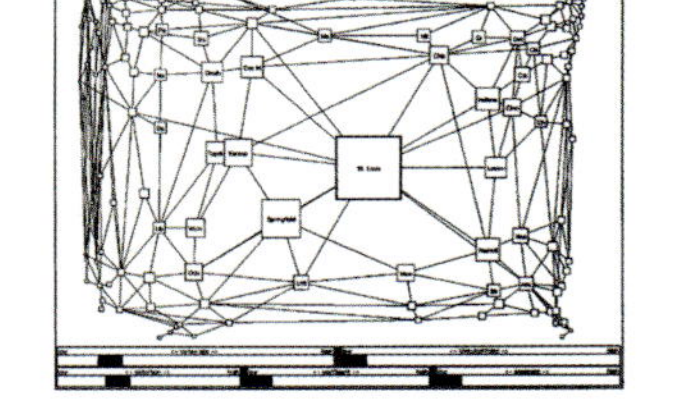

(b) 特定のデータに注目した場合

図 6-1　魚眼ビュー（出典：[14]）

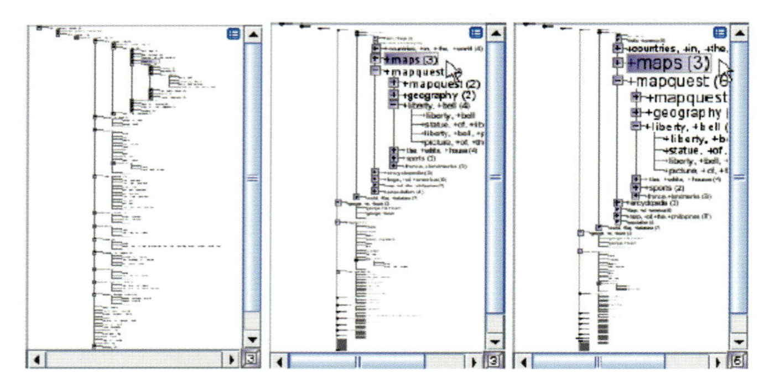

図 6-2　魚眼ツリービュー（出典：[15]）

目していない場合は，各データを同じ大きさで表示する。一方，ユーザがあるデータ（都市）に注目すると，そのデータを大きく詳細に表示し，そこから遠ざかっていくデータほど小さく表示する（図 6-1（b））。このような可視化を行うことで，合衆国全体から見た際の位置関係という文脈情報を失うことなく，今注目している都市の詳細な情報を得ることができる。

魚眼ビューでは，あるデータをどの程度詳細に表示するかという詳細度を，そのデータの重要度と，注目したデータからの距離によって決定する。いま，注目しているデータ d^* の事前の重要度（A priori importance）を API（d^*），データ d^* と他のデータ d との距離を DIST（d^*, d）とするとき，データ d^* に対するデータ d の詳細度 DOI（Degree of Interest）を以下の式で求める。

$$\mathrm{DOI}\ (d^*, d) = \mathrm{API}(d^*) - \mathrm{DIST}(d^*, d)$$

つまり，注目しているデータから距離が近く重要なデータほど詳細に表示され，注目しているデータから距離が遠い重要でないデータほど低い詳細度で表示される。このようにデータの詳細度を「歪めて」表示することで，注目した都市周辺については詳細に確認することができ，なおかつ全体から見たその位置関係を文脈として知ることができる。

魚眼ビューは Furnas によって提案されて以降，データの可視化だけでなく，GUI におけるインタフェース技術としても応用されてきた。たとえば，魚眼ツリービュー[3]は階層メニューに対して（図 6-2），また魚眼メニュー[4]は一般的なドロップダウンメニューに対して魚眼ビューを適用した

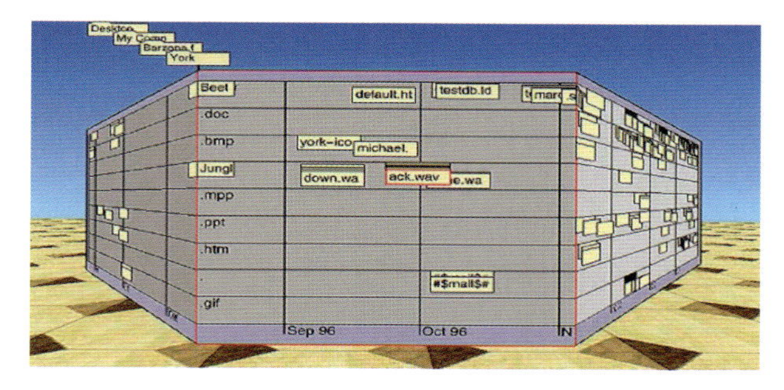

図 6-3　遠近法の壁（出典：The Interaction Design Foundation[1]）

ものである。これらは，メニューの項目全体をすばやく把握しつつ，注視している項目の周辺を詳細に表示することで，目的の項目を効率的に発見することを目指した技術である。

遠近法の壁

米 Xerox 社の Palo Alto 研究所で開発された**遠近法の壁**（Perspective Wall）も文脈つき注視法の 1 つである[5]。遠近法の壁はその名のとおり遠近法の考えを用いてデータを 3 次元空間上に可視化する。図 6-3 に示すように，注目しているデータを空間上の手前に，その周辺を空間上の奥に配置する。これにより，注目しているデータを詳細に表示しつつ，その周辺も表示することを実現している。

双曲線木

双曲線木（Hyperbolic Tree，Hyperbolic Browser とも呼ばれる）も米 Xerox 社の Palo Alto 研究所で 1990 年代に開発された技術であり，文脈つき注視法の一種として有名な可視化技術である[6]。双曲線木は木構造を持った大量のデータを表示するために提案された技術である。双曲線木では，ユーザが注目したデータを中心に放射線状にデータを表現し，遠ざかるデータほど指数関数的に低い詳細度で表示する（図 6-4）。ユーザが別のデータに注目すれば，今度はそのデータを中心として データを放射状に再び配置する。双曲線木は米 Xerox 社の特許技術であり，エッシャーの Circle Limit IV（Heaven and Hell），1960 の騙し絵から着想を得たといわれている。

双曲線木は，非ユークリッド空間の 1 つであ

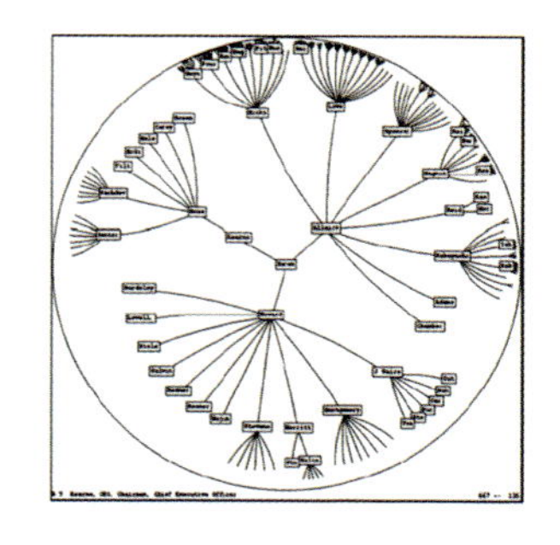

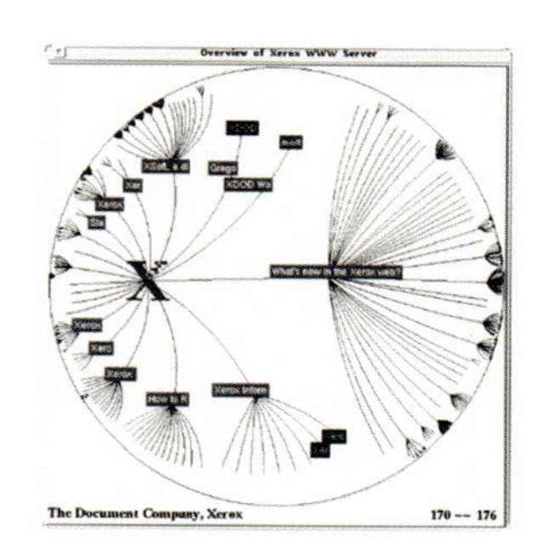

図 6-4　双曲線木（出典：[18]）

る双曲平面上（ポアンカレ円盤モデルがよく用いられる）にデータを配置し，それをユークリッド平面上に射影することでデータを可視化する。双曲平面上にデータを配置する利点は，双曲平面上では円の中心から遠ざかれば遠ざかるほど円の外周は指数関数的に増加するため，末端に行けば行くほどデータを配置する空間を十分に用意できる点にある（ユークリッド空間では，円の半径が増大してもその外周は線形にしか増加しない）。そのため，双曲線木はファイルの階層構造のように，階層が深くなればなるほどデータ数が指数関数的に増加するようなデータを可視化する際によく用いられる。たとえば，図 6-4 右図では，米 Xerox 社の WWW サーバ上のファイル構造が双曲線木によって可視化されている。

3 大量テキストの俯瞰

大量のテキストデータを俯瞰する方法として，**タグクラウド**（Tag Cloud）と呼ばれる表現が近年よく用いられている。タグクラウドでは「タグ」と呼ばれるキーワードの重要性を，フォントの大きさや太さ，色などで視覚的に特徴づけることで，テキストデータの性質をグラフィカルに表現する。タグクラウドを初めてWeb上で用いたのは，写真共有サイトのFlickr[2]であるといわれている。Flickrはソーシャルタギングと呼ばれるWebサービスの一種であり，ユーザは写真を自由にアップロードできるだけでなく，他のユーザの写真に対して自由にタグ（Tag）を付与することができる。Flickrではタグの頻度（そのタグが付与された写真数）を大きさで表し，それらをアルファベット順に配置することで，図6-5に示すようなタグクラウドを表示している。

Flickrのように，タグクラウドでは多くの場合，タグの重要性として頻度が用いられる。これにより，サービス内でどのようなタグがよく用いられているのかをすばやく俯瞰することができる。また多くの場合，タグにはリンクが設定してあり，ユーザはタグをクリックすることでそのタグが付与されたデータ（Flickrでは写真）を一覧することができる。このようにタグクラウドはどのようなタグがよく用いられているかを概観するだけでなく，検索のナビゲーションとしても機能している。Rivadeneiraらは，タグクラウドは次のようなさまざまな目的で用いられていると述べている[7]。

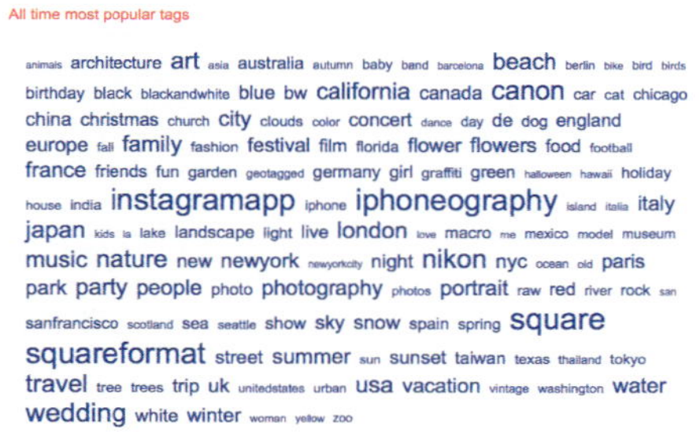

All time most popular tags

animals architecture art asia australia autumn baby band barcelona beach berlin bike bird birds
birthday black blackandwhite blue bw california canada canon car cat chicago
china christmas church city clouds color concert dance day de dog england
europe fall family fashion festival film florida flower flowers food football
france friends fun garden geotagged germany girl graffiti green halloween hawaii holiday
house india instagramapp iphone iphoneography island italia italy
japan kids la lake landscape light live london love macro me mexico model museum
music nature new newyork newyorkcity night nikon nyc ocean old paris
park party people photo photography photos portrait raw red river rock san
sanfrancisco scotland sea seattle show sky snow spain spring square
squareformat street summer sun sunset taiwan texas thailand tokyo
travel tree trees trip uk unitedstates urban usa vacation vintage washington water
wedding white winter woman yellow zoo

図6-5　Flickrにおけるタグクラウド（図は2014年時のもの）

1. 検索
2. 情報の概覧
3. 印象の形成と表現
4. 認知やマッチング

情報デザインという観点からタグクラウドの役割を捉えると，Rivadeneira らがあげている「印象の形成と表現」が関連深いであろう。大量のテキストデータを 1 つひとつ実際に見ずとも，タグクラウドを効果的に用いることで，そのテキストデータがどういった内容なのかをわかりやすく伝えることができる。図 6-6（a）は Wikipedia の「Information Design」に関する記事[3] を元に，タグクラウド生成 Web サービスの 1 つである WordsClouds.com[4] を用いて作成したタグクラウドである。このタグクラウドも図 6-5 であげたものと同様に，タグの大きさが記事内での出現頻度を表している。このタグクラウドを見るだけで，この記事では「data」や「graphic」,「visualization」といった話題が多く記述されているであろうことが実際の記事を閲覧せずとも把握することができる。このように，タグクラウドはユーザが付与した「タグ」だけでなく，Web ページのような一般的なテキストデータに対しても適用でき[5]，そのテキストデータを実際に読まずとも概要をタグクラウドから把握することができる。

また，Web 検索とタグクラウドを組み合わせたサービスとして，山本らの Rerank.jp[6] がある[8]。Rerank.jp では，ユーザが Web 検索を行うと，図 6-6（b）に示すように，通常の検索結果だけではなく，その検索結果から生成されたタグクラウドを表示する。これにより，ユーザはいま調べているキーワードに関してどのような話題があるのかをタグクラウドを見るだけで俯瞰することができる。また，タグクラウド中に興味のある単語があればそれを選択することで，関連する検索結果を上位に再ランキングし表示することができる。このシステムはタグクラウドが持つデータを俯瞰する役割を検索に組み合わせているといえる。

（a）WordsClouds.com により生成したタグクラウド

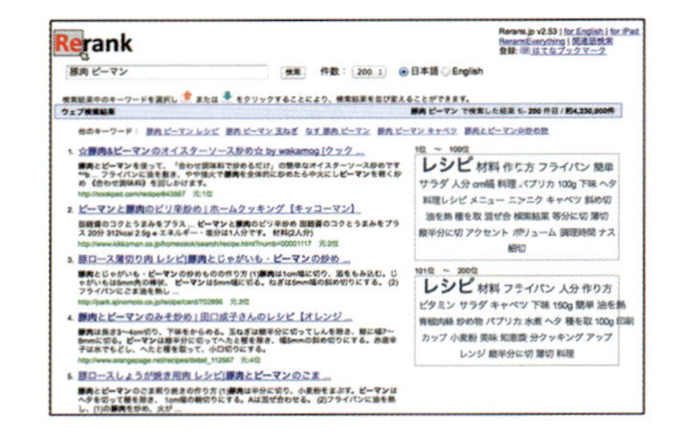

（b）Web 検索におけるタグクラウドの利用

図 6-6　タグクラウドのさまざまな利用例

4 科学データの可視化

はじめに，いくつかの用語の定義を与えよう。1987年11月に出版されたACM “Computer Graphics”特別号 “Visualization in Scientific Computing（ViSC）”：通称ViSCレポート[1]によれば，可視化は，見えないものを見えるようにする手法であると定義されている。また多くの定義では，データは何かを符号化したもので，情報はデータであって，人間が認識したものを指す。人間の認識には，脳へのデータ入力が必要であり，脳とのデータチャネルが最も大きな視覚を利用して，データの情報化を実現するのがデータ可視化である。

可視化は，多くの科学研究領域において，有用なツールであることに異論を持たれることはないが，可視化そのものは「研究」になりえるのであろうか？可視化は，

1） 興味のある現象からデータ化し，
2） そのデータを人間に認識させるために画像化し，
3） その画像を認識した人間による重要な特徴への気づきや意味ある行動変容を促進する役割を担う（図6-7参照）。

第1の役割は理工医学と，第2の役割は情報

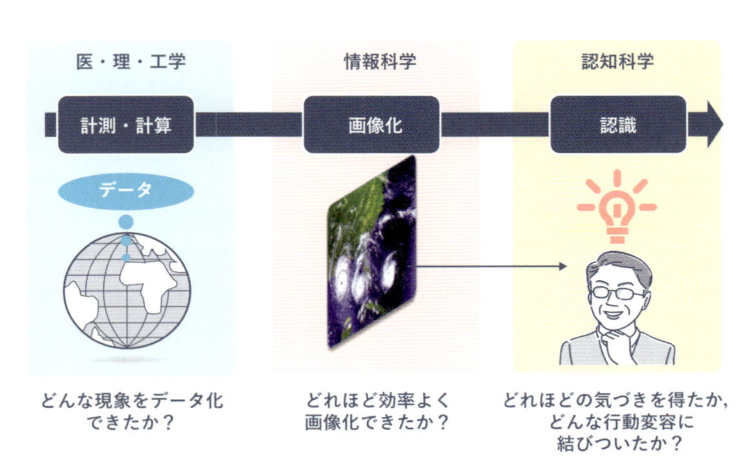

図6-7　可視化研究と研究的問い

科学と，第3の役割は認知科学と関連が深い。可視化が研究対象であるためには，明確な研究的問い（Research question）が存在し，その仮説の有用性を測定するための尺度を定義し，それを測る手段を持つ必要がある。本節では，可視化が研究対象であるための要件について議論を深め，その後，科学との向き合い方を念頭に入れた可視化（科学的可視化）のデザインとは何かを考えてみたい。

現象のデータ化

可視化という言葉はさまざまなところで聞かれるようになった。「経営情報の可視化」などというように企業活動におけるオープン化に関連して，可視化という言葉が使われている。大手企業による有価証券報告書への不実記載に端を発して低下した証券市場の信頼性を回復させるために，2006年金融庁が中心となって日本版SOX法を取りまとめた。この日本版SOX法を企業内で定着させるために，企業経営者はこぞって，業務や情報システムの「可視化」が重要とのメッセージを発信している。この場合，業務内容をデータ化するという観点で「可視化」という言葉が使われる。また最近では，冤罪の悲劇をなくすために，取り調べ過程の全面的な録音・録画の義務付け，検察官手持ち証拠の全リストの開示などを内容とする法案，いわゆる「全面可視化法案」が参議院において可決されたことを受けて，お茶の間で可視化という言葉が広まってきた。この場合も捜査状況をデータ化するという観点で「可視化」という言葉が使われる。

以上のように，対象となる現象をデータ化することを可視化ととらえることも多い。自然科学の観点では，関心の高い現象からのデータ化は，長年にわたってさまざまな形で研究開発が進められてきた。そのままでは見えない流体の動きについて，流れにできるだけ影響を及ぼさない物質を用いて流れを顕在化させることを流れの可視化（Flow visualization）と呼び，たとえば，水流に染料を注入して，層流から乱流への遷移を観察したO. Reynolds（1879年）の実験は，その代表例としてあまりにも有名である。1960年，アメリカ機械学会主催による流れの可視化シンポジウムの開会にあたり，Stanford大学のS. J. Klineは，流れの可視化の目的として，次の2つを実現する研究コミュニティの必要性を訴えた[15]。すなわち，新しい流れ現象の発見，流れに対する数学的モデルの構成および流れを支配する法則の実証などを内容とする「科学的な解析研究」と，複雑な機器内の流れの観察，機器開発のための模型研究，および流れ場とそれを支配する因子との関係の解明などを含む「工学的な開発研究」である。

現象データ化の観点では，可視化の研究的問いは，「どんな現象をデータ化できたか？」であり，その現象を取り扱う研究コミュニティで合意されている，その現象の重要性やそのデータ化の困難さをどう克服したかが評価指標であり，その測定手段は，これまでに十分に確立されている場合が多いと考えられる。

データの画像化

データとは，何かを符号化したものである。データと同様な文脈で利用されることの多い情報とは，データであって，かつ人間が認識したものと定義される。人間に認識させるには，人間の感覚器を通して，データを脳に伝達する必要がある。人間には，視覚，触覚，味覚，嗅覚，触覚といった5つの感覚器があるが，その中で人間の脳に一番効率よくデータを送り込めるのは，全体の6〜7割のデータを脳に運ぶ視覚である。したがって，データを情報化する上で可視化というのは大変効率のよい手段だと理解できる。

興味ある現象から取得されたデータがそれほど大規模・複雑でない場合には，そのまま画像化することで可視化が実現されたが，計測器や計算機の能力が向上する1980年には，データの規模や複雑性が増大し，データを画像化するための技術開発の重要性が指摘されるようになった。

ViSCレポート出版以降，多くの3次元可視化技術が開発された。特筆すべきは，CG研究の世界的権威である国際会議SIGGRAPHで1987年に現在多く活用されている等値面表示手法“マーチングキューブ法”[11]に関する講演が，そして続く1988年にはボリュームレンダリングについて3本もの講演が発表されたことである。マーチングキューブ法は，格子ごとに格子点で定義されるスカラデータと与えられたスカラ値との大小で二分類する。格子ごとに格子稜線の端点で分類が違っている場合に，その稜線を等値面が通過するという前提で，格子内で生成される等値面を三角形メッシュで表現する。これをすべての格子で行うことにより等値面を三角形メッシュで近似し，これを出力する（図6-8参照)。ボリュームレンダリングについては，スカラデータをユーザの与える変換テーブルにより，色データと不透明データに変換し，これを各画素と視点を接続する半直線上でサンプリングし，αブレンディング計算を行い，スカラデータから色のついた雲状の画像に変換する。このとき，強調したいスカラ値に対して大きな不透明度を割り当て，与えられたスカラデータの俯瞰表現を実現する（図6-9参照)。1993年にSIGGRAPHでベクトルボリュームの可視化に大きな影響を与えることになるLine Integral Convolution（LIC)[12]が提案された。この提案では，可視化というよりむしろ画像データに対する特殊効果の観点で有用な技術とされていたが，1999年にIEEE Visualizationにおいてこの手法をベクトルボリュームのボリュームレンダリングに拡張した研究発表[12]が行われた。LICでは，3次元ベクタデータを定義する各ボクセルを通過する流線を計算し，この上で，ノイズデータをサンプリングし，重み付き加算を行い，当該画素またはボクセルの値として保存する。この計算を通じて，新たなスカラボリュームデータを生成することとなる。図6-10は，生成されたスカラボリュームデータをボリュームレンダリングで可視化したものである[27]。

データ画像化の観点では，可視化の研究的問いは，「どれほど効率よく画像化できたか？」であり，可視化研究コミュニティで十分に共有されてきた。また，提案手法に対する有用性の検証では，明確な性能評価指標（計算速度や必要計算機資源）が存在し，その測定手段は，これまでに十

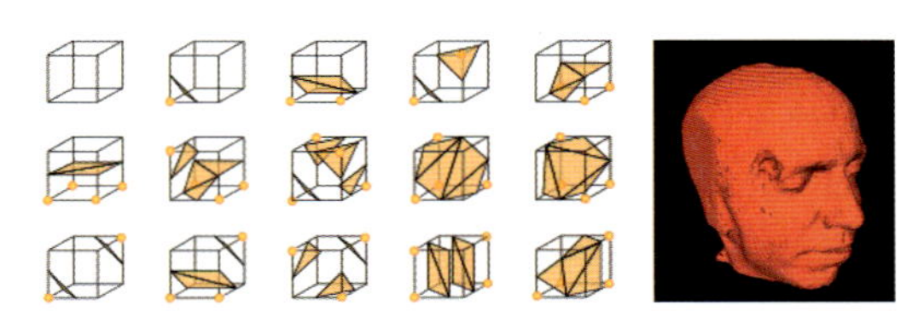

図6-8　マーチングキューブ法

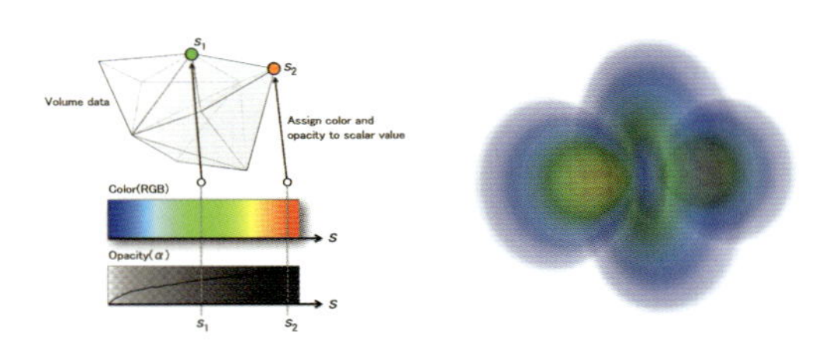

図6-9　ボリュームレンダリング

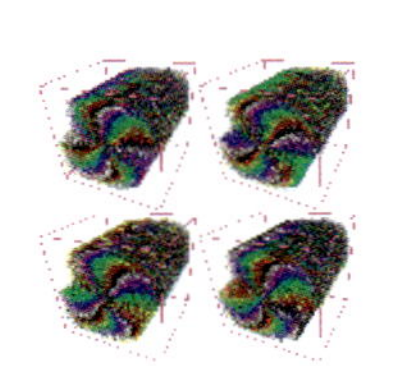
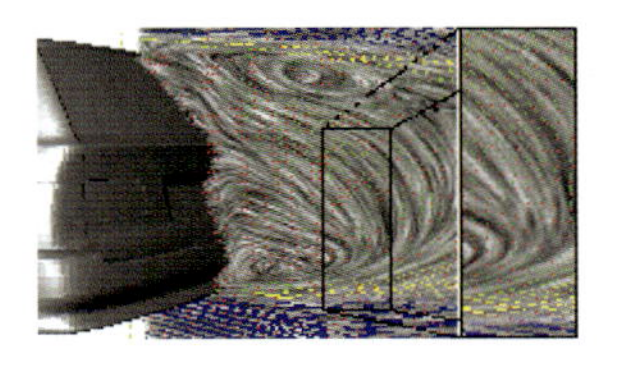

図6-10　3次元LICのボリュームレンダリング

分に確立されている場合が多いと考えられる。

ViSCレポート出版以降の可視化の分野の進捗状況を評価し，NSFとNIHは，2005年Visualization Research Challenges Report（通称VRCレポート）[15]を出版した。

VRCレポートでは，可視化研究分野の現状を探求し，国内および国際的な重要分野への可視化の潜在的な影響を調べ，成長する可視化研究分野の未来のために所見と勧告を提示している。ViSCレポート出版以来17年の間に，重要な可視化技術が多く開発され，同時に世界は，データの爆発的増大を経験してきた。VRCレポートで特筆すべきことは，2003年以降の2年間に生み出された新しいデータは，それ以前に作り出されたすべての文書に含まれるデータを凌駕していることである。2003年以降に生み出されたこの新しいすべてのデータのうち，90％以上がデジタル形式で，紙とフィルムの形式で作り出されたデータをはるかに上回っている。しかし，生データはそれ自体では価値に疑問があるものである。VRCレポートでは，データ量の莫大な成長と猛攻を理解し，大規模なデータを有効かつ効率的に利用するために可視化の効能を絶えず意識するよう促している。

さらに現在は，ビッグデータの時代といわれる。2011年に調査会社IDCが年間1.8ゼタバイトのデータが生成されていると発表してからビッグデータというキーワードが広まってきた。1.8ゼタバイトというデータは，32GB容量の携帯端末を全世界の人々が1人10台持たないと収めきれないデータ量である。しかし，そのデータもそのままでは何も生み出せないであろう。サイズが大きすぎてまさにデータの洪水となる。人類はそのようなデータに初めて向き合っており，どのように取り組むかが問われている状況である。

人間による画像の認識

VRCレポートで指摘された可視化の効能については，多くの可視化研究者の興味を捕らえはじめている。データから画像が作成された場合，この画像を人間がどう認識したのかを定量的に測定することが問われている。

日本では，乗用車の製造工程で可視化の効能を利用した取組みが以前よりなされており，遠藤はこれを「みえる化」と命名している[16]。みえる化では，売上目標と売上高といった理想と現実のギャップを問題として認識させるためにさまざまな視覚に訴える仕組みを開発・利用している。みえる化の効能は，火事場の馬鹿力という言葉で説明されている。すなわち，火事という問題を現実に目の当たりにした人々が，家具を運び出すために普段以上の能力を発揮したり，たまたま隣り合った人々と連携したりするための駆動力のことである。逆に，その現場を見なかった人たちにいくら言葉でその大変さを説明しても，その人々には火事場の馬鹿力は生まれないということを示している。この効能を高めるには，意思とは関係なく「みえる」状態にしておく必要があるとされ，視野いっぱいに提示する環境が望まれる。重要な電子メールについては，重要フラグをつけてデジタル媒体に保存しておくより，むしろ大きく印刷してアナログ的に壁に貼っておくことが効果的と考えられている。

電子的な壁としては，タイルド表示装置の利用が進んでいる。人間の網膜には1億個レベルの視細胞があるものの，商用の表示装置はせいぜい数百万画素程度の解像度であり，より視力に適う解像度を実現するには比較的低コストで高解像度のタイルド表示装置の活用が望まれる。タイルド表示装置とは，商用の液晶モニタをタイル上に配列させ，安価で高解像度を実現するための表示機構である。それぞれのモニタに表示するためのPCが必要となる。図6-11は，京都大学でアクティブラーニングを推進するために，2012年秋に普通教室に設置されたタイルド表示システム：アクティブラーニングシアターを示す。46型液晶ディスプレイ（解像度10,880×2,304）×24台（2組）は1台のPCで駆動される。

可視化の効能における1つの側面は，気づきの促進であろう。この気づきの定量化を脳科学の問題と捉える研究が進んでいる。脳科学者茂木健一郎により広く世に知れたアハ体験では，脳を鍛えるゲームも世に出ており，販売元のセガのホームページでは，「アハ！体験（aha! experience）は，「わかったぞ」という体験を表す言葉として，英語圏では広く使われているとともに，人間の脳の不思議な能力を表すキーワードとして，最先端の脳科学で注目されています。アハ！体験では，0.1秒ほどの短い時間に，脳の神経細胞がいっせいに活動して，世界の見え方が変わってしまいます。神経細胞がつなぎかわって，「一発学習」が完了し，今までと違った自分になってしまうのです」という説明がなされている。3つの単語からある単語を類推させるタスクを使って，アハ体験と脳の賦活領域との関連を調べた脳科学者もいる[17]。

可視化の効能におけるもう1つの側面は，行動変容の促進であろう。行動変容に結びつく可視化のあり方は，認知科学の問題と捉えることもできる。可視化に対する人間の認知構造の評価が可視化の効能の評価に活用できる可能性がある。人間の認知構造の評価として，評価グリッド法[18]に注目が高まっている。評価グリッド法は，半構造化インタビューを用いた定性評価手法である。

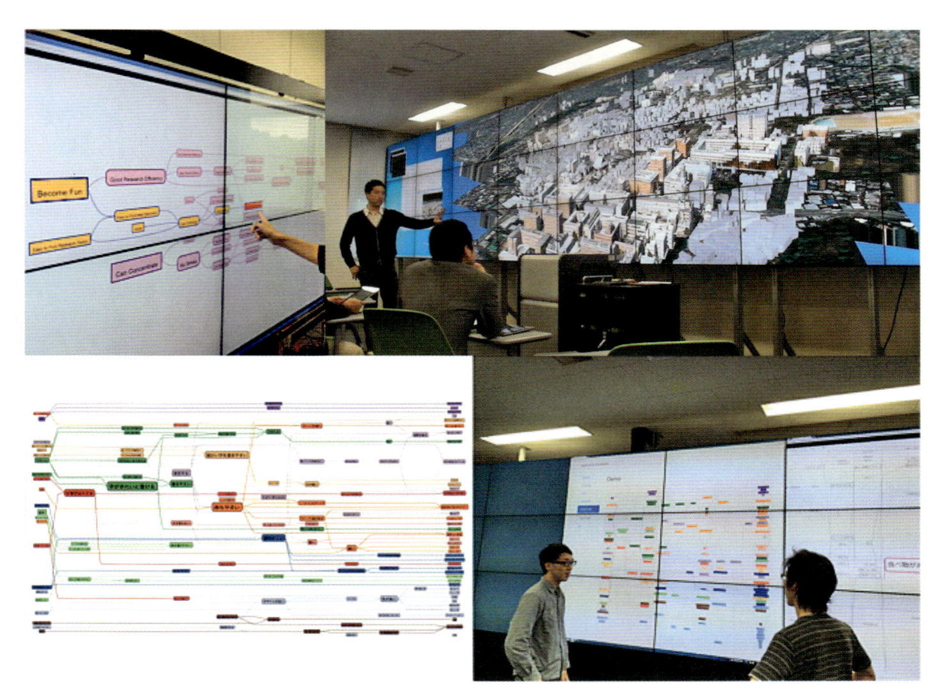

図6-11　アクティブラーニングシアター

半構造化インタビューとは，質問の流れがある程度決まっているインタビューで，一般的な自由形式の非構造化インタビューと，質問の流れが完全に固定された構造化インタビューとの中間にあたる。評価グリッド法は環境心理学の分野で讃井によって開発され，その後マーケティング，感性工学と適用分野を広げてきた。評価グリッド法は，デプスインタビューとしての側面も持っており，回答者が自覚していない深層心理を引き出すことができる。

評価グリッド法によって引き出された価値判断のネットワークを評価構造と呼ぶ。価値判断のネットワークとは，すなわち，人が可視化結果を評価するときに，どのような価値観を重視しているか，ある要因が満たされたときどのような価値観が満たされるか，ある価値観を満たすためにはどのような要因が必要であるかといった価値判断の接続関係である。評価グリッド法のインタビューは基本的には1人ずつで行い，個人ごとの評価構造図を作成する。その後，回答者全体の評価構造を把握するために，個人ごとの評価構造を統合し全体評価構造を作成する。また，評価構造中の価値判断の単位のことを評価項目と呼ぶ。評価グリッド法は，調査対象者の価値判断の全体像を把握する上で有効である。図6-11下に，アクティブラーニングシアターを使った評価グリッド法の実践例を示す。

評価グリッド法のインタビューの手順は，オリジナル評価項目の抽出とラダーリングの繰り返しである（図6-12参照）。オリジナル評価項目とは，インタビューの起点となる評価項目であり，ラダーリングとは，オリジナル評価項目からより抽象的な評価項目とより具体的な評価項目を引き出すための手順である。インタビューにあたって，いくつかの調査対象物を刺激要素として準備しておく。効果的な可視化技術に関する調査であれば，いくつかの可視化画像を用意するといった方法が取られる。オリジナル評価項目の抽出では，刺激要素の中から2つを回答者に提示し，どちらの方が好ましいか尋ねる。そして，なぜそ

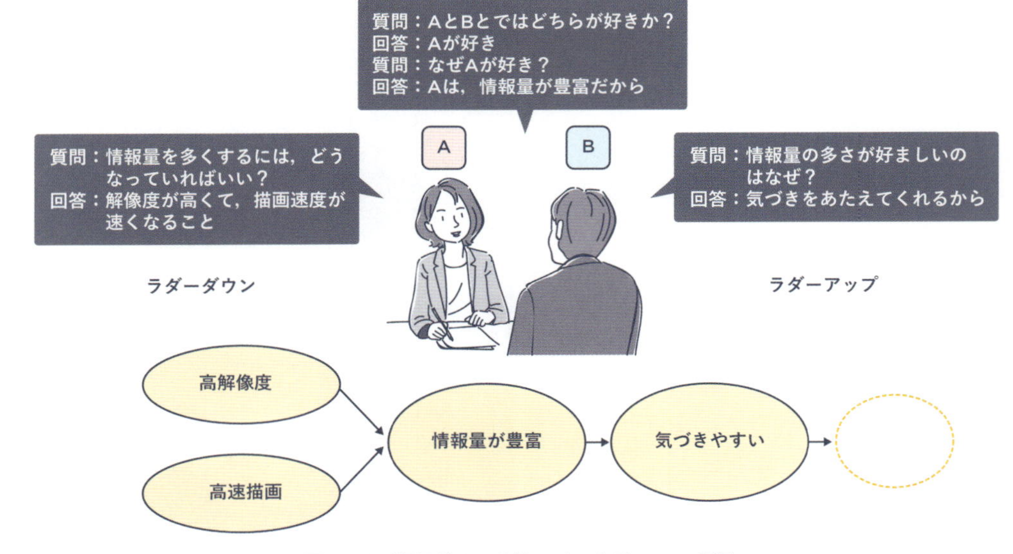

図6-12　評価グリッド法のインタビューの手順

れを好ましいと思ったのか理由を尋ね，回答された理由をオリジナル評価項目として記録する。理由が複数ある場合は，それらをすべて記録する。刺激要素の数が多い場合には，インタビューの時間が長引き回答者の負担になる場合があるので，刺激要素をグループ化することで時間短縮を行う場合がある。

ラダーリングでは，オリジナル評価項目からより抽象的な上位概念を引き出すラダーアップと，より具体的な下位概念を引き出すラダーダウンを行う。ラダーアップでは，オリジナル評価項目として挙げられた理由「○○」について，「○○だとなぜ良いのですか」と尋ね，回答された理由を上位項目として記録する。さらに，回答された上位項目についてラダーアップを行い，それ以上の上位項目が引き出せなくなるまで続ける。ラダーダウンでは，オリジナル評価項目としてあげられた理由「○○」について，「具体的にどういうところが○○なのですか」と尋ね，回答された理由を下位項目として記録する。ラダーアップと同様に，引き出された項目についてさらにラダーダウンを行い，それ以上の下位項目が引き出せなくなるまで続ける。途中で理由が複数挙げられた場合は，上位項目または下位項目を枝分かれさせつつ上述の手順を繰り返す。刺激要素のすべてのペアに対してオリジナル評価項目の抽出とラダーリングを行いインタビューを終了する。この結果として，可視化技術の効能が評価されることが期待できる。

人間による画像認識の観点では，可視化の研究的問いは，「どれほどの気づきを得たか？または，どんな行動変容に結びついたか？」であり，認知科学コミュニティで共有されてきた。可視化研究コミュニティでは，これまで認知科学コミュニティで確立されてきた性能評価指標の利活用が重要であり，その測定手段を含めて，これからの検討が期待される。

科学的可視化のデザイン

さて，最後に科学と可視化の向き合い方について考えてみたい。本稿では，科学データとは，科学的方法（図 6-13 参照）の文脈で利用されるデータと仮定する。科学的方法とは，観察・問題設定・仮説構築・検証・適用の局面から構成される。この科学的方法では，何らかの現象に興味を持つことから始まり，その現象をじっくり観察することにより，なぜだろう？という問いを立て，問題設定の局面に移る。この問いは，その現象の原因を推定することである。ある瞬間に気づきを得て，推定された原因と結果の組合せで構成され

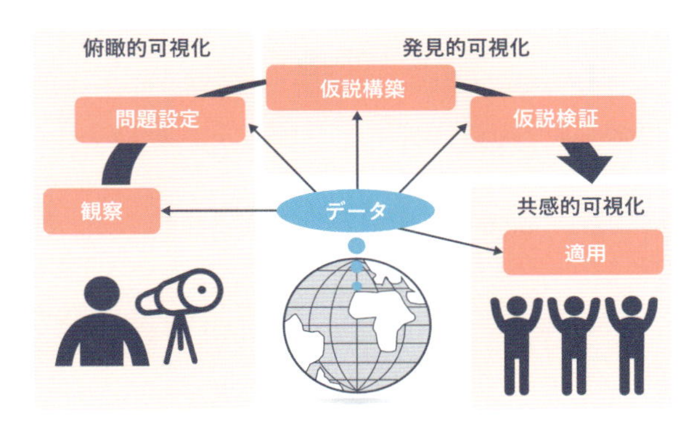

図 6-13　科学的方法と可視化

た仮説を構築し，それを検証するために実験計画を立案し，実際に実験を行って，データを取得する（仮説構築の局面）。取得されたデータに対して，統計手法などを用いて，仮説検証作業を行い，結論を得る（仮説検証の局面）。結論は，学術論文・学術的提言・科学技術政策・公共政策などの形で，社会に適用される。

科学的方法は，科学的研究を支える土台になっており，これまでは，大学における卒業研究などで，暗黙的に学ぶことが多かったが，最近は，小学校から学ばせる国も出てきている。科学的方法を学ばせているイギリスの小学校では，2011年に一流の研究者でも掲載が困難とされる学術誌に研究成果を掲載した[19]。この成果が大きな駆動力となり，小学校で科学的方法を教えることを支援する音楽教材が開発された[20]。

ビッグデータ時代には，科学的方法のすべての構成要素でデータを人間に認識させるために可視化が重要となる。実際に，気象予測においては，多くの人がスマホなどを通して気象シミュレーションデータの可視化結果を見ながら，今後の行動への参考にしている。また，社会現象については，ソーシャルメディアから生成されるデータを可視化することにより，世論動向の観察ができるようになっている。

科学データの可視化のデザインにおいて重要であるのは，データと科学的方法との関係にうまく向き合うことである。ビッグデータを使った観察や問題設定では，全空間における俯瞰的可視化の実現が重要である。また，仮説構築や検証では，関心領域の設定のために発見的可視化が重要である。そして，検証された仮説を社会に適用するには，共感的可視化が重要である。

俯瞰的可視化

自然科学や社会科学の分野で利用されるスーパーコンピュータからのビッグデータの俯瞰的可視化については，利用者の手元の計算機環境で，軽快に俯瞰的可視化や複数のデータを融合的に可視化できることが望ましい。俯瞰的可視化において，奥行方向にさまざまなデータを重ねながら半透明表示を行うことは，情報量を高めるうえで効果的な手法であるが，変化する視点ごとに重ね合わせ対象のデータのソート処理が必要とされ，このため計算時間がかかり，対話的表示が困難とされてきた。この問題を解決するために，粒子レンダリング法では，すべての対象データを粒子表現することにより，高い対話性を実現している[21]。粒子レンダリングでは，粒子を不透明にしているために，視線からの距離に応じたソート処理が不要でデプスバッファを使って視線に最も近い粒子のみを描画する。粒子を再生成して同じ処理を行い，それぞれの描画結果を加算平均することにより，半透明効果を正しく実現する。図6-14は，粒子レンダリングで可視化した計算力学シミュレーション結果である。エンジンブロックモデルで計算された応力データと変位データの3次元分布を統合表示することができる。

多くの時系列変数データから因果関係を俯瞰的に可視化する場合，時系列データ間の因果関係を計算する必要がある。この計算のためには，グレンジャー因果[22]や収束的交差写像[15]などの方法が提案されている[23]。

これら統計的因果手法では，2つの時系列データを入力として，どちらがどちらに影響を及ぼすのかを表す因果強度を計算する。グレンジャー因果は，ある一方の時系列データの自己相関表現に他方の項を加え，説明能力があがるかどうかを確認する。収束的交差写像は，2つの時系列データをそれぞれ2つのストレンジアトラクタとして表現し，一方のアトラクタ上のある点の近傍点が他方のアトラクタ上に対応する点の近傍にうまく写像されるかどうかで因果の強さを決定するものである。これら因果強度の計算では，各変数間の因果関係の評価を行うために多くの計算時間が必要とされる。このために，あらかじめ深層学習で時系列データ間の因果関係を学習しておき，その結果を利用して，効率よく因果関係を俯瞰する方法が提案されている[11]。図6-15は，212日分の海洋シミュレーション結果において，塩分データから水温データへの因果強度をヒートマップ表示したものである。

発見的可視化

問題設定において立てた問いに対する答えを仮説と呼び，一般的に原因から結果を導く因果関係

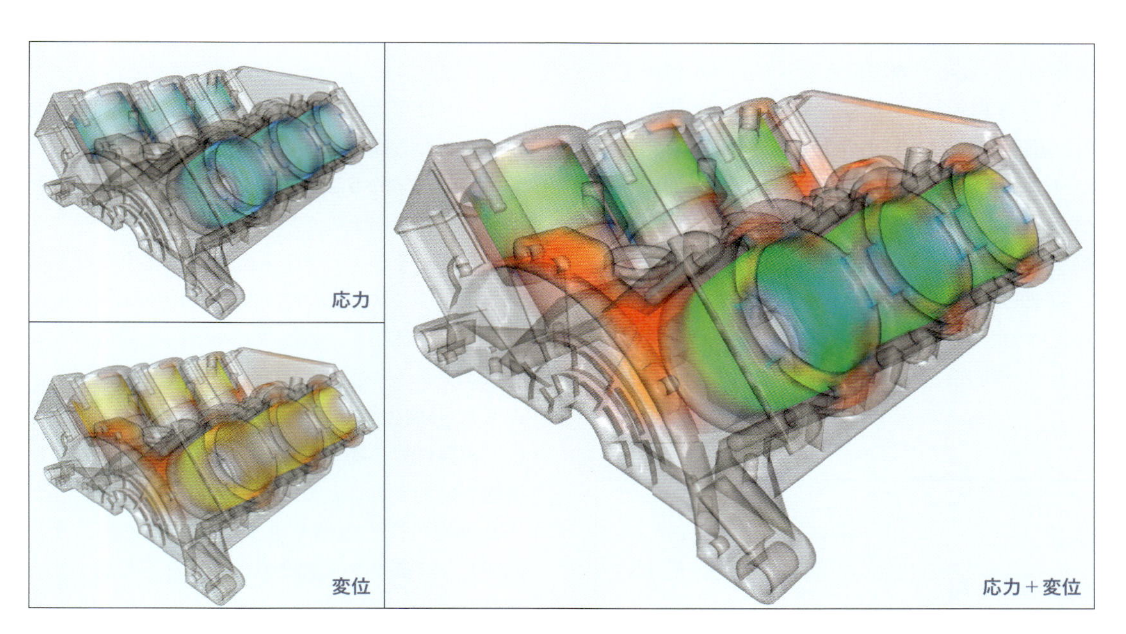

図6-14　粒子レンダリング法による統合可視化

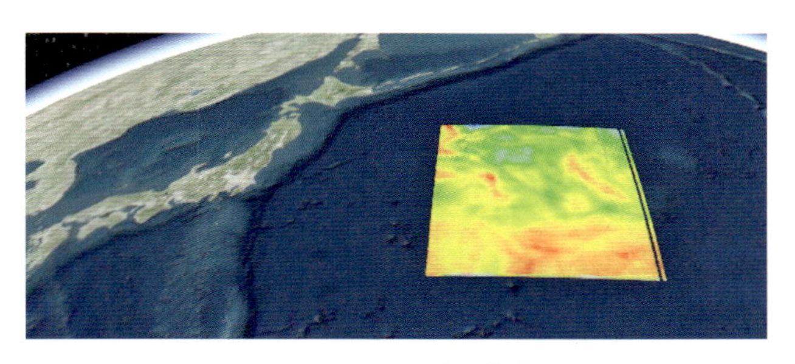

図6-15　因果関係可視化

として表現される。この因果関係については，因果グラフを用いて可視化されるが，このグラフを計算するうえで利用した観察データ以外の原因を考慮する場合，専門家に，隠れた因子を探し出すことを支援するための発見的可視化環境を構築する必要がある。たとえば，因果グラフを俯瞰的に可視化して，対話的に潜在因子候補を仮配置し，その説明能力の変化をリアルタイムに確認することのできる可視化環境のことである。この場合，因果グラフにおいて，グラフを構成するリンクの交差ができるだけ少なくなるような，グラフ可視化手法[24]が有効となる。このグラフ可視化手法を用いて，線虫の表現型ネットワークを可視化したものが図 6-16 である。表現型ネットワークは，細胞における核の半径など計測可能な数値データを表現型データとして定義し，これらを使って表現型間の因果関係をグラフで表現したものである。

将来的には，観察データから導出される因果関係だけでなく，自然言語で表現された因果関係に対して，効果的な探索が望まれている。このためには，対象となる因果関係に対して，概念操作化を行い，その結果導出された原因と結果に対応するデータで，世の中で公開されているものに一致するものがあるかどうかをリアルタイムに検索する技術が必要である。ここで，概念操作化は，因果関係を構成する原因と結果に対応して，アーカイブされている観察データを紐づける機能のことを指す。このような検索システムがあれば，研究打合せにおける発想支援に有益になると考える。

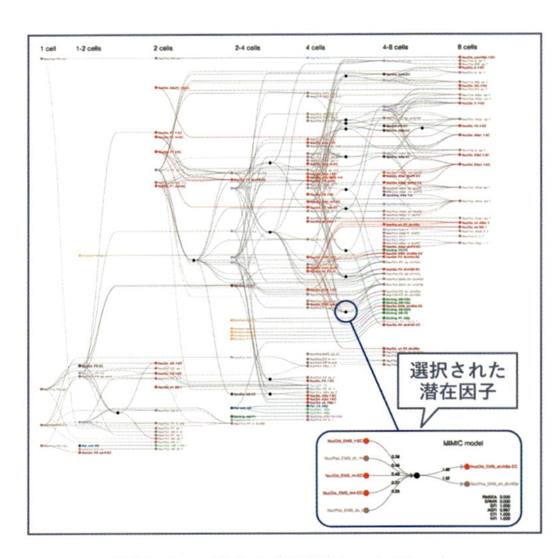

図 6-16　線虫の表現型ネットワーク

共感的可視化

データは可視化の対象とするときにその元の現象にかかわる属性（出自データ）は，取り去られている。科学的方法で社会適用の段階にあるときは，共感性の向上のためにこれらの出自データを復活させ，そのデータとともに可視化することが望ましい。具体的には，AR（Artificial Reality）技術などを活用し，検証された仮説を提示するコミュニティの共感性を向上させるようなデータとともに可視化することである。ここで，AR とは，現実世界の物事に対してコンピュータによる情報を付加することである。

共感的可視化の例をもう 1 つ示してみよう。前述した評価グリッドにおいて，たとえば，表示装置に関する認知構造の可視化が行われたとしよう（図 6-17 参照）。「3 次元可視化がよい」と「2 次元可視化がよい」のような，下位概念において，一見対立する項目がある場合であっても，「わかりやすさを追求したい」という上位概念で共通化する項目が見つかった場合，これまで対立軸ばかりがクローズアップされていた状況において，共通項というある意味で一条の光明を見つけることができ，共感性の向上につながることも期待できる。

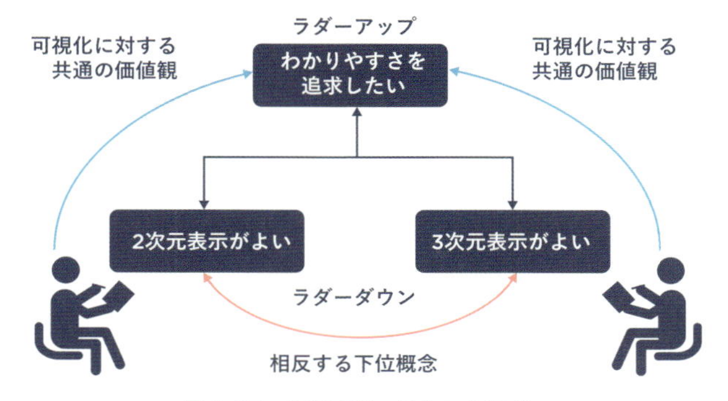

図 6-17　行動変容：対立から共感へ

まとめ

可視化は，海外や日本の研究コミュニティの活動を通じて，データ化・画像化技術が開発され，現在では，生成画像における人間の認識に関心が広がってきている。これらを基盤として，可視化は，科学的方法を支える技術基盤として，ますます発展していくことが期待されている。また，2045 年，計算機が人間の計算性能を超えることが予想され，あらためて人間と計算機の関係が問われている。ビッグデータ時代，高性能計算機と人工知能技術が将来進展すると人間は不要になってしまうのではないかという不安を持つ人たちも増えている。ビッグデータ時代であっても，人間は，計算機では困難な，本質的な領域で貢献し続けると期待したい。人間がビッグデータを効率よく認識するためには，可視化は，ますます重要性が高まってくると考え，本節のまとめとしたい。

演習課題

(問 1) Webはハイパーリンクでつながれた文書の大規模な情報空間である。従来から，ハイパーリンクを辿って情報を閲覧していくと，ユーザは自分の位置がわからなくなって，いわゆる，ハイパーテキストという情報空間の中で「迷子」になるという現象[21]が指摘されている。現在のWebブラウザでもその問題は解消していないと考えられる。情報可視化のアイデアを用いて，「迷子」に陥らないようなWebブラウザをどのように実現すればよいか考えよ。

(問 2) タグクラウドを生成するツールやWebサービスは現在多くあり，テキストデータを用意すれば手軽にタグクラウドを作成することができる。6.3節で利用したWordClouds.comもタグクラウドを生成することができるWebサービスの1つである。表現したいテキストデータ(URL，テキストファイル，PDFなど)を用意し，WordClouds.comを使用しそのテキストデータの内容を最もわかりやすく伝えることができるタグクラウドを生成してみよ。

参考文献

[1] Ben Shneiderman: The eyes have it: A task by data type taxonomy for information visualizations, Proceedings of the IEEE Symposium on Visual Languages, pp.336-343, 1996.

[2] George. W. Furnas: Generalized fisheye views, Proceedings of the SIGCHI Conference on Human Factors in Computing Systems, pp.16-23, 1986.

[3] Christian Tominski, James Abello, Frank van Ham, Heidrun Schumann: Fisheye tree views and lenses for graph visualization, Proceedings of the 10th International Conference on Information Visualization, pp. 17-24, 2006.

[4] Benjamin B. Bederson: Fisheye menus, Proceedings of the 13th annual ACM symposium on User interface software and technology, pp.217-225, 2000.

[5] Jock D. Mackinlay, George G. Robertson, Stuart K. Card: The perspective wall: detail and context smoothly integrated, Proceedings of the SIGCHI Conference on Human Factors in Computing Systems, pp. 173-176, 1991.

[6] John Lamping, Ramana Rao, Peter Pirolli: A focus+context technique based on hyperbolic geometry for visualizing large hierarchies, Proceedings of the SIGCHI Conference on Human Factors in Computing Systems, pp.401-408, 1995.

[7] A. W. Rivadeneira, Daniel M. Gruen, Michael J. Muller, David R. Millen: Getting our head in the clouds: toward evaluation studies of tagclouds, Proceedings of the 25th SIGCHI Conference on Human Factors in Computing Systems, pp.995-998, 2007.

[8] 山本 岳洋，中村 聡史，田中 克己：Rerank-By-Example：編集操作の意図伝播によるウェブ検索結果のリランキング，情報処理学会論文誌（トランザクション）データベース，49(7)，pp.16-28, 2008.

[9] ヤコブ・ニールセン（著），篠原 稔和（監訳）:「マルチメディア＆ハイパーテキスト原論：インターネット理解のための基礎理論」，東京電機大学出版局，2002.

[10] B. H. McCormick, et al..: Computer Graphics, 21(6), 1987.

[11] William E. Lorensen, et al.: Computer Graphics, 21(4), 1987.

[12] B. Cabral et al.: SIGGRAPH 1993, pp. 263-270 (1993).

[13] V. Interrante et al.: IEEE Visualization 1997, pp.421-424, 1997.

[14] C. Rezk-Salama, et. al, "Interactive Exploration of Volume Line Integral Convolution Based on 3D-Texture Mapping," Proceedings of IEEE Visualization 99, Oct

24-29, pp. 233-240, 1999.

[15] S. J. Kline, Opening Address, Symposium on Flow Visualization, ASME Annual Meeting New York City, 1960.

[16] C. R. Johnson et al.: IEEE Press, ISBN 0-7695-2733-7, 2006.

[17] 遠藤功：「見える化」東洋経済新報社，2005.

[18] Jung-Beeman and et al.: PLoS Biol 2(4), 2004.

[19] J. Sanui: Proceedings of the 3rd Design & Decision Support System in Architecture & Urban Planning Conference, pp. 365-374, 1996.

[20] P. S. Blackawton, et al.: Biology Letters, 7, pp. 168-172, 2011.

[21] Scientific method song video, 2015, https://www.youtube.com/watch?v=KIFz_-KzURY

[22] A. Ogasa, et al.: Fujitsu Sci. Tech. J. 48(3), 348-356, 2012.

[23] C. Granger: Econometrica 37(3), 424-438, 1969.

[24] G. Sugihara; et al.: Science 338 (6106), 496-500, 2012.

[25] K. Umezawa, et. al.: VDS at IEEE Vis 2016, 2016.

[26] Y. Onoue, et. al.: IEEE TVCG, 22(6), pp. 1652-1661, 2016.

[27] C. Rezk-Salama, et. Al.: *Proceedings of IEEE Visualization*, 99, pp. 233-240, 1999.

注

1 https://www.pcmag.com/encyclopedia/term/44969/information-visualization

2 https://www.flickr.com/

3 https://en.wikipedia.org/wiki/Information_design/

4 http://www.wordclouds.com/

5 この例のように，「タグ」ではなく一般的なテキストデータに対してタグクラウド表現を適用したものは，ワードクラウド（Word Cloud）と呼ぶこともある．

6 http://rerank.jp/

CHAPTER

7

映像のデザイン

20 世紀はまさに「映像の世紀」だった。21 世紀の今日，映像はさらに進化し，複雑に展開している。そうした「新・映像の世紀」に生きるわたしたちは，生活のなかで渦巻き，溢れ出る映像をどのように読み解いたらよいだろうか。
映像が伝達する情報を正しく「受け取る」力は，基本的なルールを知っているだけで，倍増される。また，情報を「発信する」ときにも，ルールを知っていることで，効果的な情報の組み立てができるようになる。そのルールは「映像文法」と呼ばれる。
「映像文法」を使って，伝えたい映像の情報を，理解しやすい形で表現するための方法論を「映像の情報デザイン」，あるいは「映像のデザイン」と名づけよう。この章では「映像のデザイン」を明らかにしていくが，それはデザインの土台である「映像文法」を明らかにすることでもある。

（今泉 容子）

1
わたしたちの目と映像文法

画面に映像が流れているとき，わたしたちの目はその画面の「どこ」を一所懸命に見るか，という基本から出発しよう。答えは簡単――画面の「中央」である。この基本から映像文法が成り立っている。画面の「中央」に大切なものを配置することが，映像文法の初歩である。その中央に配置された大切なものは，サイズが大きければ大きいほど，よく見える。だから，「中央」に「大きなサイズ（＝クロースアップ）」で配置されたものは，人物であれ，モノであれ，重要なのだ，という映像制作側のメッセージが伝えられるのである。

「中央」「大きいサイズ（＝クロースアップ）」が重要性の指標だということは，静止画にも当てはまる。たしかに映像は静止画（絵画や写真など）と多くのルールを共有している。しかし，映像は「動く」画なので，映像独自のルールが数多く存在していることも，事実である。これから「映像のデザイン」を理解するうえで不可欠な映像文法を考察していこう。取り上げる映像文法は，以下のとおりである。これらの項目は，観客の注意を効果的にコントロールすることができるものなので，映画において頻繁に用いられる。項目を説明するために映画を用いる場合は，その映画のタイトルも列挙しておきたい。

1. 「ショットサイズ」 『クレイマー，クレイマー』
2. 「エスタブリッシング・ショット」 『メリー・ポピンズ』
3. 「アイリスアウト」 『スティング』
4. 「シャローフォーカス」 『初恋のきた道』
5. 「シンメトリ」と「閉じた構図」 『初恋のきた道』
6. 「ハイアングル」と「ローアングル」
7. 「POV ショット」 『砂の器』『Shall we ダンス？』『幸福の黄色いハンカチ』

2 ショットサイズ

「大きなサイズ（＝クロースアップ）」が重要であると述べたが，そのクロースアップを含めて，被写体のサイズは7つに分けられる。被写体のサイズのことを，ショットサイズ（shot scale）という。それは被写体とカメラの距離によって決まるから，「カメラ距離」（camera distance）と呼ぶこともある。

「クロースアップ」（close-up）はフレームに人物の顔ひとつが入るくらいの大写しで，風景よりも人物に重点をおいたショットである。

クロースアップの創案は，映画の歴史を変えた。画面いっぱいに人間の顔が映し出されると，顔の細部がよく見えるため，その人間の心の機微まで読み取ることができる。映画は人間を撮ることに快楽を見出してきたのであるが，クロースアップの発見によって人間の「心の内面」まで表現できる画期的なメディアになった。クロースアップは人間に対する貪欲な興味が生み出した手法といえる。

クロースアップが生み出す意味と効果は，大きくとらえると，次の7つにまとめることができる。

(1) ヒーロー・ヒロインを示す。
(2) 人物の内面を示す。
(3) 力を持つ人物を示す。
(4) プロットの展開を予示する。
(5) 注目させたいモノを示す。
(6) ものを隠す。
(7) グラフック上のリズムを生む。

これらの意味を考察するには，もう1つの章が必要になるほど，クロースアップは奥深い[1]。この章では（2）を取り上げ，クロースアップによって人物の内面が示されることを述べたい。ロングショットやミディアムショットでは，なかなか読み取れない人間の心の内，それがクロースアップによってスクリーンいっぱいに映し出された人物の顔の表情から，読み取ることが可能になる。それを読むことによって，その人のプライベートな内面にどんな感情が渦巻いているかを把握することができる。言い換えれば，人物のプライベートな領域へ観客が入り込んでいけるのは，このクロースアップによってなのである。

クロースアップと対極をなすショットサイズが，ロングショット（long shot）である。このショットサイズは，たいていの映画に用いられ，人物よりも周囲の風景を見せるという役割を持つ。

対極にある「クロースアップ」と「ロング

ショット」のあいだには，「ミディアムショット」（medium shot）が存在する。それは人間の頭から腰までをフレームに収めるサイズである。

さらに，クロースアップとミディアムショットの中間のサイズは，「ミディアム・クロースアップ」（medium close-up）と呼ばれ，人間の頭から胸までを撮る。胸（バスト，bust）までを撮ることから，バストショット（bust shot）とも呼ばれる。

ミディアムショットとロングショットの中間のサイズも存在する。それは「ミディアム・ロングショット」（medium long shot）と呼ばれ，人間の頭から膝までをフレームに収める。膝（ニー，knee）までを撮るため，ニーショット（knee shot）とも呼ばれる。

ミディアム・クロースアップ（＝バストショット）とミディアム・ロングショット（ニーショット）は，アメリカ映画で多用されるショットサイズである。

これらのほか，クロースアップよりも大きいショットサイズを，超クロースアップ（extreme close-up）といい，ロングショットよりもさらに人間が豆粒のように小さくなり，広範囲の風景を見せようとするショットサイズを「超ロングショット」（extreme long shot）という。

これらのなかで「クロースアップ」は，制作者側が「これに注目せよ」というメッセージを込めたものなので，重要である。1つの映画のなかで，クロースアップはそれほど頻繁に出ることはなく，出るところは要注意である。

ショットサイズは人間の大きさを基準にして決められると述べたが，もちろん被写体は人間だけではない。モノであってもよい。その場合，人間に準じた大きさを想定する。

『クレイマー，クレイマー』のショットサイズ

すべてのショットサイズがワンシーンのなかに出現する映画は，それほど数が多くない。『クレイマー，クレイマー』（1979年，アメリカ，ロバート・ベントン監督）はその少ない例の1つである。妻がとつぜん夫と小さな息子を置いて家を出てしまった直後，残された2人がぎこちなく簡素な夕食のテーブルを囲むシーン。息子は夕食を拒否して，父に止められているにもかかわらず，冷蔵庫へアイスクリームを取りにいく。それが，人物の頭から腰までをフレームに収める「ミディアムショット」で撮られている（図7-1）。

テーブルへ戻った息子に向かって，アイスクリームを口に入れると後悔する羽目になるぞと父は険しい表情で警告する。ここでは父と息子の顔の表情を示すため，ショットサイズをやや大きくして「ミディアム・クロースアップ」＝「バストショット」で父も息子も撮られている（図7-2, 7-3）。父の警告を聞いて，息子が一瞬，手を止める様子が見える。

しかし，ついに息子はアイスクリームを口に入れる。その瞬間，父は息子を抱え上げて子ども部屋へ連れていくところが，「ミディアム・ロングショット」＝「ニーショット」で撮られる（図7-4）。ミディアム・クロースアップも，ミディアム・ロングショットも，「人間」の動きと「背景」の状態を同時に伝達するのに適している。

息子をベッドに放り投げて子ども部屋を出ていく父と，ベッドでうつ伏せになる息子が，どちらもロングショットで映し出される（図7-5, 7-6）。ロングショットは人物の全身が入るショットサイズで，人物よりも背景を見せるのに効果的である。子ども部屋のかわいらしい壁紙や色彩な

図 7–1

図 7–2

図 7–3

図 7–4

どが印象づけられ，息子の大切にされている様子が伝わってくる。

子ども部屋にひとり残された息子はすっかり大人しくなり，様子を見にきた父を見上げて，パパも去って行くのか？，ママが去ったのは自分が悪い子だったから？と聞く。ここがこのシーンのクライマックスであり，小さな息子の不安げな表情を観客に伝えるために，クロースアップが用いられている（図 7-7）。息子を見つめてキスする父の表情はすっかり穏やかになり，その優しい表情を観客に示すために，やはりクロースアップが用いられている（図 7-8）。この父子の相手への思いやりこそ，制作者側がもっとも伝えたい要素であり，クロースアップが用いられることが適切なのである。それ以前のミディアムショットやロングショットが表現していた父子の葛藤は，すぐに解決されるものにすぎず，クロースアップが提示する父子関係が「これに注目せよ」と提示された真の関係なのである。

クロースアップが使われるところは，制作者側がとくに見せたい箇所である。映画のクロースアップだけを取り出して編集してみると，濃厚なメッセージ群のかたまりになる。

図 7-5

図 7-6

図 7-7

図 7-8

3
エスタブリッシング・ショット

クロースアップの対極にあるのは，ロングショットである。たしかにクロースアップは大切であるが，その逆のロングショットが重要性を持たない，というわけではない。ロングショットは背景に重点を置いたショットサイズであり，映画の物語が進展する「場」の情報を伝達する。とくに映画の冒頭では，これから始まる物語の舞台となる「場」を観客に紹介する必要があるため，ロングショット（あるいは超ロングショット）が用いられる。そうした映画の冒頭，あるいは1つのシーンが終わって新たなシーンが始まるところ（シーンの冒頭）に置かれるロングショットは，「場」を知らせるという役割を担った重要なロングショットであり，それをとくにエスタブリッシング・ショット（establishing shot）と呼ぶ。

エスタブリッシング・ショットはたいていロングショットや超ロングショットで撮られる。映画の冒頭に用いられるだけでなく，映画のなかで新しいシークエンスやシーンが始まるときに，その冒頭にも置かれる。新しいシーンが出ると，新しい状況を紹介する必要が生じ，エスタブリッシング・ショットが必要になるからである。だから，1つの映画のなかにエスタブリッシング・ショットは1つだけでなく，いくつも出てくる。また，かならず用いられるべきショットというわけではなく，省略される場合もあるが，観客に状況をはやく把握させるためには有効な手法であり，たいていの映画で用いられている。映画の中身への興味をかき立てることができるのは，このエスタブリッシング・ショットである。エスタブリッシング・ショットは風景が主体となるため，ロケーション撮影が行われることが多い。その際ロケ地選び（＝ロケハン＝**ロケ**ーション・**ハン**ティング）は，映画の印象を左右する大切な仕事となる。

『メリー・ポピンズ』のエスタブリッシング・ショット

ディズニー映画，『メリー・ポピンズ』（1964年，アメリカ，ロバート・スティーヴンソン監督〈実写〉，ハミルトン・S・ラスク監督〈アニメーション〉）は，実写とアニメーションを巧みに織り交ぜたことで知られている。アメリカ映画ではあるが，原作を重視して，イギリスのロンドンを舞台として設定している。その舞台を紹介するために，映画の冒頭でエスタブリッシング・ショットが効果的に用いられている。

ロンドンの時計台ビッグベンが，フレームの中

図 7-9

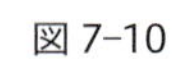

図 7-10

図 7-11

図 7-12

図 7-13

図 7-14

央にそびえたつ景色が，まず観客に提示される(図 7-9)。エスタブリッシング・ショットの始まりである。ロンドンのビッグベンは，パリのエッフェル塔と同じく有名な観光名所で，それがフレームの中央にでんと位置を占めることで，映画の舞台が「ロンドン」であることが明示される。向かって右側には，テムズ河も見える。夜が明けはじめるところらしく，深い青色につつまれた景

図 7-15

色のところどころに薄いピンク色が差し，町全体が朝靄に包まれている。カメラは左側（向かって左側）へとゆっくり「パン」（カメラの軸を固定したまま左右に振り動かすこと）していき，朝靄に包まれた町の様子を広範囲に披露する（図7-10，7-11）。

ビッグベンがフレームの右端から消え去っても，パンはまだ続く。上空に雲がモクモクと湧き上がってくる様子も，パンするカメラにとらえられる（図7-12）。パンが続くと，雲が景色を覆いつくし，雲のなかに黒い人影が見えはじめる（図7-13）。人影といっても，ほんの小さな点だ。その小さな人物の点がフレームの「中央」という大切な位置へ来たところで，カメラはパンを終える（図7-14）。そこでエスタブリッシング・ショットが終わるのである。

『メリー・ポピンズ』ではエスタブリッシング・ショットに「パン」が用いられているが，じつはそうした例はよく見られる。「場」を観客に紹介するとき，できるだけ多くの空間を見せようとするのは，当然である。風景を左から右へ，あるいは右から左へとパンすることによって，広範囲をカバーできるのである。

エスタブリッシング・ショットのあとの流れは，映画の文法に従えば，次のように予想できる──フレームの中央に配置された重要なもの（人物）を，新たなショットが紹介しはじめるはず。実際その予想どおり，新しいショットでは中央に配置された人物のショットサイズが大きくなり，彼女が手鏡で化粧直しをしているところが明確に映し出される（図7-15）。このショットサイズはミディアム・クロースアップ（＝ニーショット）である。アメリカ映画で多用されるショットサイズであることは前に述べたが，この映画でも多用されている。

エスタブリッシング・ショットによって紹介された場所や登場人物の状況を，もう一度観客に思い出させるために，シーンやシークエンスの途中（冒頭ではなく）でエスタブリッシング・ショットが繰り返されることがある。そのショットは，リ・エスタブリッシング・ショット（reestablishing shot）と呼ばれるが，「リ」というのは，「再度，ふたたび，繰り返し」という意味である。ただし，両者を厳密に区別する必要はなく，どちらも一様に「エスタブリッシング・ショット」と呼ぶことが多い。

4

アイリスアウト

エスタブリッシング・ショットによって映画の舞台へと導かれた観客は，さらに物語の内を巧みに仕組まれたルールによって，制作者側の思惑どおりに導かれていく。ここで考察したいのは，アイリスアウト（iris-out）とシャローフォーカスである。どちらも，クロースアップと同じく，制作者側が強調したいものへと観客の注意を誘導する働きをもっている。

アイリスアウトはアイリスインと対になっていて，トランジションの一形態である。

前のシーンに小さな円（それが目の虹彩のよう）ができ，それがしだいに開いていくことで次のシーンが出現してくることがアイリスイン。アイリスアウトはその逆で，大きな円のなかに見えていた映像が，円がしだいに閉じることによって見えなくなっていき，やがて画面が真っ暗になってシーンが終わること。

アイリスインあるいはアイリスアウトには，スクリーン上で円が開かれたり，閉じられたりするという視覚的なおもしろさがある。

それと同時に，アイリスインでは真っ黒のスクリーンの中央に小さな円が出現して，それがしだいに開いていくため，これから何かが始まるという期待を，観客に抱かせることができる。

アイリスアウトでは，これまで見えていた映像がとつぜん円状の一部しか見えなくなり，さらにその円がしだいに閉じていって，最後には完全に真っ黒なスクリーンになる。アイリスアウトが起こると，いくら観客がスクリーンのほかの部分を見たいと願っても，もはやそれは不可能になる。そして制作者側が用意した円のなかに見えている映像に，観客の注意は集中させられる。そのため，その円のなかに見える映像が強調される効果が生まれる。

『スティング』のアイリスアウト

アイリスアウトはこれまで見えていた映像が見えなくなるため，「これで終わり」という指標になることは言うまでもないが，そのほかに前後関係からいろいろな意味が付与されていることがわかる。『スティング』（1973年，アメリカ，ジョージ・ロイ・ヒル監督）のエンディングに出てくるアイリスアウトには，2人の主人公の人間関係を総括するアイリスアウトが出てくる。

腕のいい詐欺師2人が協力して，悪質なギャングから法外な金銭を巻き上げ，現場を去ろうとしている。詐欺師2人は，ポール・ニューマンとロバート・レッドフォードというスターたちが

図 7–16

図 7–17

図 7–18

図 7–19

図 7–20

図 7–21

演じているが，悪人から 50 万ドルという大金を巻き上げたあと，並んで路地を歩きはじめると，とつぜんスクリーンに円が出現し，円の外の映像は真っ黒になってしまう（図 7-16）。2 人が歩き去るにつれ，円は徐々に小さくなり（図 7-17，7-18），2 人の人影がかろうじて見えるほどに円が閉じたかと思うと（図 7-19，図 7-20），次の瞬間には完全に円は閉じて真っ黒のスクリーンとなる（図 7-21）。

このアイリスアウトによって得られる効果を考

えてみよう。観客の視線は，円の内だけに誘導される。その円がどんどん狭くなって，景色は見えなくなり，2人の男たちだけが狭い空間に寄り添って配置されることになる。2人だけの世界，そこで寄り添う彼らの親密さ——その親密さが表現されるのである。彼らがゲイというわけではない。強い信頼関係で結ばれ，互いに命を預けるほどの深い絆なのである。

5 シャローフォーカス

アイリスアウトは映像の操作によって，観客の目を操作し，小さな円で囲われた人物たちだけの世界を表現するのに効果的だと述べたが，それと同じような効果を発揮するものに，シャローフォーカス（shallow focus）がある。

シャローフォーカスとは，文字どおり浅いフォーカスであり，1つの平面だけにフォーカスを合わせ，ほかの部分は意図的にフォーカスを外すことである。簡単にいえば，大事なものだけにフォーカスを合わせることである。フォーカスを合わせる範囲が1つの平面だけなので，被写界深度（depth of field）は制限され，浅くなる。これはフレームのなかのすべてにフォーカスを合わせるディープフォーカス（deep focus）の逆である。映像はディープフォーカスが使われることが多いなかで，シャローフォーカスが使われる場合は，その映し出されたものや人物がとくに注目されるべきだからである。

シャローフォーカスのとき，フォーカスを合わされているものは，たいていクロースアップで撮られる。クロースアップで撮られる人物（あるいはモノ）だけに焦点が合って，それ以外の場所にあるもの（たとえば背後にあるもの）はぼやけるのである。フォーカスの操作で，観客の注意を操作することができるわけである。

『初恋のきた道』のシャローフォーカス

シャローフォーカスは何か（人物でも，モノでも）を強調したいときに使われるため，同じ役割を持つクロースアップといっしょに使われる例がよく見られる。もちろん，両者がつねにいっしょに使われるべきだというわけではないが，『初恋のきた道』（1999年，中国，チャン・イーモウ監督）のシャローフォーカスは，クロースアップと同時に起こる場合がほとんどである。

義務教育もままならない辺鄙な村に，男の小学校の先生がやってきたことから，村中に希望の光が見えはじめ，とりわけ彼に一目惚れしたチャオディは有頂天になる。彼女は先生の注意を自分に向けようと，いろいろな試みをする。ついに先生が彼女をはっきりと意識する日が訪れるが，その日の2人の出会いがシャローフォーカスで撮られている。

先生がいつものように，授業後に教え子たちを送っていく様子が，超ロングショットで出てくる（図7-22）。ここではディープフォーカスが用いられ，後景の木々にも，前景の道にもフォーカスが合っている。

図 7-22

図 7-23

図 7-24

図 7-25

図 7-26

図 7-27

チャオディは待ち伏せし，先生と故意にすれ違おうとする。先生の姿を必死で見つめ続けながら歩く彼女が，バストショット（＝ミディアム・クロースアップ）で撮られる（図 7-23）。ここでシャローフォーカスが使われている。彼女にフォーカスが合って，背景の木々は明らかにフォーカスが外されている。カメラは歩く彼女といっしょに移動する「トラッキングショット」で彼女をとらえ続ける。彼女がどこまで歩いても，カメラはシャローフォーカスを保ちながら，彼女

図 7-28

図 7-29

図 7-30

をフレームの中央にとらえるべく移動していく。やがて，彼女の目から見た先生のショット（=POV ショット（後述））が出てくるが，そこにもシャローフォーカスが使われている。

先生だけにフォーカスが合い，背後にある木々の紅葉はフォーカスを外されているのである（図 7-24）。

数回の待ち伏せの試みのあと，いよいよチャオディは先生の横を大胆に通り抜けることに成功する。2 人は互いの顔を見ながら，クロースアップのシャローフォーカスで撮られている（図 7-25，7-26）。クロースアップが出たら，要注意である。重要なものに対して，観客の注意を喚起する制作者側のメッセージだからである。いよいよ彼女と先生の関係に変化が起こる重要な場面だから，よく注視するように，というメッセージである。

実際に，はじめて先生が言葉を発する。すれ違ったとたん，チャオディに「おい，君」と声をかけるのである。彼女が道端に置き忘れた手提げカゴを指さしているが，この手提げカゴは故意に置き忘れられたものかもしれない。声をかけた先生と取りにもどる彼女をふくめ，周囲の景色が超ロングショットに切り替わり，シャローフォーカスからディープフォーカスへ変化する（図 7-27）。このシーンは，こうしたディープフォーカスとシャローフォーカスの切り替えで進展している。

手提げカゴを取りにもどったチャオディと，立ち止まって待つ先生が，もう一度クロースアップのシャローフォーカスで撮られる（図 7-28, 7-29)。このシーンの最後に，2 人の関係に生じた変化を雄弁に語る構図が登場する。手提げカゴを先生がチャオディに手渡すところである（図 7-30)。ここはクロースアップではないが，これまでクロースアップといっしょに使われていたシャローフォーカスが，その流れで用いられている。

さらに，ここで指摘したい新しい要素は，シンメトリの構図である。2 人は手提げを中心線としてきれいなシンメトリを形づくっている。シンメトリは調和や共鳴や親密を示すものであり，この時点で 2 人の恋愛と結婚は予示されたといえる。

シャローフォーカスによって背景の木々がぼやけて抽象的な模様になっているなかで，フォーカスが合わされたチャオディと先生はくっきりと浮かび上がり，2 人だけが存在する空間をつくっている。そしてシンメトリの構図の使用によって，2 人の関係がいよいよ親密で調和のとれたものへと進展していくことが予示されているのである。

6
シンメトリと閉じた構図

シンメトリ（symmetry）の意味について『初恋のきた道』に触れながら考察したが，シンメトリは「閉じた構図」のもっとも典型的な例である。「開いた構図」（open form）と「閉じた構図」（closed form）について要点を述べたあと，「閉じた構図」（closed form）のなかでも注目すべき「シンメトリ」の意味と役割を確認しよう。

すべての構図は開いているか，閉じているか，どちらかである。開いた構図とは，登場人物やアクションが意図的にフレームからはみ出すようにつくられ，閉じた構図とはそれらの要素がフレーム内に注意深く配置されてつくられたものである。映画の構図を考察するとき，まずそれが開かれているか，閉じられているかを把握することが重要である。

映画の人物やモノがフレームをこえて外部（オフスクリーン）に飛び出たり，広がったりする場合，開いた構図という。観客にフレーム外の空間を意識させることができ，観客に臨場感や現実感を与えることができる。フレーム外の空間として，現実世界や社会現象などを意識させることもできる。

反対に，フレーム内の要素（登場人物や小道具や背景など）が計算された位置に注意深く配置されている場合，閉じた構図という。登場人物や小道具や背景などがフレーム内の計算された位置に注意深く配置され，よくコントロールされて安定した映画空間を生み出すフレーミングの方法である。フレーム内の世界は，十分に演出された映画空間として完結度が高くなっている。現実感を追求するよりも，演出された人工的な構図が重視される。

閉じられた構図のなかで特に重要なシンメトリは，映画の基本的な構図の1つで，左右対称の安定感を持つ構図である。

シンメトリに対する嗜好は，時代や文化によって異なってくるが，西洋では「単純な左右対称の構図を避けるため（中略）中心を外した構図がより一般的になっていった」[2] とスティーブン・D・キャッツは述べる。ただし，と彼がつけ加えている文章は重要である。「中心を外した構図は必ずしも常に正しいわけではなく」，そのような構図があふれるなかで，かえってシンメトリの中心線が効いている構図が「力強く感じられる」と彼はいう。[3]

映画の構図がシンメトリか，非シンメトリかによって，観客の受ける印象は変わってくる。構図がシンメトリになっている場合，安定した美しさが伝達されることは，いうまでもない。シンメトリの構図の安定感や整然とした美しさは，人間の感性に心地よいだけでなく，その構図のなかに配置された登場人物も規則正しく安定した性格をもつという印象を与える。人間関係に関して強調したい点は，調和や共感や友愛や親密さが伝達されるということである。中心線で分けられた左右それぞれの空間に配置された人物どうしが，そうした調和のとれた関係にあることが示される。ただし，シンメトリの構図に置かれた人物どうしが，対立や競合の関係にあることもある。先に述べた調和や友愛の関係と逆になるが，そのように正反対の意味を生むところにも左右の空間を分けあうシンメトリの構図のおもしろさがある。

7
ハイアングルとローアングル

シンメトリは人物どうしの関係を表現するのに有効なルールであるが，もっとストレートに人物どうしの力関係を表現することができるのは，アングルの操作である。ハイアングル（high angle）とローアングル（low angle）を使うことによって，優位な人物とそうでない人物の力関係を表すことができる。

ハイアングルはカメラを高いところに置いて，被写体を見下ろすように撮る場合の高いカメラ位置のこと。カメラを高いところに置いて，下のほうにいる人物やモノを見下ろす場合，ハイアングルで撮るという。撮られた人物やモノは，当然ながら小さくて弱いという印象を与える。

ローアングルはハイアングルとは逆で，カメラを低いところに置いて，被写体を見上げるように撮る場合の低いカメラ位置のこと。今度は，撮られた人物やモノは，堂々としていて強いという印象を与えることになる。

ハイアングルとローアングルは，ペアでよく出てくる。ハイアングルが出ると，ローアングルも出る。ハイアングルで撮られた弱い人物と並んで，ローアングルで撮られた強い人物が出ることによって，2 人の力関係あるいは優位関係が明白に示されるのである。

8
POV ショット

目は映画において，とても大切である。そもそも映画は，見ることが基本になっている。見ることは，意図的な行為であり，何を，どう見るかは，見る人の意志や嗜好や感情によって左右される。映画のなかで人物の目が出てきたら，要注意である。重要なことが起こる指標だからだ。

映画における通常のショットは，客観的カメラで撮られている。すなわち，登場人物のいずれの視点でもなく，全知全能の（神のような）視点から撮られている。

POV ショット（point-of-view shot）は客観的カメラと対照的である。POV ショットは人物の視点からから撮られたショットである。その人物の視点から見えるものだけを撮るのである。つまり，その人物が見たいものだけ（あるいは，見たくなくても見てしまったものだけ）を切り取って提示するわけである。したがって，その人物の立場や個性や感情や嗜好を表現することができる。POV ショットが「主観ショット」と呼ばれるのは，そのためである。

POV ショットが出てくると，観客はその人物の視点や立場から世界を見るようになり，その人物と一体感を持つようになる。その人物に感情移入させられるのである。観客は知らず知らずのうちに，心理的なコントロールを受けているといえる。

POV ショットが出る「前」あるいは「後」には，その人物の「目のショット」が出ることが常である。さらに，POV ショットは「クロースアップ」で出てくることが少なくない。以下に POV ショットの例を考察していくが，ひとつ断っておきたいことがある。POV ショットと一口にいっても，その重要性は大小さまざまであり，単純に見る目と見られる対象が示されるだけのときもある。そうかと思うと，映画の進展のカギを握る重要な POV ショットが入念に仕組まれているときもある。こうした映画のカギとなる POV ショットの意味と役割を，以下に 4 つの映画に言及しながら，考察していこう。

『砂の器』の POV ショット

『砂の器』（1974 年，日本，野村芳太郎監督）は松本清張の同名小説を原作とする名作映画である。そこにはハンセン氏病を患う父と，その父といっしょに放浪の旅をする幼い息子の姿が過去の物語として描き出されると同時に，いまや著名な音楽家として成功した息子が奏でる音楽とともに現在の物語が進行する。過去と現在が複雑に交差

図 7-31

図 7-32

図 7-33

図 7-34

した映画であり，そこに殺人犯を探し出そうとする刑事たちの執念が絡み合う。

これから考察するシーンは，小学校に通うことも許されず，父といっしょに乞食をしながら村々を渡り歩く小さな息子が，ふと小学校の校庭で遊戯をしている十数人の小学生たちに目を留めるシーンである。一見，何げないシーンのようだが，はじめて息子が父にささやかな反抗を見せ，やがてくる父子の離別の伏線となる重要なシーンである。

シーンの始まりは，超ロングショットで撮られるエスタブリッシング・ショット（図 7-31）。午後のオレンジ色に染まった空が，緑色の田んぼのあぜ道に映えるなか，豆粒ほどの大きさの父子が歩いている。次にフレームの中央に息子のミディアム・クロースアップ（＝バストショット）が出て，その目は何かを真剣に見つめている（図 7-32）。目のショットが出た後は，彼の目から見た POV ショットが出るはず。実際，十数人の小学生たちが，先生を中心にして円を描きながら回っている様子が POV ショットで映し出される（図 7-33）。この POV ショットはロングショットではあるが，小学生たちの動きはかなり鮮明に撮られている。息子の目に，そのように鮮明に映っているということだ。

次にカメラは息子の背後に移動して，息子の背中と見つめられる小学生たちをロングショットで客観的に撮る（図 7-34）。向かって左側の前景

図 7-35

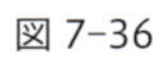

図 7-36

図 7-37

図 7-38

に，息子の背中が小さく収められている。一群の小学生たちはほとんど見えないくらいの小ささであり，息子と一群の小学生たちまでは，ずいぶん距離があることがわかる。

カメラはよく動く。息子の背後にあったカメラは，次に息子の前へ移動して，息子と父をロングショットでフレームに収める（図 7-35）。父はしきりに息子を促して，先へ進もうとしている。息子ははじめて父に反抗し，父が先へ進んでフレームの外へ消えていっても，ずっと小学生たちに視線を向けている（図 7-36）。

すると彼の POV ショット（図 7-37）がまた出現するが，今度は一群の小学生たちが先の POV ショット（図 7-33）のときより，ぐんと大きなサイズで撮られている。必死に見ようとする息子の主観のなかでは，このように大きなサイズで見えているのである。客観的なショットであれば，図 7-33 のように遠くにぼんやりと見えるだけの小学生たちが，息子の主観のなかではこれほど大きく鮮明に見えるのである。自分はけっして経験できない小学生たちの生活が，目の前にある。悔しさが入り混じった強い羨望の表情が，次に出る息子のクロースアップで明らかになる（図 7-38）。

父に素直に付き従わず，その場に立ち止まって動こうとしない息子は，POV ショットで自分の思いを雄弁に語っている。父子の道はやがて分かれるのだが，ここですでに別々の道を行くことが予示されているといえる。

『Shall we ダンス？』の POV ショット

『Shall we ダンス？』（1996 年，日本，周防正行監督）は POV ショットに最大限の重要性を与えている。なぜなら，事の起こりが POV ショットで表現されているからである。

図 7-39

図 7-40

図 7-41

図 7-42

図 7-43

図 7-44

郊外に戸建ての家を買ったため，毎日の遠距離通勤に疲弊している主人公，杉山。ある夜，帰宅の電車のなかで，彼が何気なく窓の外を見るところがミディアム・クロースアップ（＝バストショット）で撮られる（図 7-39）。次に彼の POV ショットが出て，「岸川ダンス教室」の文字と，その教室の窓辺に小さく佇む 1 人の女がロングショットで示される（図 7-40）。

杉山は目を凝らして，さらに見つめようとする（図 7-41）。その彼の目のショットのあとに，2 度目の POV ショットが出るが，佇む女は前より大きくとらえられ，ダンス教室もフレームいっぱいに広がる（図 7-42）。

電車が動き出しても，杉山はダンス教室の方向へ目をしっかりと向ける（図 7-43）。その彼の POV ショットが 3 度目に出たときは，女は堂々と「中央」の位置を占めている（図 7-44）。杉山がいまやその女に気を引かれたことは，明白になる。この一連の POV ショットが，物語の始まりである。女を見て，忘れられなくなった杉山は，じっさいにダンス教室の門をくぐることになる。

『幸福の黄色いハンカチ』の POV ショット

第 1 回日本アカデミー賞をはじめ，数々の映画賞を受賞した『幸福の黄色いハンカチ』（1977 年，日本，山田洋次監督）では，感動的なクライマックスが POV ショットで撮られている。

ふとしたことで殺人を犯し，刑務所に入っていた勇作。刑期を終えて出所し，離婚した妻へハガキを出す。もし，まだ自分を待っていてくれるなら，庭の大きな竿に黄色いハンカチを結びつけておいてほしい，と。家は夕張にある。途中で知り合った若い男女といっしょに，勇作は夕張への旅を始める。そのロードムービーの終わりが，勇作の家であるが，いよいよ彼が竿を見るシーン。

ハンカチは吊るされてないにきまっている，と弱気になっていた勇作が，家からずいぶん離れた距離に立って，不安げに竿を見上げる顔がクロースアップで撮られる（図 7-45）。次に彼の目から見た POV ショットが出て，何十という黄色いハンカチが 2 列に並んで風にはためいているところが映される（図 7-46）。この黄色いハンカチは，しだいにズームインされてサイズが大きくなっていく（図 7-47）。サイズが大きくなるのは，勇作が一生懸命に見ようと，目を凝らしているからである。一心不乱にハンカチを見つめる勇作が，超クロースアップで出ると（図 7-48），彼の 2 度目の POV ショットが続く（図 7-49）。このとき黄色いハンカチは，まるですぐ近くにあるかのような大きなサイズになっている。それだけ勇作が真剣に見つめているのである。

POV ショットが終わると，カメラが勇作と黄色いハンカチがいっしょにフレームに収められる（図 7-50）。客観的ショットである。このショットによって，黄色いハンカチがたいへん遠くにあることが明らかになる。POV ショットでハンカチが近くにあるかのように見えるのは，見つめている勇作が自分とハンカチの距離を主観的に縮めているからである。勇作が妻に受け入れられたことを示す POV ショット，映画のクライマックスである。

『ベニスに死す』の POV ショット

映画史に名を残す『ベニスに死す』（1971 年，イタリア・フランス，ルキノ・ヴィスコンティ監督）において，POV ショットがクライマックス・シーンで用いられる。

養生のためにベニスを訪れたドイツ人の老音楽家アッシェンバッハが，偶然出会った十代の美青

図 7-45

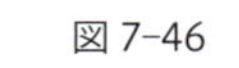

図 7-46

図 7-47

図 7-48

図 7-49

図 7-50

図 7-51

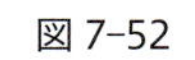

図 7-52

図 7-53

図 7-54

図 7-55

図 7-56

図 7-57

図 7-58

年タジオに魅了されてしまい，コレラが流行りはじめたベニスから退去するチャンスをふいにする。彼がどれほどタジオの姿を追い求めていたかが，映画のエンディングでPOVショットを使って表現される。このPOVショットは，主人公が死ぬ瞬間に使われていて，たいへん重要なものである。

主人公アッシェンバッハはタジオがビーチで戯れているのを知ると，デッキチェアに腰をおろして，タジオのほうへ視線をやる。それがミディアム・ロングショット（＝ニーショット）で撮られている（図7-50）。すぐにアッシェンバッハはクロースアップにショットサイズが変更となり，彼の尋常ならざる表情が明白に示される（図7-51）。口紅が塗られ，白粉がまだらにつけられ，白髪染めの液体（血ではない）が頭髪から垂れ落ちている。若く光り輝くタジオを前にして，すこしでも自分の老いを隠したいという哀れな努力が，クロースアップによって露呈されるのである。彼のPOVショットが続く（図7-52）。タジオが浅い水のなかへ少しずつ入っていき，やがて立ち止まって，こちら（アッシェンバッハのほう）を振り返るところがとらえられる（図7-53）。これはずっとアッシェンバッハのPOVショットである。

タジオを見たアッシェンバッハのリアクション・ショット（reaction shot）が，クロースアップで出てくる（図7-54）。「反応のショット」である。アッシェンバッハは笑みを浮かべ，満足そうな表情をしているが，白髪染めの液体はさらに垂れ流れ，汗が噴き出て苦しそうでもある。

もう一度，アッシェンバッハのPOVショットが出て，タジオが左手を高く掲げて何かを指している様子がとらえられる（図7-55）。これはアッシャンバッハが見たもの（あるいは見たいもの）なので，現実がどうかは定かではない。そのタジオの動きに呼応して，アッシェンバッハは左手を上げて何かをつかむようなジェスチャーをする（図7-56）。

しかし，それ以上動くことができないほど，彼の体力が弱っていることが，最後のPOVショットでわかる（図7-57）。そのPOVショットでは，必死にタジオを見つめようとしているにもかかわらず，アッシャンバッハはもはや目を凝らす力もなく，タジオは一気に遠ざかって，広い水のなかのポツンとした点となる。それと同時に，アッシェンバッハは息絶えるのである。

死に直面した初老の男の情念が，一連のPOVショットを生み出し，遠くにいるはずのタジオを身近にとらえたのである。POVショットはアッシェンバッハの生（性）への執着を表現し，現実では触れることもできないタジオを自分だけの視界へ取り込んだのである。

9 まとめ

この章では，伝えたい映像の情報を，理解しやすい形で表現するための基本となる「映像文法」のうち，とくに重要な項目に絞って考察してきた。こうした映像デザインの土台となる映像文法を習得し，駆使できるようになると，映像の情報を効果的に構築・発信することが可能になる。

考察してきた内容を一言でまとめると，次のようになろう。大切な映像情報をフレームの中央に，クロースアップで配置すること。そして客観的に情報を提示するよりも，POVショットのからくりを熟知して視点の効果を活用した提示方法にすること。

演習課題

（問 1） どの国のどの時代の映画でもよいので 1 つ選び，そのなかに登場するクロースアップを検出したうえで，そのクロースアップによって強調されているものは何かを考察しなさい。

（問 2） 任意の映画を 1 つ選び，その映画のエスタブリッシング・ショットを検出し，その機能について考察しなさい。

（問 3） アイリスアウトが使われている映画を探し出し，そのアイリスアウトの効果を考察しなさい。

（問 4） シャローフォーカスが使われている映画を探し出し，そのシャローフォーカスの効果を考察しなさい。

（問 5） 任意の映画を 1 つ選び，その映画に用いられている POV ショットを検出したうえで，その POV ショットによって意味されるものを考察しなさい。

参考文献

[1] David Bordwell and Kristin Thompson: Film Art: An Introduction. McGraw-Hill Education; 11th ed., 2016.

[2] William H. Phillips: Film: An Introduction. Boston: Bedford/St. Martin's, 4th ed., 2009.

[3] 今泉容子：『映画の文法――日本映画のショット分析』. 彩流社，2004.

[4] 小栗康平：『映画を見る眼――映像の文体を考える』. 日本放送出版協会，2003.

[5] スティーブン・D・キャッツ著，津谷祐司訳：『映画監督術　SHOT BY SHOT』. フィルムアート社，2001.

[6] 谷川義雄：『映画・テレビ術語集』. 風濤社，1998.

[7] 佐藤忠雄：『映画をどう見るか』. 講談社，1976.

[8] http://shea.mit.edu/ramparts/commentaryguides/glossary/index2.htm（"Film Lexicon"; As of September 30, 2016）.

[9] http://www.filmsite.org/filmterms1.html（"Film Terms Glossary"; As of September 30, 2016）.（"Internet Movie Database";

[10] http://www.imdb.com/（"Internet Movie Database"; As of September 30, 2016）.

注

1 クロースアップの 7 つの意味と役割に関しては，今泉容子：『映画の文法―日本映画のショット分析』，pp.88-112 を参照.

2 スティーブン・D・キャッツ著，津谷祐司訳：『映画監督術　SHOT BY SHOT』，p.141，フィルムアート社，2001.

3 キャッツ，『映画監督術』，pp.141-144.

CHAPTER

8

演出と番組デザイン

1 テレビ番組の情報デザイン

2 情報番組の演出手法

3 テレビ演出の特殊性

4 能動的視聴

5 ユーザ作成コンテンツと番組演出

6 演出のコンピュータ化

テレビ放送における情報系番組を取り上げ，その演出手法について解説する。また，インターネット時代において多様化する拡張されたテレビ番組の特質についても述べる。

（林 正樹）

1
テレビ番組の情報デザイン

日本でのテレビ放送は1953年に始まり，すでに60年以上の歴史がある古いメディアである。その長きにわたり，テレビ番組は，毎日休まず綿々と制作され，視聴者に届けられてきており，動画メディアとしては映画に次いで長い歴史を持っている。表8-1に示すように[1]，テレビ番組の扱うジャンルは非常に多岐にわたっており，ほとんど世の中の情報の大半をカバーし得るものといってよいだろう。図8-1は制作されているテレビ番組数をジャンル別に集計したもので[2]，これを見ると2013年時点でおよそ70％にのぼる番組が情報系番組であることがわかる。情報系番組とは，視聴者に有用なその時々の情報を届けるための番組で，ニュース，ニュースバラエティショー，天気予報，広報などがそれに当たる。逆に言うと，ドラマ，ドキュメンタリー，スポーツなどは情報系番組に分類されない。

第7章において論じた動画映像の情報デザインは主に映画で使われるものであったが，テレビ番組の，特に情報系番組の情報デザインは，映画とは目的が異なるため，テレビ独自の発展をしてきたものといえる。一方，テレビ番組における，ドラマ，ドキュメンタリー，アニメといったジャンルは，映画において使われる手法とほぼ同一といってよいだろう。本章では，この独自の発展を遂げた情報系番組について情報デザインの観点から述べる。

情報系番組では，まず最初に伝えたい「情報」が明確な形で存在し（業界用語でネタという），それを視聴者にわかりやすい形で映像にして届ける，という明快な形を持っている。すなわち，図8-2に示すように「情報」が映像制作システムに入力され，これに「演出」が施されることで「番組」が出力される，という風にシステム化して考えることができる。この図で，映像制作システムに当たる部分が放送局および映像プロダクションということになる。情報デザインとして見ると，この「演出」の手法が非常に重要である。また，このように図式化してしまうと，どんな情報が来てもそれを一律な演出で番組化できてしまうように見えてしまうが，実際には真ん中の映像制作システム内で，入ってくる情報に応じて臨機応変に演出を選択したり調整したり変化させたりすることによって質の高い番組を出力している。

表 8-1　テレビ番組ジャンル（デジタル放送に使用する番組配列情報標準規格より編集）

大分類	小分類
ニュース／報道	定時，総合，天気，特集・ドキュメント，政治，経済，海外，解説，討論，報道特番，ローカル，交通
スポーツ	スポーツニュース，球技，相撲，オリンピック，マラソン，水泳，モータースポーツ，競馬
情報／ワイドショー	芸能，ワイドショー，ファッション，暮らし，健康，通販，グルメ，イベント，お知らせ
ドラマ	国内，海外，時代劇
音楽	国内音楽，海外音楽，クラシック，ジャズ，歌謡曲，ライブ，のど自慢，民謡，童謡
バラエティ	クイズ，ゲーム，トーク，オワライ，音楽，旅，料理
映画	洋画，邦画
アニメ／特撮	国内アニメ，海外アニメ，特撮
ドキュメンタリー／教養	社会，歴史，自然，動物，宇宙，科学，医学，カルチャー，文藝，スポーツ，インタビュー，討論
劇場／公演	現代劇，新劇，ミュージカル，ダンス，落語，歌舞伎
趣味／教育	釣り，アウトドア，園芸，ペット，手芸，音楽，美術，囲碁，将棋，車，コンピュータ，語学，子供，生涯教育
福祉	高齢者，障碍者，ボランティア，手話

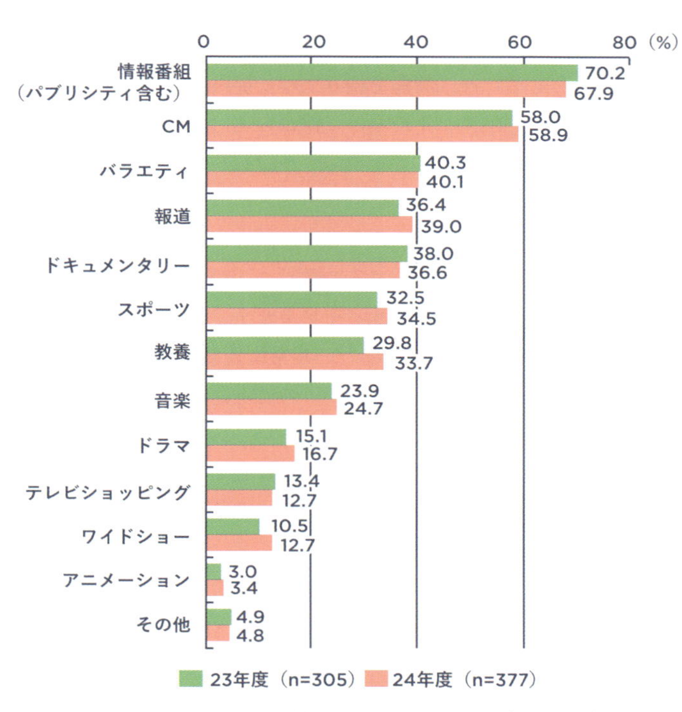

図 8-1　制作している放送番組の種類の割合（複数回答）

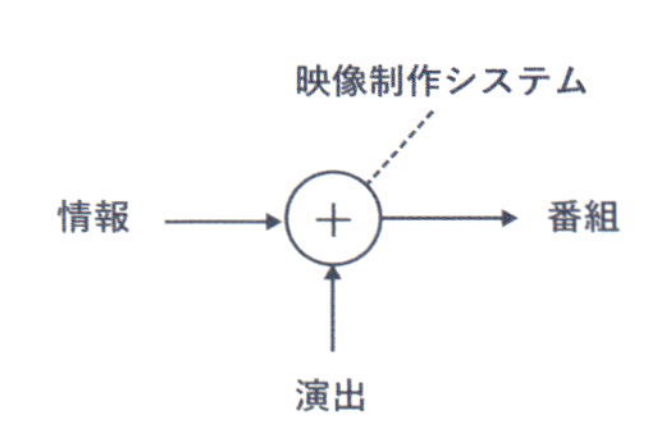

図 8-2　情報系テレビ番組制作のシステム

2
情報番組の演出手法

本節では，情報系番組において使われる演出手法について詳しく説明する。読者は特にニュース番組をイメージしながら読んでいただければ，理解は容易であろう。これらの演出が生まれるに至った背景については次節で述べるが，ここでは主に演出の技術的な面に注目して紹介する。これら技術的な意味での演出が成立するに至った経緯において，情報系テレビ番組の特殊性について先に述べておこう。

- 毎日，同じ時間に，同じ番組名で放送される。
- 演出の連続性が重要で，情報は毎日変わるが演出は同一。
- 番組の長さは秒単位で厳格に決められている（業界用語で「尺」と呼ぶ）。

以上のような制約の下に，60年以上の年月を経て作られたノウハウの塊がテレビ番組の演出である[3]。それでは，主にニュース番組の演出について以下に詳しく説明する。

スタジオショット

スタジオ空間に大道具（部屋そのもの），小道具（椅子，花瓶などの小物）を使った部屋を作り，アナウンサーが入り，照明を当て，これをカメラで撮影し，そこを拠点に情報提供する設定になっている。スタジオショットで使われるテクニックは以下のとおりである。

- アナウンサー
  アナウンサーは読み上げとしゃべりのプロであり，情報を読み上げて提供するだけでなく，スタジオにおいて番組を進行させる役目を負っている。アナウンサーの読みのスピード，読みと読みの間の取り方などは大変正確であり，機械的ともいえるものだが，一方，アナウンサーは人間としてその番組の「顔」であり，視聴者の信頼を担うパーソナリティとしても機能しなくてはいけない，非常に重要なポジションである。アナウンサーの読み原稿の草稿は記者が作り，これを番組ディレクターが校正し，最終的にアナウンサーがこれをさらに校正し，適切な読み上げになるように文を調整する。
- 解説者
  アナウンサーがニュースを一方的に届けるだけでなく，番組の枠内に時々コーナーを設けて，伝えようとする情報について詳しい専門家（解説者）をスタジオに呼び，アナウンサーと会話

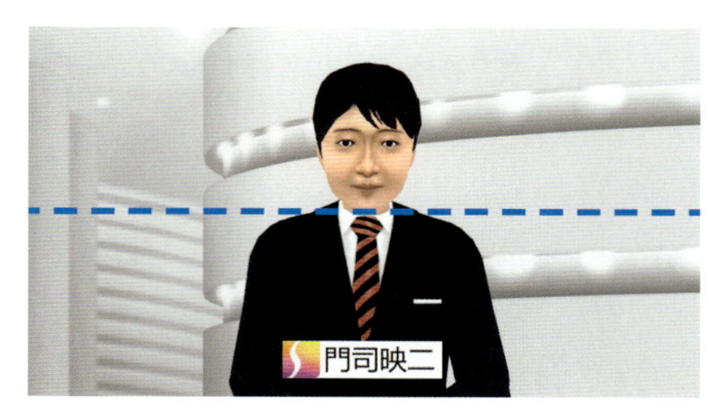

図 8-3　ニュース番組のアナウンサーショットのカメラアングル

しながらわかりやすく伝えることが行われる。また，ニュースバラエティなどでは，逆に，情報にあまり詳しくない一般人を代表するようなアシスタントを置くこともある。この場合は，一般人の視点でアナウンサーや解説者に素朴な質問をしたりすることで，わかりやすく親しみやすい番組にすることが行われることもある。

・スタジオセットと照明

番組に一貫性を持たせるため，スタジオセットは1つの番組が続く期を通して同じものが使われる。また，伝える情報は良いものから悪いものまで多岐に渡るので，ニュートラルな感じにデザインされる。スタジオセットにアナウンサーを配置して撮影するが，特に人物とセットをきれいに見せるために注意深く照明を当てる。写真撮影の際と同じく照明は絵の質に非常に大きく影響するので重要で，難しく，専門の照明担当の仕事である。

・カメラワーク

スタジオフロアでは，ペデスタル（フロアを転がして移動できるカメラを乗せる架台）に乗った移動式のカメラをカメラマンが操作することが基本である。情報系番組では，カメラに大きな動きはないが，注意を喚起するために，番組のオープニングでアナウンサーにズームインするなどのカメラワークが使われる。画面上においてアナウンサーをどれぐらいのサイズでどの位置に捉えるかはだいたい一貫したカメラアングルがあり，それに沿って行われるのが普通である（図 8-3 参照）。昨今のニュース番組では，ロボット駆動のカメラが使われることも多いが，最終的なアングル決めはプロのカメラマンが行う。

・カメラスイッチング

ニュース番組では通常2台以上のカメラが配置され，これらを映像スイッチャーで適宜切り替えて出力する。カメラの設置台数は番組によって異なるが，1台だけということはなく，必ずカメラスイッチングが必要となる。スイッチングにおけるカメラ選択とタイミングは，一般的な映像デザインのノウハウに準じている。

スーパーインポーズ（テロップ）

テキストやイラスト，画像を，現在表示されているスタジオショットや編集映像などの上にオーバーラップ（重畳）させて表示する手法をスーパーインポーズと呼ぶ（以降，スーパーと略す）。特に情報系テレビ番組では多用される，重要な映像効果である。

スーパーが画面のどこに表示されるかは決まっ

図 8-4　スーパーインポーズの位置

ているわけではないが，基本的な場所は画面の左上と右上のコーナー，そして画面の下側の字幕のエリアが使われる（図 8-4）。日本ではまれに，左横，右横に縦書きでスーパーが入ることもある。また，どんな情報がどのエリアに入るかについても決まっているわけではないが，番組の一貫性を保つために，ある表示位置にどんな情報が入るかはあまり変えないように配慮されている。

スーパーの内容については，現在のニュース記事のタイトル，番組名や放送局名（ロゴやバナーが使われることも多い），画面上のニュースに対する補足情報（例：事件の起こった場所，時刻など），読み原稿の字幕（ただし，ニュースではしゃべりのセリフ逐一の字幕が付くことはなく，しゃべっている内容についての適切なサマリーを表示することが多い）などがあり，これらが前述した位置に適宜表示される。

また，文字フォントを内容に応じて変えたり，色を変えたり，テキストの周りにデザイン的な飾りを配置したり，あるいは，スーパーのイン・アウトをスクロールやフェードさせたり，ちょっとしたアニメーションを付与したりするなどの映像効果も多用される。これらは，プレゼンテーションソフトで頻繁に使われている映像効果と同様のものである。いずれにせよ，これらスーパーに施された映像効果は洗練されており，かなりクオリティの高い効果を生み出している。

ところで，スーパーはテロップと呼ばれることもあるが，これには歴史的経緯がある。かつてテレビ投射映写機（Television Opaque Projector）というものがあり，あらかじめ作成された 1 枚の板をその装置で撮影し番組映像に挿入していた。テロップ（Telop）はその装置の商品名だったが，そのまま一般名称として使われるようになったのである。スーパーはメインの映像の上にオーバーラップするが，1 枚の不透明な板にレイアウトした画像をそのまま画面表示することももちろんあり，その場合，スーパーインポーズと呼べないので単にテロップと呼ばれることが多い。言うまでもなく，スーパーもテロップも現在ではすべてデジタル化されテロップ装置は使われていない。また，デジタル化されたことでテロップを使った演出は多様化し，前述したようにアニメーションを伴っていたり，スタジオの一部に 2D 表示したりするなどの使われ方もされる。また，テロップを出演者が手持ちで説明したりする演出はフリップと呼ばれ，ニュースバラエティ系でよく使われる。いずれのテロップも，目を引くデザインが重要なのと同時に，限られたテレビ画面内で情報を伝える必要があるため，わかりやすくまとめられた文言や図の使用が重要になる。

映像効果

映像と映像をつなぐときに，最も単純なのは切り替え効果のないカット切り替えであるが，切り替え部分にさまざまな映像効果を与えることがよく行われる。ワイプ，ディゾルブ，あるいはより複雑な映像効果が多くあり，適宜使い分けられる。ニュース番組では，客観性や偏りのなさが優先されるため派手な映像効果は使われずディゾルブが使われる程度であるが，バラエティ性の強い番組ではさまざまな映像効果が使われている。特に，デジタル処理を使った派手な映像効果は，DVE（Digital Video Effect）といい（例：前の映像を板に貼り，その板がくるくる回転して飛び去り，次の映像に移る），ひところ流行し多用された。また，動画映像の中にウィンドウを切って，その中に別の動画映像を表示するピクチャー・イン・ピクチャーも DVE の 1 つの効果だが，これは便利なのでさまざまに使われている（例：メインの動画映像をスタジオで見ている出演者の表情を小さいウィンドウで表示する）。

編集映像

通常のニュース番組では，スタジオショットでアナウンサーが前振りをしゃべり，その後，あらかじめ編集された映像に切り替わり，そのバックで同じアナウンサーが説明を加える，という演出が一般的である。映像には，ロケ映像やイメージ映像，テロップといったものを適宜カット編集したものを使用する。この編集映像部分については，通常の映像デザインの手法に準じた形で行われる。ただし，ニュースの場合，情報伝達が優先され，美的な表現は抑えた形になることは言うまでもない。また，編集動画には通常アナウンサーのナレーションが付くが，スーパーが適宜表示され内容説明の補助をすることが，ほぼ必ず行われる。

効果音と BGM

スーパーの入りや，テロップのチェンジなどのタイミングで，短い効果音を使い視聴者に注意を喚起する工夫がよくされる。ただし，ニュース番組では基本的に情報伝達することが主なため，効果音はあまり使われない。また，しゃべりの背景に挿入される BGM（background music）はニュースでは使われないが，情報をおもしろく伝える情報バラエティ系では多用される。

クロマキー合成

クロマキー合成は，出演者を青い幕の前で撮影し（海外では緑が多い），あとで他の映像をその青い部分にはめ込む手法である。例として，天気予報のコーナーで天気図の前で解説者が天気の説明をする演出があるが，電子的に生成された天気図とのクロマキー合成が使われている。その他，中継映像とスタジオのアナウンサーを合成するなど，報道系番組でも多用される。また，スタジオセット自体をリアルタイムのコンピュータグラフィクスで作成し，出演者をクロマキー合成することで，実セットを使わない演出も多く行われ，これはバーチャルスタジオ[4]と呼ばれている。

オープニングとエンディング

ほとんどの番組において，番組の始まりと終わりにその番組名を示したオープニングと，番組の終わりを示すエンディングが付いている。これは，テレビ番組の放送枠が決まっているため，前後の番組との区切りを付けるために自然と必要になるものである。情報系番組の場合，通常，5秒から10秒程度の番組名をテーマにして作成されたアニメーションが流れる。これにはジングルと呼ばれる短い音楽が付く。オープニングとエンディングのほか，コーナーとコーナーの間をつなぐためのブリッジと呼ばれるアニメーションが使われることもある。

以上，主にニュース番組などの情報系番組に使われる演出手法について述べた。テレビ番組にはほかにも多くのジャンルがあり，番組ジャンルによって演出手法はさまざまに変化するが，技術的な意味でのテレビ番組の演出効果としては上述したものが大半をカバーしていて，これらがさまざまに組み合わされて構成される。また，これら演出手法が1つの番組の中で毎回目まぐるしく変化する，ということはほとんどない。これは，その映像を視聴者が見たときに，その番組だと認識できることが重要なためである。演出はその番組の一種の顔の役割をしているともいえる。

3 テレビ演出の特殊性

前節でテレビ演出の手法を列挙したが，これらはすべて技術的な観点から見た演出手法である。実際にこれらの手法を番組内で応用するときには，これらをどのような意味的な文脈で駆使するかが重要であり，その良し悪しが番組の質に直結する。放送局の番組制作者はそれができるプロであり，仕事を継続する中でのノウハウの蓄積に基づきそれを実行し，その結果，視聴者に満足を与えるテレビ番組ができあがるわけである。そうした経験に基づく有機的なものを分析し，分類して示すことは容易ではない。ただし，これはおよそテレビ番組に限らずコンテンツを作成するときに，どんな分野であっても必ず，もっとも重要な要素であることは間違いない。ここでは，テレビ番組というコンテンツの特殊性と，その特殊性を得るに至った歴史的な背景について述べておこう。

テレビ放送の形態は，1990 年代後半に爆発的に普及したインターネットの出現にかなり影響を受け，変化している。本節で述べる事情は，そうした変化を受ける前，具体的には 2000 年より以前の時代のテレビ放送についての経緯であることに留意されたい。

まず，テレビ放送の特性を示す。

- 深夜の数時間を除き，365 日毎日，常時放送している。
- 放送枠を埋めるため，毎日，常にテレビ番組を制作している。
- 主な収入源は広告料（民放）・受信料（NHK）である。

こういう状況下で綿々とテレビ番組が作られていく中，そのテレビ番組の出来の良し悪しの評価がどのように行われるかというと，それは視聴率の高低によってである。公共放送の NHK は視聴率に影響されないといわれるのは俗説で，実際に放送局内ではやはり視聴率によって番組の最終的な質が評価されるところは民放と同様である。視聴率は専門の会社により計測される。一般にモニター対象のテレビ受信機に取りつけられた機器により集計され，1 分毎の数字が計算され視聴率として発表される。すなわち，分単位でいかに高い視聴率を上げるか，ということが番組を制作するときの指標になるわけである。

テレビ放送は，ある地域に複数の放送チャンネルがあることが普通で，通常，数チャンネルから 10 数チャンネルに及ぶ。これらが同時に，リアルタイムで，常に番組放送されている中で，視聴者はそのチャンネルを受信機で選んで視聴しており，その視聴率が分単位で計測されている。したがって，放送する側は，他の局にチャンネルを変えられないように，分単位で自局の番組を見てもらえるように工夫しながら番組を作ることになる。視聴率を稼ぐために，分単位で視聴者を引きつけておかなければならない。

情報系番組の制作システムとしては，情報に演出を加えて番組を出力するのだが，分単位で常に視聴者を引きつけることができるほどの情報は多く存在しない。さらに，放送は毎日常に提供しなくてはならず，一度提供してしまった情報（ニュース的なものの場合）はその価値が半減するので，視聴者が興味を持つ情報を常に確保することは難しい。

すなわち，情報が不足した状態で，それでも番組に視聴者を引きつけるための手段が，演出である。演出に工夫を凝らし，分単位で人の興味を引くか，惰性で見させるようなあの手この手を使う必要が出てくる。たとえば，ニュースバラエティショーでは，タレントや芸人を起用するなどということが行われる。日本では，いわゆる女子アナというものが流行ったが，アナウンサーをタレント化してそれで視聴者を引きつけようという演出である。言うまでもなく，ニュースで流される当の情報の方は，正確にわかりやすく伝わりさえすればいいのであって，タレントが出てきてその人物の魅力で人を引きつける必要などないはずであり，それは当の情報の内容とは何のかかわりもない。

この「視聴者を常に引きつけておく演出」は，テレビ番組の演出の隅々にまで行き渡っている。たとえば，ニュース番組では毎回，定型化された演出に従って放送されているが，その中で毎回変化する，アナウンサーの何げないセリフ回し，しぐさ，表情，そしてそれを感知したカメラマンの微妙なカメラさばき，さらに，それを受けたカメラスイッチングタイミングの微妙なずれ，アート担当のスーパーやテロップへの細々とした工夫など，微妙な人間的変化が加えられている。こういったものの総体が結果的に視聴者に安心感や信頼感を与え，ひいてはチャンネルを変えることなく見させる（たとえそれが惰性であっても）原動力になる。すなわち，視聴率をかせぐために長年に渡り確立された貴重なノウハウがテレビ演出であり，演出はときに内容より重要，ということである。

以上はテレビ番組を作る側の論理であるが，一方，今度はテレビ番組を見る視聴者の側について考えてみよう。当然ながら，制作されたテレビ番組を見る側は一般大衆である。図 8-5 は日本人のテレビの視聴時間の時代による推移を表しているが[5]，1965 年に急速に立ち上がり，以降，およそ 40 年間に渡って一日に 3 時間以上視聴していることがわかる。すなわち，40 年以上に渡って，一日およそ 3 時間から 4 時間テレビ番組を見ている一般の人々があり，そして，その人々による視聴率や人気に関するフィードバックを受けて，放送局はその演出手法を形成してきたのである。そのため，一般大衆は，テレビ番組の演出の良し悪しについて，非常に的確に判断することができ，品質について非常にセンシティブである。実は，これは一種異例といってもよい事態である。テレビ番組以外の通常のコンテンツにおいて，ここまで一般人に目利きが多い分野はほとんどない。たとえば，芸術品は，やはり特権的なコンテンツであり，通常の人々がすぐにその良し悪しを見抜くことは難しい。したがって，人々は専門家の評価を信じ，学芸員の企画した美術展を鑑賞に来る。しかしその同じ人々が，テレビ番組については，その良し悪しを，ほとんどすぐに見抜いてしまう。これは，40 年以上にわたり，一日 3 時間以上，そのコンテンツに接してきたからこそできることであろう。このことから，テレビ番組という特殊なコンテンツでは，作る側と見る側に確

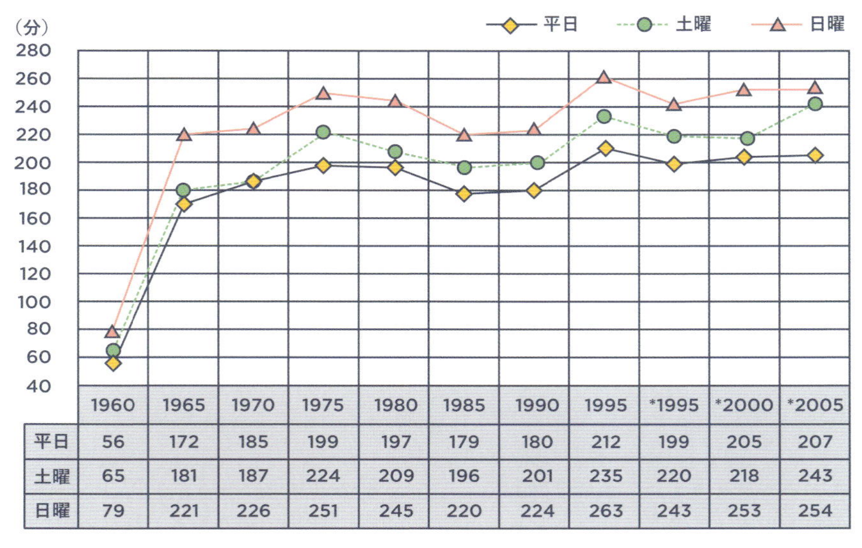

	1960	1965	1970	1975	1980	1985	1990	1995	*1995	*2000	*2005
平日	56	172	185	199	197	179	180	212	199	205	207
土曜	65	181	187	224	209	196	201	235	220	218	243
日曜	79	221	226	251	245	220	224	263	243	253	254

図 8-5　テレビ視聴時間の推移（出典：NHK 放送文化研究所「国民生活時間調査」）

固とした合意形成がされているともいえる。

テレビの演出は意外と厳しいプロフェッショナルの仕事であるということである。見る側の評価が厳しいため，アマチュアの中途半端な演出では評価を得ることが難しいのである。実際，YouTube，ニコニコ動画等の動画共有サービスを見ても，テレビ番組の演出をきれいに模した動画が意外なほど少ないことがわかるであろう（これについては 8.5 節で後述する）。

実際の放送局で放送されるテレビ番組の演出手法に要求されるレベルは高く，前節で述べた技術的な意味での演出手法を単にあれこれ組み合わせるだけでは満足するレベルに達すことは難しい。まず，それぞれの技術が，かなり高度なレベルに達していることが要求される（繰り返すが，一般大衆はすぐにそれを見抜き，それは視聴率にすぐに響いてしまう）。たとえば，アナウンサーの明瞭度の高い滑らかで引っかかりのないしゃべり，自然な表情としぐさ，わざとらしくない程度の感情の表出，は完全なプロのレベルに達していることが要求される。上記を満たさない素人的アナウンサーが出てきたとき，視聴者がすぐにそれを見抜いてしまうであろうことは，想像に難くない。そして，これはアナウンサーなどの出演者だけに限らず，前節で上げたすべてのテクニカルな要素について一定以上の完成度が要求される。

4 能動的視聴

現在は，インターネットそしてモバイルをはじめとした技術進歩によって形成されたネットワーク情報社会である。前節で述べたテレビ放送の形態はすでに古くなってきており，テレビメディアは新しい形態に移りつつある。ここで，かつてのテレビ番組の受動的視聴に対し，能動的視聴といえるサービスがテレビ放送に加わる動きがある。本節では，このテレビ番組の能動的視聴について述べる。

受動的視聴を基本とするテレビ放送に，能動的に視聴することを念頭においたコンテンツを提供することは古くから行われている。最も古いのは「インタラクティブTV」と呼ばれるムーブメントで，1990年ごろから世界的に一時流行した時期があった。ドイツとオーストリアの共同プロジェクトのVan Gogh TVは，1992年にPiazza Virtualeと名づけたインタラクティブ実験放送を行ったが，これが最も古い例である。ここでは，ありとあらゆる実験的な視聴者参加番組の放送が衛星放送をベースに行われた。たとえば，図8-6のように，視聴者がプッシュフォンのテン・キーで放送画面上の電子キーボードを操作して演奏したり，受話器で歌を歌ったりしてそのテレビ画面を皆が見るようなものがある。実際，Van Gogh TVは放送局ではなくアート集団であり，このPiazza Virtualeもメディアアートの走りといった方が当を得ているかもしれない。こうした試みに触発され，日本においても，フジテレビの「ウゴウゴルーガ」，NHKの「天才テレビ君」などの番組が人気を博した時期があった。このインタラクティブTVの流行は4，5年で収束したが，これは1990年の半ばのインターネットの登場と重なっている。その後，2000年頃，インターネットがインフラとして十分に機能するようになるに従い，能動的視聴やインタラクティブTVは，より実質的で現実的な形態へと変わっていった。そ

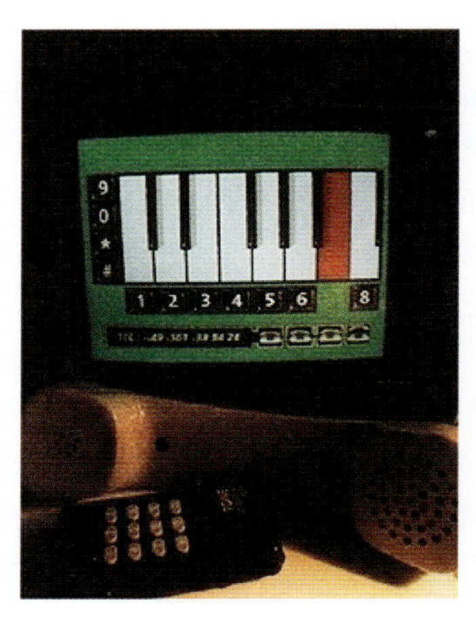

図8-6　インタラクティブTVの例：Van Gogh TV "Piazza Virtuale" (©Ponton/Van Gogh TV)

の代表がデータ放送である。

データ放送とは，メインの放送番組と同時に，ニュースや天気予報，番組表（EPG：Electric Program Guide），放送番組に関する情報といったさまざまな付加データを放送のデジタルデータに重畳して送信し，これを専用の受信機で視聴すると，テレビ画面上でそれらデータをさまざまな形で見ることができるサービスである。これは，2000年よりBSデジタル放送により行われた。視聴者は，テレビのリモコンのボタンを使い，画面上に現れたGUI（Graphical User Interface）を使ってそれらのコンテンツを受容する。そのインタフェースデザインは，GUIを備えたアプリケーションやWEBにおけるハイパーテキストの提示手段と同じく，画面上のボタンの押下による画面遷移が基本である。内容もWebと同じく，テキストと写真や図などである。

データ放送の次世代のサービスはHybridcast[6]であり，2013年よりまずNHKがサービスを開始した。図8-7がその全体図である。基本的には従来のデータ放送を継承して発展させたものだが，受信機にインターネットを接続することが前提で，インターネットからダウンロードするデータを利用することで，幅広いサービスを提供している。画面デザイン的には，データ放送がテレビ番組画面とデータ放送サービス画面をリモコンで切り替えるタイプだったのに対して，Hybridcastはテレビ番組上に情報をオーバーラップさせて表示することができる。

データ放送もHybridcastも，それまでに放送されていた受動的視聴のテレビ番組がメインであり，それに並置させる形で能動的視聴のコンテンツが提示されている。実際，これらユーザインタフェースの記述は，データ放送ではHTMLを放送向きに改良したBML（Broadcast Markup Language）が，HybridcastではWebの標準記述形式であるHTML5が使われており，そもそもWebと同様の発想によるものである。一方，これら能動的サービスと同時に提供されるテレビ番組映像は，前節までに述べてきたものと同一であり，能動的視聴はそれに後から加わった形で，受動的視聴のテレビ番組がいまだに全体サービスの中心に

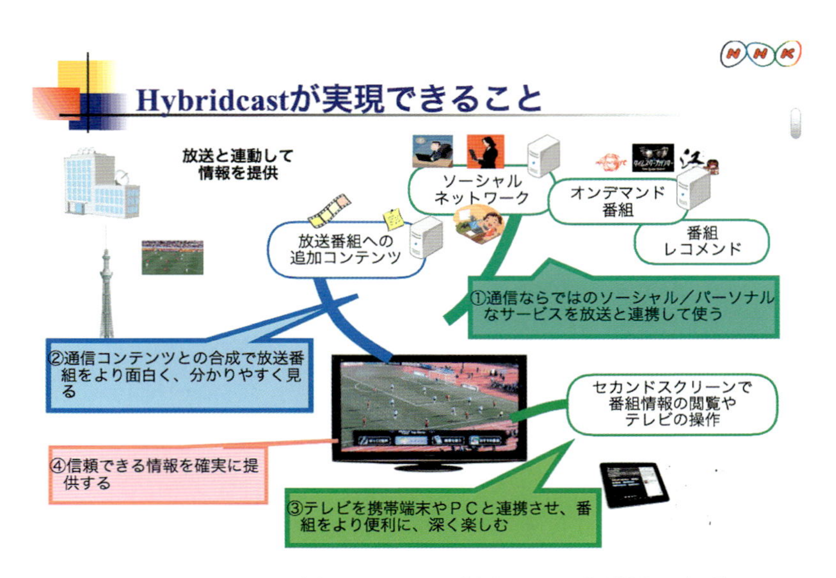

図8-7　Hybridcastが実現できること（出典：NHK放送技術研究所）

据えられていることに変わりはない。

情報デザイン的に見ると，受動的なテレビ番組コンテンツと能動的な WEB コンテンツを関連づけて，それをテレビ受信機の上で一緒に提供できるようにしたことがその要点であり，主にユーザに対する利便性を図りながら開発されたものといえるであろう。

ところで，データ放送は今でも続いており，一定の成果は上げたものの，利用するユーザはそれほど多くはない。また，現在の Hybridcast でもそれは大きく変わっていない。これは，テレビ放送における能動的視聴という形態は，そもそも放送というメディアにおいては補佐的なもので，メインのサービスとして独立するのは難しいということを示してもいる。制作提供する側の放送局も，能動的視聴による補完的情報は，メインの売り物である受動的視聴によるテレビ番組の市場価値をより高めるためのもの，という位置づけで行われているといえよう。

5 ユーザ作成コンテンツと番組演出

8.3節で，テレビ演出は放送局と視聴者が60年かけて作り上げたマスメディアの傑作である，と述べた。このテレビ演出の技法は完成度が高く，今後いくらテレビ放送が衰退の道を辿ろうが，あるいはその形態を現代のネットワークとモバイルを基本とする世の中にマッチする形で変化させていこうが，映像によって「情報を正しく，かつ楽しめる形で，一般人に提供する方法論」として長く残る性質のものと思われる。情報系テレビ番組を情報と演出に分けて考えたとき，テレビ放送は視聴率を分単位で稼ぐ目的によって行われ，演出は時に情報の内容よりも重要なことがあった（図8-8）。しかしながら，従来のテレビ放送と異なり，たとえば，ローカルな情報や，極端に言って完全に内輪の情報などになれば，今度はそれだけで興味深く，おもしろく見られることから，演出がたとえプロ的でなくとも十分に受け入れられるテレビ番組になり得ることが想像される。

この内容と演出のバランスの変化は，ユーザ自らがコンテンツを作成する，ユーザ作成コンテンツ（UGC：User Generated Content）において特に多く観察される。2017年現在，ブログ，Facebook，Twitterといった SNS，YouTubeやニコニコ動画などの動画共有サービスの爆発的な普及により，UGCの分量は増え続けている。UGCの場合，その内容が，放送局などを拠点とする従来のマスメディアと異なるため，その演出技法も異なっている。それは，YouTubeにおけるアクセス数の多い動画を観察することで，これまでのテレビ番組演出とは異なるさまざまな方法論が現れてきていることからもわかる。これらは，まだ世の中に現れてたかだか10年少々であり，60年の歴史の故にできあがったテレビ演出のような完成度に達してはいないが，今後，テレビ番組の演出技法がUGCに少しずつ影響を与え，その映像の質を向上させることも予想される。

UGCの動画作成における演出について，YouTubeを例に述べよう。YouTubeで動画を配信し，その広告収入で生活する人々をYouTuberと呼ぶが，彼らYouTuberの動画を観察する際，図8-8で示した「内容」と「演出」の配分の仕方の観点で見ると興味深い。演出については，オープニングエンディングのアニメーションが付き，スーパーも適宜使いながら，8.2節であげた手法を使った動画が作られているものもある。ただし，それらはテレビ番組で行われるような完全にプロ的な形ではなく，単純化されたものであることが多い。YouTuberの中には，テレビ演出的なものをまったく使わず，パーソナリティの個性と

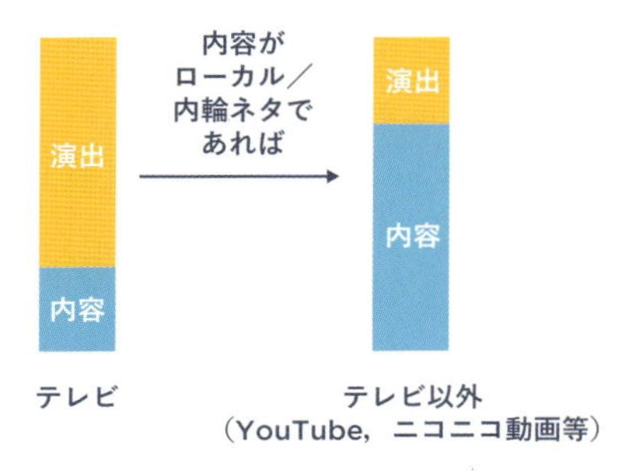

図 8-8　映像コンテンツにおける「演出」と「内容」の重要性

特殊な内容だけで作られているものもある。これなどは，かえって素人っぽい演出により，パーソナリティの個性を際立たせ，視聴者に親近感を与えるような作りになっており，情報デザイン的に興味深い。いずれにせよ，従来からのテレビ番組演出とも異なるさまざまな形の情報デザインが生まれ，定着し，流行り，廃れるであろうことは想像に難くなく，その動向には目が離せない。

一方，従来型のテレビ放送はメディアとしては減少の方向とはいえ，いわゆるテレビ的コンテンツの価値はいまだ健在である。たとえば，アメリカの Hulu，Netflix といった会社がインターネットでテレビ番組を定額で提供しており，テレビ放送の新しい形として急速に普及してきている。これらの放送体のコンテンツは，映画やテレビドラマ，ドキュメンタリーが主であるが，たとえば日本で 2016 年に始まった AbemaTV（サイバーエージェントとテレビ朝日）がライブストリーミングで流しているコンテンツは，情報系番組も含むいわゆる従来型のテレビ番組である。今後，このようなインターネット放送が定着するに従い，テレビ番組演出によるコンテンツは，再び良質のものとして見直され，今後も作られ，提供されることになるだろう。

6 演出のコンピュータ化

テレビ番組の制作は，放送局や映像プロダクションの中で行われ，その演出効果を技術的に実現するさまざまな電子機器を駆使し，制作者と出演者たちが作り上げる。通常は人間が行うこの映像制作を，丸ごとコンピュータに代行させてしまうという考え方は比較的古くからある。本節では，コンピュータを使った自動番組制作について紹介し，番組の情報デザインがどのように生かされ，そして変貌していくかについて述べる。

番組記述言語 TVML

まず，コンピュータによる自動番組制作の概要を図 8-9 に示す。これは，図 8-2 の情報系番組の制作における「内容に演出をつけて動画を出力する」という関係と同一であり，生身の人間のプロダクションの代わりにコンピュータがこれを行い，内容として入ってくるテキスト（情報）に自動演出を施し，CG（Computer Graphics）アニメーションによって番組映像を生成する。ここで，この自動演出部分に，8.2 節で説明したテレビ放送で培われてきた演出技法を適用することで，テキストを与えるだけで，テレビ的な演出が加えられた CG アニメーションを生成するシステムができる。

この自動番組制作の技術で最も古く，また今でも使われている技術に 1996 年に NHK 放送技術研究所で提案された TVML（TV program Making Language）がある[7], [8]。TVML はテレビ番組の演出を記述する特別なスクリプト言語で，TVML で記述された台本を TVML エンジンと呼ばれるソフトウェアが最初から 1 行 1 行順に実行していき，CG アニメーションをリアルタイムで出力するものである（図 8-10）。

TVML の 1 行分はイベントと呼ばれ，たとえば次のような書式になっている。

character：talk（name＝Bob，text＝“こんにちは”）

上記の character が「イベント名」（この例の場合，CG キャラクタを制御する），次の talk が「コマンド名」（CG キャラクタがしゃべる），その次のカッコ内の name と text が「パラメータ名」

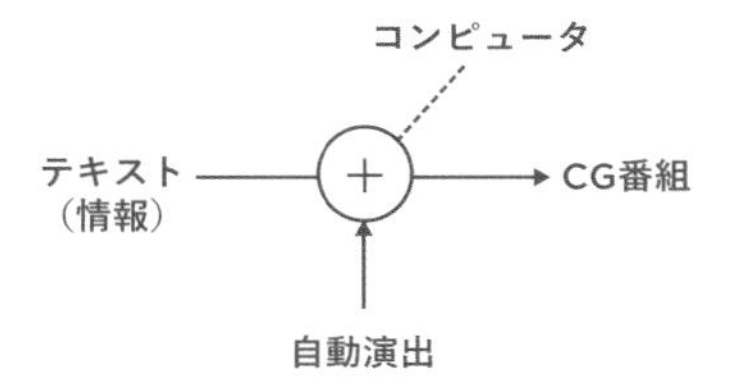

図 8-9　コンピュータによる自動番組制作

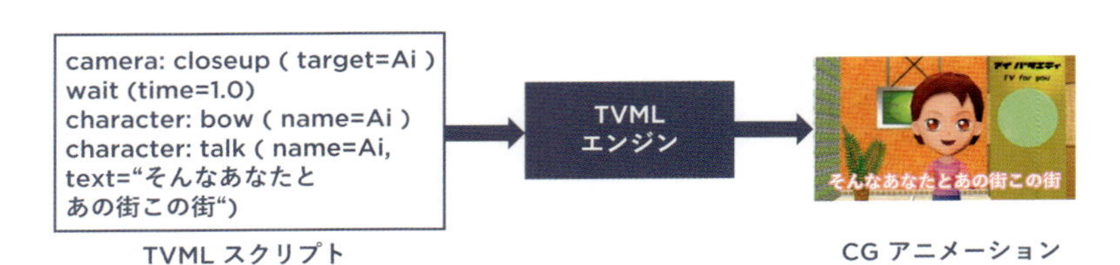

図 8-10　TVML の仕組み

（しゃべる CG キャラクタの名前は Bob，セリフは「こんにちは」）と呼ばれる。TVML の書式はほぼこれ 1 つだけで，このイベントを「CG にやらせたいこと」の順に 1 行 1 行書き並べていくことで台本を作る。

TVML のイベントは 15 種類で，それぞれのイベントに複数のコマンドが用意され，コマンドの総数はおよそ 120，さらにコマンドには多くのパラメータが用意され，その動作を細かく指定できる。TVML のイベントは，8.2 節で説明したテレビ番組制作に使用する演出効果をほぼ網羅しており，特に情報系番組を過不足なく記述できる。一方，TVML 台本を再生する TVML エンジンは，Windows PC 上で動作し，すべての映像音声効果をリアルタイムで生成している。スタジオセットの中でアナウンサーがしゃべってこれをカメラで撮影するスタジオショットは，3 次元 CG を使っており，CG キャラクタが与えられたセリフを合成音声でしゃべり，リップシンクやジェスチャーが自動的に付与される。CG のスタジオショット以外では，静止画データの表示や動画データの再生が可能で，これらの上にオーバーラップされるスーパーインポーズを，フォントの大きさ，色，表示位置などを細かくコントロールしながら実現できる。また，音声データの再生もフェーダーミキシングをしながら可能である。表 8-2 に，主な TVML コマンドとその動作を示しておく。

現在，TVML 言語仕様[9]が公開され，TVML エンジンについては，2017 年時点で Windows PC 版や Unity Game Engine 版などとして一般公開されている。特に，TVML エンジンを使った TVML Player[10]（TVML 台本ファイルを選択して再生するアプリケーション）や，次項で紹介する T2V（Text-To-Vision）[11]といったアプリはフリーウェアで公開され，誰でも使用することができる。また，TVML エンジンは TVML SDK（System Development Kit）として，与えられた利用条件の元で一般利用可能であり[12]，本節で紹介する多くのサービスはこれを用いて構築されている。

CG を使った台本からのアニメーション作成

主に UGC の分野において，この自動番組制作の考え方を応用したサービスがいくつも存在する。たとえば，ムービー塾は TVML をベースとし，専用の台本作成 GUI を持ち，簡単に CG 番組が作成できる。T2V（Text-To-Vision）[13]は，やはり TVML ベースだが，より簡単なテキスト台本をテキストエディタ上に書くだけで CG 番組が作成できる。xtranormal はブラウザ上の台本 GUI でアニメーションを作成し，それをすぐに YouTube などで公開できる。Plotagon は専用アプリをインストールし，簡易な台本 GUI だけでかなり高度なドラマ仕立ての CG アニメーションが作成できる（図 8-11）。

これまでおよそ 20 年間にわたり，いくつものサービスが行われてきたが，広く普及するまでは

表 8-2　主な TVML コマンドとその動作

イベント名	コマンド名	演出動作
character	casting	使用する CG キャラクタを選ぶ（複数可）
	talk	CG キャラクタが合成音声でリップシンクしてしゃべる
	walk	目的位置まで歩く
	look	指定した対象物（他のキャラクタ，小道具など）を首を回して見る
	turn	指定角度の方向を向く
	expression	表情を変える（喜怒哀楽など）
	pose	指定されたポーズをとる
	mocap	指定されたモーションキャプチャーデータを再生してキャラクタを動かす
camera	position	カメラを指定位置にセットする（複数可）
	switch	指定カメラにスイッチングする
	move	カメラを目的位置まで連続的に動かす
	closeup	指定キャラクタにクローズアップする
set	change	CG スタジオセットを切り替える
prop	position	CG 小道具を指定位置に配置する
	openimageplate	画像ファイルを貼った板を CG セットに配置する
	openmovieplate	動画ファイルを貼った板を CG セットに配置する
light	flat	平行光をつける
	point	点光源をつける
	spot	スポットライトをつける
movie	play	動画データを再生する
super	on	簡易スーパーする（表示文字と表示位置を指定）
sound	play	音声データを再生する
	fade	指定音声のレベルを連続的にコントロールする
drawing	settext	フォントを配置してスーパーする。フォント指定，フォントサイズ，色，ボーダー，表示位置など詳細を指定可能
	setimage	画像データを配置してスーパーする。表示サイズ，位置など詳細を指定可能
direct	wait	指定秒数を待つ

至っていない。その理由にはさまざまな要因があり，説明し尽すのは難しいが，8.3 節で述べたように視聴する側がテレビ番組の質に対して非常にセンシティブで厳しいため，中途半端な品質では受け入れるのが難しい，という事情がある。一方，コンピュータを使わず生身の人間が作る UGC においては，8.5 節で述べたように内容のローカル度と演出選択の間にある関係があり，それを的確に設定できると視聴者に受け入れられる，という性質がある。YouTuber で成功してい

図 8-11　Plotagon の制作画面例

る人々は，それを掴んでいるといえる。しかし，TVML をはじめとする多くの自動制作技術は，たとえば CG キャラクタを使用する時点で演出を狭隘に固定してしまっており，それにより制作されるコンテンツもバリエーションに乏しくなる。自動制作技術が放送番組に匹敵するほどに成熟しないのは，このコンテンツの固定化を受容側が敏感に察知し敬遠することも理由の 1 つと思われる。

完全自動制作

前項のように，台本を人が作成してそれをコンピュータで CG を使ってアニメーション化するのではなく，ネットワーク上にすでに大量に存在する Web サイト，E メールなどのテキスト情報を取得し，それに自動的に演出を付与し，人手を介さずに番組 CG 映像を生成する試みも多く行われてきた。灘本ら[14]は，Web サイトの HTML に特別な XML タグを付与し，サイトの内容をそのまま自動的にテレビ番組に変換する仕組みを構築した。また，ニュース番組に特化し，対象とするニュースサイトを限定し，これを自動的にニュース CG 番組に変換する試みも行われた[15]。同様の試みではあるが，比較的成功した例として，2 ちゃんねる掲示板からの対談番組自動生成があり，おもしろいとの評判を得ている。その理由は，演出と内容のバランスが適切に設定されているためであろう。図 8-12 を見てわかるように，CG キャラクタは低品質で，自動カメラスイッチングはある程度機械的だが，同様に掲示板の会話内容にも雑談や放談にあふれた俗なものを選ぶことで，演出と内容がきれいにバランスするポイントを突いており，動画コンテンツとしてきちんと成立している。そういうとき，コンテンツ受容側は安心して楽しく番組を受け入れるのである。

以上のような自動番組制作の研究でわかったことは，コンテンツの受容者に対する訴求ポイントが，内容と演出のバランスという形できれいに違和感なくできあがっていることが「優れた情報デザイン」として受容者に評価される，ということであった。そういう意味で，8.2 節で述べたテクニカルな方法論に加え，8.3 節で述べたテレビにおける制作者と視聴者の関係に基づく適切な内容と演出のバランスに配慮することで，初めて優れ

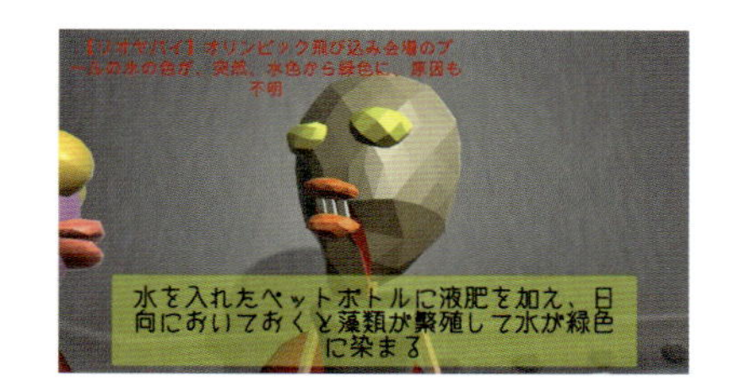

図 8-12　2 ちゃんねる掲示板から自動生成された CG 映像
http://hayabusa3.2ch.sc/test/read.cgi/news/1470799329/

た番組（あるいは一般に，映像，CG アニメーション）ができる，ということである。冒頭の 8.1 節で，情報系テレビ番組の制作システムを情報デザイン的に考え，図 8-2 のように情報と演出に分離した形で図式化したが，実際に，満足できる品質の出力を得るには，その伝えようとする情報内容と，それに施す演出が，互いにバランスを取って調和していなければならないことを示している。情報デザインとしてテレビ番組を考えたとき，これは非常に重要で，今のところその「バランスと調和」をきれいな方法論にまとめることはできておらず，人間の感性とセンスによって行われるもの，としか言うことができない。しかしながら現在，世界では人工知能（AI：Artificial Intelligence）の劇的な進歩がクローズアップされており，こうした「人間的な感性やセンス」をコンピュータによって抽出し再構成できる可能性が高くなった。今後，そのような先端技術によって，動画制作における演出が次世代を迎えることが期待される。

番組模倣

コンピュータを使った自動番組制作の試みは，内容と演出のバランスを取ることが難しく，いわゆるテレビ番組の制作にそのまま応用したとき，なかなか満足の行く品質を得ることが難しい。前項の最後で AI 技術でこれを解決する可能性に触れたが，現行のテレビ番組の演出を完全にそのままの形で模倣して番組を自動生成する試みが行われており，興味深い結果が得られている[16]。

ニュース番組をターゲットにしてこれを完全に模倣した CG 番組を作り，これをオリジナルと比較評価実験する試みを紹介する。模倣ターゲットは「NHK ニュース 845」で，ニュースコーナーの中の 1 つ分の記事のオリジナル映像を，8.2 節で述べたテクニカルな演出について詳細に分析する。次に，その分析結果に基づき，TVML を使って完全に模倣する。アナウンサーは合成音声でしゃべる CG キャスターを用い，アナウンサーのセリフ，字幕のテキスト，スーパーの文言などの情報はすべてTVML台本の中に直接書き込み，これをTVMLエンジンでその場で再生する（図8-13）。できあがった模倣番組と，オリジナルの番組を被験者に見せ，その後，質問に答える形で実験を行う。方法はWebサーベイで，15人の不特定多数の人間に対し実験を行った結果が図8-14である。この結果からわかるのは，多くの人が，CG番組の完成度も満足度も比較的高く評価しているにもかかわらず，いざCG番組でオリジナルのニュースを置き換えようとしたとき，それは嫌だ，と答えていることである。特に，(b)と(c)のグラフの傾きの傾向がまったく逆になっていることは興味深い。今回のCGキャラクターのルックスがあまりニュースアナウンサー的でなかったことも結果に影響しているであろうが，やはり視聴者のCGに対する心理的なバリアは高い，といえるだろう。8.6.1項で，CGによる自動制作番組は，CGを使うことで演出を狭隘に固定してしまっているとしたが，その考え方を裏づける結果になったともいえる。

この試みは，単に本物とイミテーションを比べるというだけに留まらない。番組はTVMLによってデジタル化されているので，まず，まったく同様の演出で内容だけを変えてさまざまな「同じようなニュース番組」を作ることができ，演出が同じで内容だけ変えた番組を大量生産できる。それをしたとき，受容者がどのような反応をするか調べ，今後のより現実的な自動番組制作の開発のノウハウとして蓄積できる。さらにまた，デジタル化されているため，さまざまな演出要素を人為的に変更することができる。たとえば，CGアナウンサーを種々変更する，読み上げの速度をコントロールする，スーパーを抜くなどの操作が可能で，それを行った上でさらに被験者に対して評価実験を行えば，演出のどの部分がどのように受容者に影響を及ぼすかを調べることができる。これらの調査で，テレビ番組メディアに対する人の反応を明らかにできれば，社会科学的な問題を解明することにも貢献できるであろう。

CGを使ったこれまでにない情報メディア

コンピュータとCGを使って，受動的視聴に始まったテレビというメディア自体を，テクノロジーによって，能動的視聴の融合も含め，さまざまに変質させる試みも行われている。ここでその試みをいくつか紹介しよう。

・シームレスインタラクション

これは，図8-15のように，TVMLで記述したテレビ番組を再生している最中に，ユーザがボタンを押すことで，番組を中断し，番組の中の登場

図8-13　NHKニュース845をTVMLで模倣したニュース番組

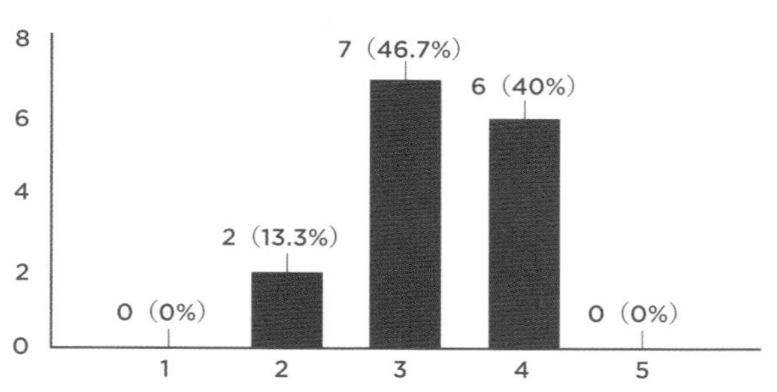

a) オリジナルのニュースを基準にしたとき，CG ニュースはどれぐらいの完成度だと思いますか？
（1：完成度がとても低い　5：完成度がとても高い）

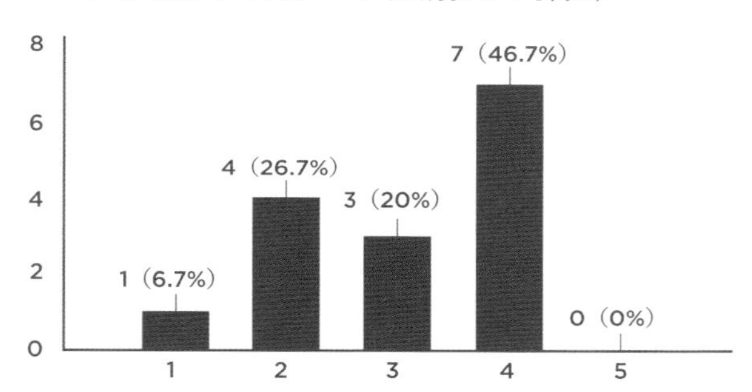

b) オリジナルのニュースを基準にしたとき，CG ニュースはどれぐらい満足できますか？
（1：まったく満足できない　5：とても満足できる）

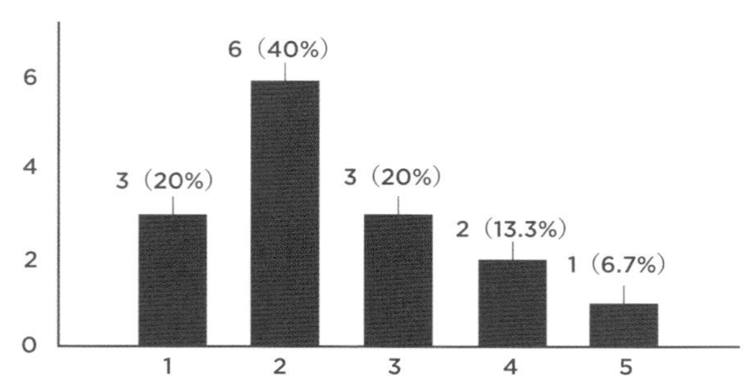

c) このCG ニュースを本物のテレビニュースの代わりにしてもよいと思いますか？
（1：代わりにはならない　5：代わりにしてよい）

図 8-14　番組模倣の評価実験結果

人物と対話できるものである。対話モードでは，ユーザはウィンドウに質問文を入力することでCG 出演者がこれに答える。再度ボタンを押すことで，先ほど割り込んだ時点から番組を再開し，受動視聴が始まる。この割り込みはいつの時点でも可能である。この手法は，受動視聴と能動視聴をCG 俳優を介して切れ目なくつなぐ，という意味でシームレスインタラクション[17]と名づけられている。これは 8.4 節で述べた，受動視聴と能動視聴の分断並置を克服する手法の 1 つとも言える。情報デザイン的に言うと，これは教師と生徒の講義を模したものと言えるであろう。すなわち，ふだんは教師が一方的に講義し，生徒はそれを聴講するが，任意のポイントで生徒が講義に割り込んで教師と質疑応答を行い，それが終わるとまた受動的講義に戻る，という形態である。教師と生徒のメタファを使わずとも，われわれ人間は社会において，多かれ少なかれ，このような受動的状態と能動的状態を行ったり来たりしながら生活をしているので，この手法はごく自然なものとも言えるであろう。このシームレスインタラクションは，テレビの受動的な形態から始まって，そこに能動的対話をシームレスに融合する，という方向性で生まれたものだが，そもそも能動的な形態に受動的要素を接続する，という方向もあり得る。映像を用いた能動的なコンテンツにビデオゲームがある。このゲームの世界を観察しても，特にRPG（Roll Playing Game）などで，受動的なコンテンツを挿入する手法が多様されている。この場合は，ゲームプレイの環境中で，CGキャラクタがドラマ的な演技をするが，昨今，このドラマ再生部分とゲームプレイ部分の継ぎ目をなるべくなくすようなものが増えている。いずれも自然な社会行動をシミュレートする方向に動こうとする傾向であろう。昨今，Oculus社により再度クローズアップされブレークしたHead Mounted Displayによるバーチャルリアリティや，スマートフォンの普及により複合現実感（AR：Augmented Reality）などが改めて注目されているが，その中で構築され提供されるコンテンツのデザインにおいては，この受動的コンテンツと能動的コンテンツの融合と配分がますます重要なポイントになるであろう。

・カスタマイザブルテレビ

情報をネットワークから取ってきてこれをCGで映像化する際，情報をさまざまに加工することで，視聴者にカスタマイズされたテレビ番組として提供することができる。たとえば，自分の好きなキャラクタにニュースを読んでもらったり，読みのセリフをいろいろ加工することで自分好みに雰囲気を変えたり，あるいは外国語の情報を機械翻訳にかけて自国語で楽しんだりできる。図8-16のように昔のテレビ受信機のツマミのメタファを使い，これに年齢や性別，言語を割り当て，たとえば，年齢を左に回すと言葉使いも幼く

図8-15　シームレスインタラクション

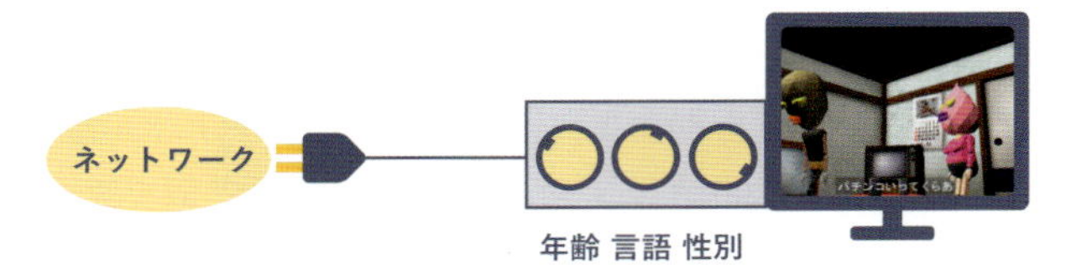

図8-16　意味をコントロールできるツマミがあるテレビ

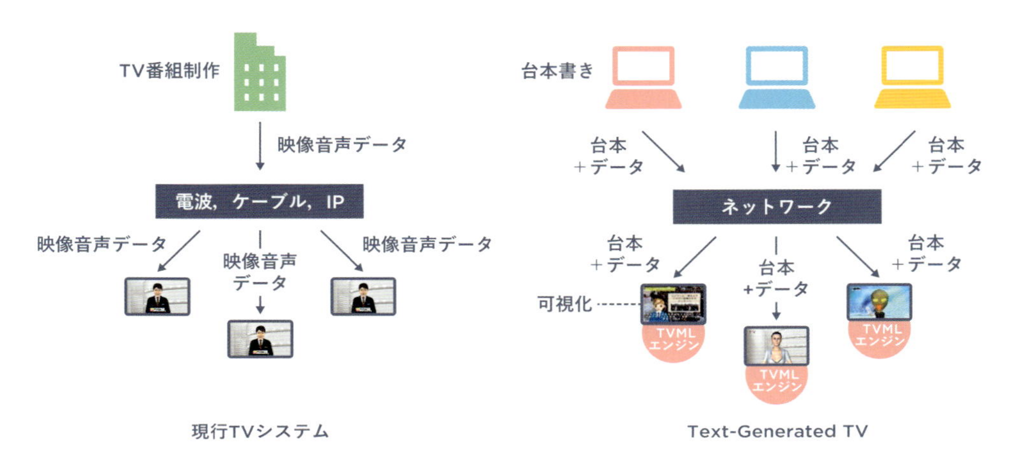

図 8-17　Text-Generated TV と現行テレビシステム

子供向きになり，中間は若者向き，そして右に回すと高齢者向きになり，読みのスピードやカットチェンジをゆったりと行うなど，演出をダイナミックに変えて見られるようなテレビを考えることができる。

・Text-Generated TV

情報をコンピュータで映像化して提供するテレビシステムは，最終的に図 8-17 のようにテレビ放送システム自体を変えてしまう発想にも行き着く[18]。映像音声データを送る現行の放送システムに対置させる形で，台本を流通させて受け側でこれを映像化することで視聴するシステムである。このシステムの要点は 2 つあり，1 つは送信するデータ量が激減すること，もう 1 つは，CG の機能を用いて従来の受動型視聴に留まらないフレキシブルなコンテンツが提供できることである。前者は，古くから知的符号化，オブジェクト符号化と呼ばれ研究されてきたが，これまでは実験の域を出ず，また，この考え方は MPEG4 の標準化の際にプロファイルの 1 つとして盛り込まれたが，結局，周辺技術の未発達の問題もあり実用化には至らなかった。今現在，CG 技術やネットワーク技術の発達により，十分実現可能な状況になっている。また，後者については，前述したようなユーザに合わせてカスタマイズ番組を提供したり，シームレスインタラクティブを仕込んだり，ありとあらゆることが可能になり，テレビ放送のサービスの幅を飛躍的に広げることができるであろう。

ここで，実現性をしばし度外視して考えると，この Text-Generated TV のインフラが整備されれば，情報デザイン的に非常に大きな自由度が確保されることになり，さまざまなチャレンジが可能になるであろう。ただし，自由度が大きいということは，内容と演出，それを受け取るユーザの間のバランスを取ることがさらに難しくなることも意味する。ましてやそのバランスを自動的にコンピュータにやらせることは難しく，昨今の人工知能の研究の応用をはじめ，コンテンツ自動制作に関する息の長い研究になるだろう。また，それまでプロのものだったテレビ演出という手法が，インターネットによるUGCの爆発的普及で変化していったように，今後のコンテンツ制作とそれを流通させるインフラは，プロフェッショナルの世界にアマチュアの力をいかに接続するかということが大きな課題の1つになるであろう。

演習課題

（問1） 同時間帯の複数局（NHKと民放など）のニュース番組を調べ，そこで使われているテレビ演出（8.2節で列挙した演出要素）を抜き出し，比較せよ。

（問2） ニュース番組以外のジャンルの番組を選び（たとえばスポーツ番組，グルメ番組など），そこで使われている演出を調べて，列挙せよ。

（問3） YouTuberの動画を選び，そこにどの程度のテレビ演出が使われているか調べよ。また逆に，テレビ演出と異なる独自の演出を探して列挙せよ。

（問4） 身近な話題を取り上げ，それをもとにニュース番組の台本を書いてみよ（アナウンサーのセリフやスーパー文字などを作成する）。また，可能であればWindows PCを用意し，TVML Playerをダウンロード（参考文献10および12のものが使用できる）して動かし，TVMLを使ってそれをCG番組化してみよ。

参考文献

[1] デジタル放送に使用する番組配列情報，標準規格，ARIB STD-B10, 5.1 版

[2] 総務省・経済産業省「平成 26 年情報通信業基本調査」

[3] NHK 放送技術局（編）：『テレビ番組の制作技術　増補版』，兼六館出版，2011.

[4] 伊達吉克，大坪直人，坂本敏幸，鈴木彰，三野三夫，国重静司："高品質 3 次元 CG バーチャルスタジオの開発と生放送への応用" 映像情報メディア学会技術報告，Vol.21, No. 15, pp.37-42, 1997.

[5] NHK 放送文化研究所：NHK 国民生活時間調査，2005.

[6] 金次保明，三矢茂明，松村欣司，馬場秋継，藤沢寛，武智秀，山本真，浜田浩行："放送通信連携システム Hybridcast の提案：放送通信融合時代の新しい放送システムをめざして（コンシューマ機器および一般）" 映像情報メディア学会技術報告，Vol.35, No. 7, pp.31-34, 2011.

[7] 林正樹："テキスト台本からの自動番組制作：TVML の提案" テレビジョン学会年次大会講演予稿集，32, pp.589-592, 1996.

[8] Hayashi, Masaki, Hirotada Ueda, Tsuneya Kurihara, and Michiaki Yasumura: "TVML（TV program Making Language）-automatic TV program generation from text-based script." In Proceedings of Imagina, Vol. 99, No. 9, pp. 119-133. 1999.

[9] TVML 言語仕様バージョン 2.x：http://www.nhk.or.jp/strl/tvml/japanese/onlinemanual/spec/index.html（As of June 22, 2017）.

[10] TVML ホームページ：http://www.nhk.or.jp/strl/tvml/index.html（As of June 22, 2017）.

[11] おひろめ TV：http://ohirome.t2v.bz/（As of June 22, 2017）.

[12] tvmllab：http://tvmllab.com/（As of June 22, 2017）.

[13] Hayashi, Masaki, Seiki Inoue, Mamoru Douke, Narichika Hamaguchi, Hiroyuki Kaneko, Steven Bachelder, and Masayuki Nakajima: "T2V: New Technology of Converting Text to CG Animation." ITE Transactions on Media Technology and Applications, 2, No. 1, pp.74-81, 2014.

[14] 灘本明代，服部多栄子，近藤宏行，沢中郁夫，田中克己："Web コンテンツの受動的視聴のための自動変換とスクリプト作成マークアップ言語" 情報処理学会論文誌データベース（TOD），Vol.42, No. SIG01（TOD8）, pp.103-116, 2001.

[15] 道家，林，牧野："TVML を用いた番組情報からのニュース番組自動生成"，映像情報メディア学会誌，No.7, pp.1097-1103, 2000.

[16] M. Hayashi, S. Y. Shishikui, S. Bachelder, M. Nakajima: "An Attempt of Mimicking TV News Program with Full 3DCG - Aiming at the Text-Generated-TV System -", 11th International Symposium on Broadband Multimedia Systems and Broadcasting（BMSB2016）, 2016.

[17] 道家　浜口　林　八木："映像コンテンツ視聴時に CG 出演者と直接対話できるシームレスインタラクションの提案" 通信学会論文誌 D，Vol.J89-D, No.10 pp.2206-2218, 2006.

[18] M. Hayashi, M. Nakajima and S. Bachelder, "Implementation of the Text-Generated TV", Proceedings of NICOGRAPH INTERNATIONAL in Japan, 2015.

CHAPTER

9

情報の信頼性

わかりやすい情報表現は情報に対する信頼度も向上させる。本章では，表現された情報の信頼性（credibility）とは何か，高い信頼性を獲得できる情報表現とは何かについて考える。

（田中 克己・楠見 孝）

1 情報の信頼性

情報の信頼性とは何だろうか。情報を信頼しやすい形に表現するにはどうすればよいのだろうか。また，信頼できる情報をどのように生成すればよいのであろうか。

情報デザインの目的は，伝達したい情報を受け手にとってわかりやすい形で表現・デザインすることである。この意味では，情報デザインの概念には，情報の信頼性の概念は一義的なものとしては入っていない。つまり，「情報のわかりやすさ」は「情報の信頼性」とは異なる概念である。実際，情報をわかりやすくするためにあえて信頼度の低い情報表現が使われることも多い。たとえば，広告や政治的メッセージなどでは，情報をわかりやすく伝えることを一義的な目的とした場合には，誇張表現や一面的な情報表現，さらには捏造表現までも用いられることがある。

一方，「わかりやすい」情報は「信頼できる」という風潮も存在する。「あの人の話はわかりやすいので信頼できる，信用できる」という風潮である。図9-1は，公益財団法人 新聞通信調査会による2015年度の全国世論調査において，ユーザが各メディアに対する信頼度を評価する際に用いた要因である。この中で，「情報がわかりやすい」という要因が入っており，メディアへの信頼度評価に影響している点が興味深い。つまり，「そのメディアの情報がわかりやすい」ので「そのメディアへの信頼度が高い」ということにつながっているわけである。この意味でも，情報デザインにおいては，情報の信頼性を考えておくことが重要である。

情報の信頼性や信頼性分析については，社会科学，特に，社会心理学分野や語用論・コミュニケーション学分野で，古くから活発に研究が行われてきた。C.I. ホバンド（Hovand）らは，情報の**信頼性（credibility）**は，事実や意見の真偽とは異なり，受け手によって認知される特性であり，メッセージやメッセージの発信者に対する受け手の受容度と定義している[1]。

さらに，B.J. フォッグ（Fogg）は，情報の信頼性を判断する2大指標は，情報（または情報発信者）の**信用性（trustworthiness）**と**専門性（expertise）**であるとしている[1]。直観的には，情報の信用性とは，情報（または情報発信者）が，社会から高く評価され支持を受けているかに対応する概念であり，情報の専門性とは，その情報（またはその情報発信者）が科学的に正確であり専門的であるかに対応する。つまり，フォッグは，情報の信頼性（credibility）を，信用性と専門性という人間にとって認知可能な特性とみなしている。信用性は，対象となる人や技術や情報

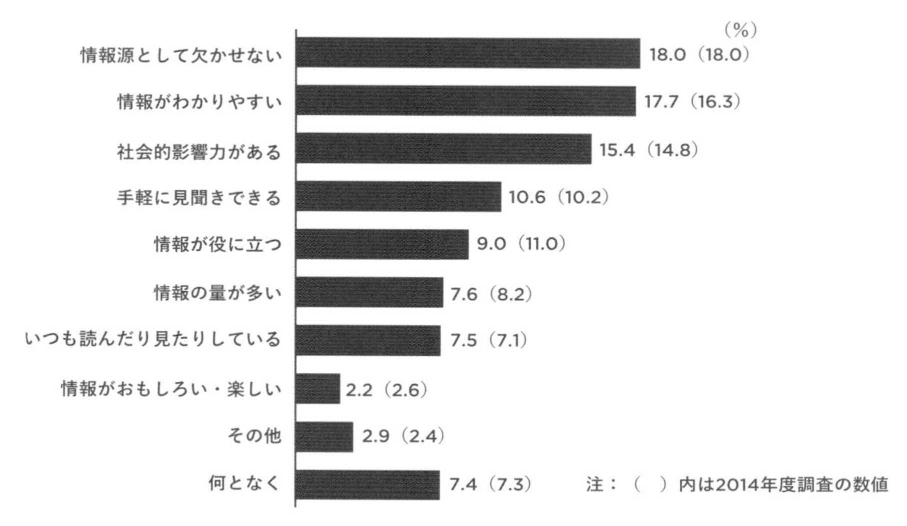

図 9-1　各メディアへの信頼度評価の要因（公益財団法人 新聞通信調査会）
http://www.chosakai.gr.jp/notification/pdf/report9.pdf

が，どの程度信用できるかという尺度であり，対象が正直，公正，偏見をもって判断していないとみなし得る度合いである。一方，専門性は，対象がどの程度専門的であるかどうかという尺度であり，その対象が知識，経験，能力を備えているとみなし得る度合いということができる。

2

メディアの信頼度

情報の信頼性は，その情報を伝えるメディアにも依存する。同じ情報であっても，それを伝えるメディアによって情報表現方法が異なっていたり，そのメディア自身がどの程度多様な情報を伝えているかによって，そのメディアに対するユーザの信頼度が異なる。

メディアの信頼度に関しては，これまでさまざまな調査が行われてきている。図 9-2 は，公益財団法人 新聞通信調査会が毎年度行っているメディアに関する全国世論調査の 2016 年度の結果である。NHK テレビおよび新聞が最も高い信頼度を獲得していること，各メディアの信頼度が総じて低下気味であること，インターネットで配信される情報に対する信頼度が低いレベルで低迷していることなどが読み取れ，興味深い。

図 9-3 は，著者らが 2010 年に行った，メディアの利用頻度と信頼度に関するユーザ意識調査（インターネット調査）の結果である。ウェブサ

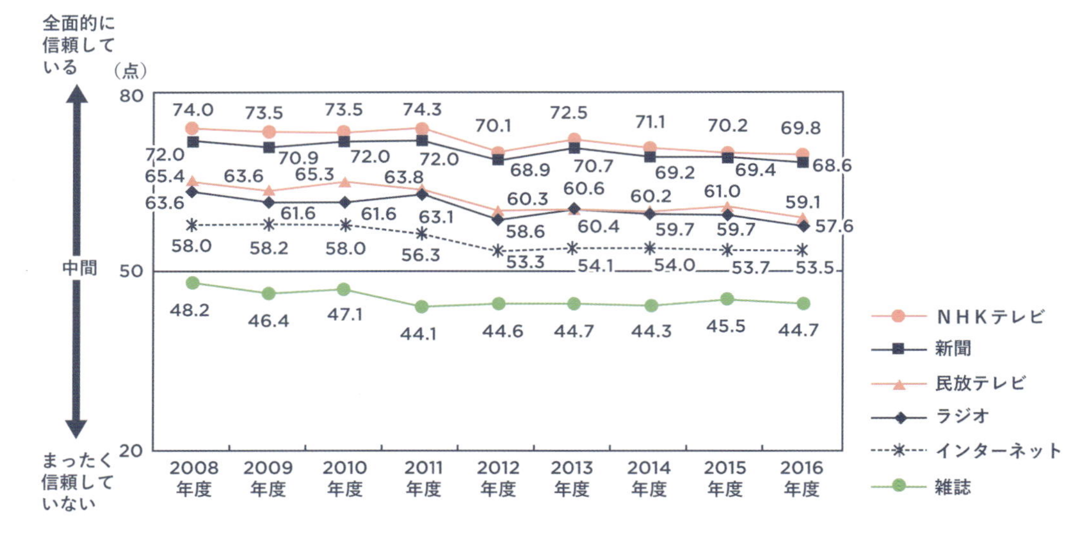

図 9-2　メディアへの信頼度全国世論調査（公益財団法人新聞通信調査会）
http://www.chosakai.gr.jp/notification/pdf/report12.pdf

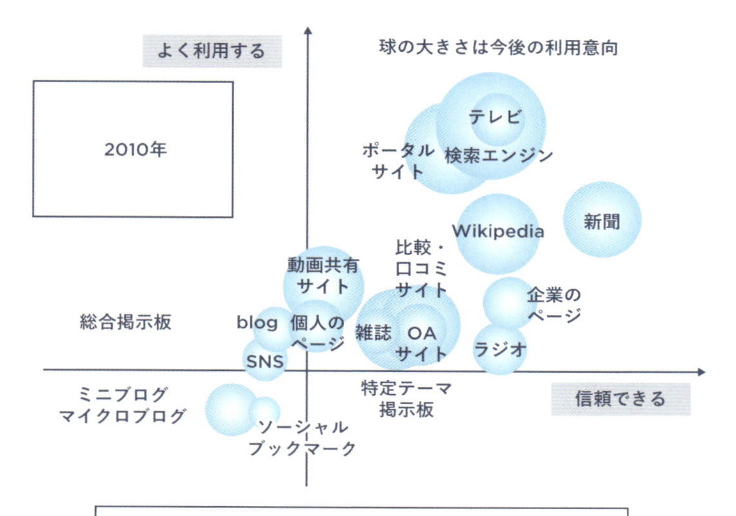

図 9-3 メディアの利用頻度と信頼度に関するインターネット定量調査（ニールセン広告信頼度 グローバル調査 2015 年 9 月，http://www.nielsen.com/jp/ja/insights/reports/nielsen-Trust-in-Advertising report1.html）

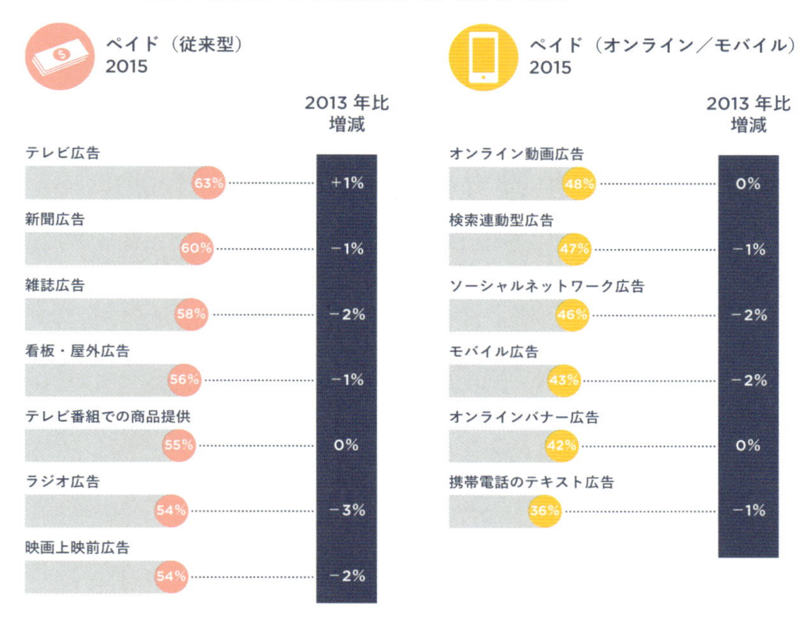

図 9-4 従来広告，オンライン・モバイル広告に対する信頼度

イト，ウェブ検索エンジン，集合知としてのWikipediaや質問応答サイト（QAサイト）などに対して，ユーザが比較的高い信頼感を示していることがわかる。

広告情報に限定してのメディア信頼度調査がニールセン社によって行われている（ニールセン広告信頼度グローバル調査)[2]。広告形態・媒体に対する信頼度を，オンライン広告や消費者間の口コミまで含めて，60か国のユーザを対象に消費者信頼度を測定したもので，興味深い結果が出ている。図9-4にその結果の一部を引用する。

調査結果の概要は以下のような興味深いものとなっている。

- オンライン広告が激増するにもかかわらず，従来型の広告メディアに対する信頼度は損なわれておらず，テレビ広告，新聞広告，雑誌広告が高い信頼度を獲得している。
- 図9-4には示されていないが，「友人・家族からの推薦」，「企業（ブランド）ウェブサイト」，「ネット上の消費者の口コミ」などが，高い信頼度を獲得している。
- 広告のテーマとしては，欧米ではユーモアが，中南米では健康関連の話題が，アジア太平洋・アフリカ・中東では日常生活を描いた広告が最も共感を得ている。

3
ウェブ情報の信頼性

ウェブ（World Wide Web）は，デザインされた情報を提示・提供する場として，いまや重要なメディアとなっている。世界中でさまざまなウェブサイトが作られているが，このようなウェブというメディアに対する信頼性（Credibility）はどうであろうか。

ウェブには2万件以上の医療情報サイトが存在するが，その半数以上が医療専門家によるチェックを受けていないものであることがサイレンス（Sillence）らによって報告されている[3]。この研究では，ウェブに対する信頼性はあまり高いものではなく，むしろ危険性が指摘されている。

ウェブサイトの信頼性とは，そのウェブサイトが提供している情報から，公正さ・公平さ・偽りの無さ（信用性）や，豊富な知識・経験・知性（専門性）を，どの程度認知できるかを意味する。ウェブサイトの信頼性が高ければ，そのウェブサイトは説得力が高く，人の姿勢や行動を変える原動力となる。ウェブサイトの供給者側にとっては，ウェブデザイナーがいかにして信頼性の高いサイトをデザインできるかが重要な課題となる。一方，ウェブサイトの利用者（ウェブサーファー）にとってはそのウェブサイトが提供している情報が信頼できる情報であるかを見抜くことが求められる。

B.J. フォッグ[1]は，ウェブサイトの信用性については，

- ウェブサイトを提供している組織の所在地，
- 問合せ先の連絡先・電子メールアドレス，
- 引用や参照を含む記事等

を掲載していることが信用性を向上させる要素となり，

- サイトの情報内容と広告の区別が難しいこと，
- 信頼性の低いと感じるサイトへのリンクがあること，
- サイトのドメイン名と会社名の不一致

などが信用性を低下させる要素であるとしている。

また，ウェブサイトの専門性については，

- ウェブサイトのユーザの問合せへの迅速な回答，
- 取引に関する確認メールの送付，
- 情報の著者・肩書き等を明示していること，
- そのサイトの過去のコンテンツが検索可能なこと，
- 情報内容が適宜更新されていること

が，専門性を向上させる要素となり，

・コンテンツの更新が少ないこと，
・機能しないリンクの存在，
・情報内容の誤植の存在

などが，専門性を低下させる要素であるとしている。

B.J. フォッグは，さらに，ウェブサイトの信頼性に関して次の 4 つの型を導入している[1]。

仮定型の信頼性

人は，対象の何が信用でき何が信用できないかに関して，あらかじめ一般的な仮定を自身の中に置き，この仮定に基づいた信頼性に伴う先入観を持つ。たとえば，ウェブサイトの運営が非営利団体であること，サイトの URL が org で終わっていること，競合サイトへのリンクを公平に提供していることなどが信頼度を上げる要素となっている。

外見型の信頼性

人は，対象の信頼性の初期評価を，広告のレイアウトや密度などの，外見上の特徴を直接見た印象から判断する。たとえば，対象となるウェブサイトがプロのデザイナーによって設計されていること，内容が前回閲覧したときから更新されていることなどが信頼度を上げる要素となる。

一方，内容と広告を見極めにくいこと，自動的に広告を表示すること，ダウンロードに時間を要することなどは，信頼度を下げる要素となる。

評判型の信頼性

人は，対象に対する第三者による保証（評判の良い情報源による保証など）があることで，対象の信頼度を高める。たとえば，対象となるウェブサイトが，ユーザが信頼しているサイトからリンクされていること，ユーザから紹介されたものであること，そのサイトが獲得した賞などを掲載していることなどが信頼度を上げる要素となる。

獲得型の信頼性

人は，対象の使用期間が長くなるにつれて，その対象への信頼度を高める。たとえば，対象となるウェブサイトが，ユーザの問合せに対して迅速な回答を行っていること，取引確認のメールなどをきちんと送付していることなどが信頼度を上げる要素となる。

一方，対象となるウェブサイトが操作しにくいことなどは信頼度を下げる要素となる。

4
集合知の信頼性

集団的知性（Collective Intelligence）とは，社会の多くの個人の協力・競争を通じて生じる知性のことである。また，集合知（Wisdom of Crowds）は，まさしく「群衆の智慧」であり，集団の情報を集約（aggregation）したものとされる[2]。

ブログ，SNS（Social Network Service），ソーシャルブックマーク，投稿型質問応答（QA）サイト，Wikipedia などは，個人が情報発信を行うユーザ生成型メディア（Consumer Generated Media，CGM と略す）として発展してきている。Ramakrishnan ら[4]によれば，世界で生成される CGM データは，1 日あたり 8 ～ 10GB（2007 年）という膨大なデータ量となっており，従来の出版物や専門的なウェブサイト情報のデータ量を大きく凌いでいる。さらに，個人が発信するさまざまなレビュー情報やアノテーション情報の生成量も 1 日あたり 40MB（2007 年）となり，専門的なレビュー情報（10MB）を大きく上回っている。このように CGM の情報量は量的に膨大であり，集合知を形成する基盤的なメディアとなりつつある。

このような CGM データから有用な集合知，社会知といったものを得るためには，CGM データの信頼性の担保が必須となる。Ramakrishnan らも，図 9-5 に示すように，CGM データは，量的には伝統的な出版物のデータ量を凌駕しているが，その品質には問題があると指摘している。情報の「品質」の概念の中で，最も重要なものの 1 つが，情報の「信頼度」であると考えられる。CGM データは，たいていの場合，個人が，情報の確認・検証・編集などを行わずに自由に発信する情報が主であるため，情報の信頼性が担保されていないといえる。

UGC データの信頼性に関して，以下のような研究が行われている。

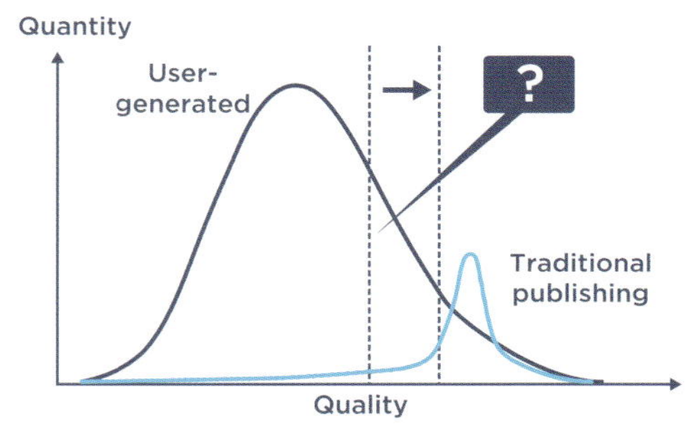

図 9-5　伝統的な出版物データと CGM データの量と質（R.Ramakrishnan, A.Tomkins: Towards a PeopleWeb, IEEE Computer, 40（8）, pp.63-72（2007）より引用）

		Question quality		
		High	Medium	Low
Answer quality	High	41%	15%	8%
	Medium	53%	76%	74%
	Low	6%	9%	18%
		100%	100%	100%

図 9-6 質問応答サイトにおける質問と回答の品質（E. Agichtein, C. Castillo, D. Donato, A. Gionis, G.Mishne: Finding High-Quality Content in Social Media, Proc. ACM WSDM.08, 183-193（2008）より引用）

・質問応答サイトの文章の品質

Yahoo! Research 研究所のカスティロ（Castillo）[5] らは，質問応答サイトに寄せられる質問文と回答文中の文章の品質を分析している。結果として，品質の低い質問文や回答文が多く存在すること，さらに，図 9-6 のように，品質の良い（悪い）質問には，品質の良い（悪い）回答が寄せられる傾向があることを示している。

・Wikipedia の危険性

デニング（Denning）ら [6] は，Wikipedia の信頼性・信憑性に関して警鐘を鳴らしている。Wikipedia の問題点として，記事内容の正確度（Accuracy）が低いこと，記事の書き手の動機・意図が見えないこと，記事の書き手の専門性が保証されていないこと，記事の揮発性（記事が頻繁に改訂されること），記事の書き手に偏りがあること，記事中に信頼ある情報源への引用がないことを指摘している。

・Wikipedia 記事内容の不正確さとわかりやすさ

米バーモント州ミドルベリー大学史学部教授のウォーターズ（Waters）[7] は，自身の講義において Wikipedia 記事を引用することを禁止した。これは，日本史の講義で取り上げたいくつかの歴史的事件（「島原の乱」）などについて Wikipedia 記事に誤りがあったこと，および，多くの受講生がこの講義のレポートでこの誤った Wikipedia 記事を引用したことが原因である。ところが，一方，Wikipedia の癌に関する記述は，米国立がん研究所（NCI）の癌情報サイト Physician Data Query（PDQ）の患者向けセクションに匹敵する正確さを持っているが，内容が読みにくく，難解な情報へのリンクが含まれていることが，米トーマス・ジェファーソン大学の最近の研究 [8] により報告されている。

上記の例は，UGC データ，すなわち，集合知の信頼度が十分でないということを物語っている。では，信頼できる集合知を得るには，どのようにすればよいだろうか。集合知の提唱者であるスロウィッキ（Surowiecki）は，集合知が機能するための条件として，以下の 4 つをあげている [2]。

・情報源の多様性（diversity）が確保されていること
・情報源の独立性（independence）が確保されていること
・情報源の分散性（decentralization）が確保されていること
・適切な集約メカニズムが存在すること

また，コペンハーゲン大学の J. ヨハン（Johan）ら [9] は，社会的評価情報（たとえばユーザレビュー情報）の分析に基づいた「集約信用性（Aggregated Trustworthiness）」をオンライン信頼性の再定義とすることを主張している。

5 情報の信頼性評価

人が行う情報の信頼性評価はどのような能力や知識に支えられているのだろうか。第9章の後半では，認知心理学の知見に基づいて考えていく。

9.1節で述べたように，情報の信頼性評価は情報の信用性と専門性の評価に基づいている。この2つの評価を支えている能力と知識を，ここでは批判的思考力と高次リテラシー（科学リテラシー・メディアリテラシーなど）としてとらえる。

本節以降では，情報をデザインすることによって，人が情報を適切に発信・受信できるようにして，情報の信頼性を適切に評価できるように支援することの重要性について述べる。こうした情報デザインのためには，人の持つ情報の信頼性評価のプロセス，それを支える批判的思考力，高次リテラシーを解明することが必要である。

さらに，適切な情報信頼性評価のための情報デザインの指針や，情報デザインを活かした信頼性分析システムの利用を通して，ユーザの批判的思考力や高次リテラシー（たとえばリスクに関する基本的理解や対処能力）の育成について述べる。

情報信頼性評価を支えるリテラシー

人が情報の信頼性を評価する際に用いている能力と知識は，図9-7に示すように，階層的に捉えることができる。一番下の土台にあるのは，母語の読み書き（識字）能力としてのリテラシー（literacy）である。これは，文字メディアによるコミュニケーション能力である。このリテラシーを土台に展開した機能的リテラシー（functional literacy）は，計算をしたり，さまざまな文書（説明書，表示など）を読み書きしたりするなどの能力であり，日常生活，職業生活の中で機能している。機能的リテラシーは，情報の信頼性評価の前提となる情報の理解に必要な能力である。

リテラシーは，市民が小学校・中学校の義務教育段階で習得する能力であり，職業などのさまざまな場面で必要とされる汎用的認知能力として位置づけることができる。たとえば，OECD生徒の学習到達度調査PISA（Programme for International Student Assessment）[3]では，社会の進歩に直面する市民の準備の度合いを評価する際の多面的能力の中の認知的側面（知識とスキルなど）をリテラシーとしている。すなわち，リテラシーを，情報にアクセスし，管理・統合・評価する能力として位置づけている。ここで，情報の評価は，最後の段階に位置づけられており，情報の信頼性評価が含まれる。PISA では，リテラシーを大きく次の 3 つに分けている。

- 読解リテラシー（書かれたものの理解，利用，熟考する能力）
- 数学リテラシー（生活における数学的な根拠に基づく判断，数学の活用能力）
- 科学リテラシー（科学的知識を活用し，自然界を理解し，証拠に基づいて意思決定を導く能力）

これらのリテラシーにおいては，情報の評価や証拠に基づく推論などを行う批判的思考が重要な役割を果たしている。

この中でも図 9-7 の中段左に示す読解リテラシーは，文書に書かれた情報の信頼性を評価する基盤となる能力である。さらに，マスメディアから伝えられる情報を適切に理解する能力として，メディアリテラシーが位置づけられる。メディアリテラシーは大きく 3 つに分かれる。

(a) メディアの表現技法の知識：メディアの表現技法や制作過程，メディアそれぞれの特質や企業の目的に関する知識

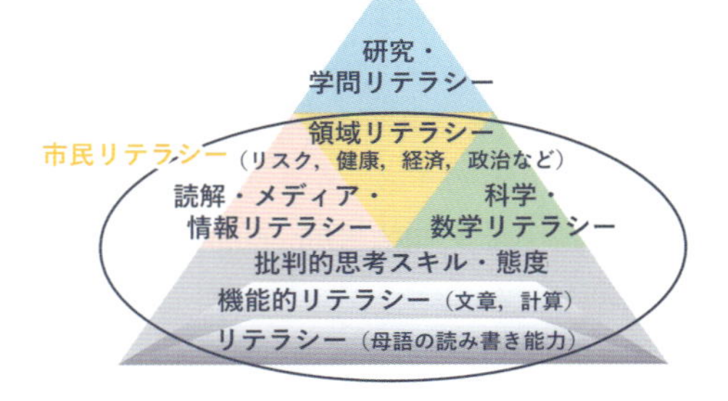

図 9-7　情報信頼性評価を支えるリテラシーと批判的思考（楠見[7]を改変）

(b) メディアのバイアスに気づく能力：メディアから発信される情報について，そのバイアスに気づき，批判的に分析・評価・能動的に選択して，読み解く力

(c) 情報を収集・活用する能力：メディアにアクセス・選択し，能動的に活用する能力。さらに，メディアを通じてコミュニケーションする能力

人は，テレビや新聞，雑誌などのマスメディアからの情報に日常的に接している。したがって，(a) は，マスメディアからの情報は現実世界の写しではなく，ある規則（価値観や視点も含む）に基づいて，編集・構成されたものであること，情報発信を行う企業は利潤をあげることを目的とするなどの知識である。こうした知識は，情報の信用性を評価する際に重要である。そして，(b) においては，(a) の知識を活用して，情報の信用性と専門性を評価する。さらに，これらを踏まえて，(c) のように主体的にメディアを活用するための能力が重要である。

さらに，メディアにかかわるテクノロジーの進歩によって，新聞やテレビなどのマスメディアによる情報を理解するためのメディアリテラシーだけでなく，新しいリテラシー（new literacies）が求められるようになった。すなわち，インターネットあるいは情報通信技術（ICT）を媒介とした情報の信頼性評価にかかわるインターネットリテラシーあるいは情報リテラシー，ICT リテラシーである。こうした新しいリテラシーにおいては，つぎの 2 つの能力が重要である。

- 操作的リテラシー（operational literacy）：インターネット，ICT 機器を能動的に操作しつつ，情報を探索し，読解して，情報の信頼性を評価する能力
- 批判的リテラシー（critical literacy）：複数の

情報源から情報を収集し，発信者の立場や背景にある動機に考慮して，情報の信用性や専門性を評価し，問題を解決に導く能力

とくに，インターネットリテラシーというときは，インターネットメディアによる情報の利活用や評価する能力を指す[4]。それは，前述のメディアリテラシーを，インターネットの情報に特化したものとして大きく3つに分かれる。

(a) インターネットの特性に関する知識：インターネットは，誰でも発信・拡散できるため，情報は玉石混淆であり，発信者の専門性（研究歴）や所属機関が情報評価の外的手がかりとなることなど
(b) インターネットの情報のバイアスに気づく能力：インターネットにおける情報について，そのバイアスに気づき，批判的に分析・評価・能動的に選択して読み解く力
(c) インターネット上の情報を収集・活用する能力：インターネットを主体的に活用して，複数の情報源から情報収集し，発信者の立場や背景にある動機に考慮して，その信頼性を評価したうえで，情報を活用し，情報発信，問題解決や行動決定を導く能力

近年，人は，マスメディアだけでなく，インターネットメディア，ソーシャルメディアからの情報に接することが多い。したがって，(a) については，インターネットに関する知識として，マスメディアのように多段階の内容のチェックが入らないため，根拠のないネット上の情報が，掲示板，ブログ，Twitter などに転載され，表現が改変されて拡散される場合があること，情報発信は，個人，研究機関，行政，企業などがさまざまな目的を持って行っていることなどをもつことが重要である。これらの知識は，(b) における情報の信用性と専門性を評価する際に，誰（発信者）が，どのような相手を対象に，どのような目的（動機）で情報を発信しているかを読み解く際に働いている。そして，情報の内容の正確さや証拠の確かさ，新しさなどを評価する。さらに，これらを土台として，(c) で示した，主体的なインターネットを活用する能力を発揮して行動することが大切である。

ここで，私たちが，日常生活や職業生活で出会う情報には，リスク，健康，経済，政治など，特定の領域に関連するものがある。これらの情報の信頼性，とくにその専門的な内容の信頼性を評価するには，リスクリテラシー，健康リテラシー，経済リテラシー，政治リテラシーなどの個別の領域知識を基盤としたリテラシーが必要である。さらにこれらのリテラシーは，領域ごとに細分化され，リスクリテラシーには，放射線リスクリテラシー，食品リスクリテラシーなどに分割される[5]。これらの個別専門領域のリテラシーは，大きく3つの構成要素に分けることができる。

・基本的な用語，概念の理解（たとえば，放射線リスクリテラシーならば，ベクレルやシーベルトの理解）
・方法論の理解（科学的な手法，過程の理解，たとえば，リスク評価の手法，確率論の理解）
・政策，問題に関する理解とその適切な解決行動（たとえば，リスクを減らす方法）

以上述べた母語の読み書きとしてのリテラシー，機能的リテラシー，市民生活に必要な各分野のリテラシーをすべて含めて，市民リテラシーという（図9-7の円の部分）。

たとえば，市民が放射能のリスクに関するマスメディアやインターネットから得た情報の信頼性を評価するためには，メディアリテラシーやイン

ターネットリテラシーで情報源を選択し，科学リテラシーやリスクリテラシーで用語を理解し，数学的リテラシーで確率を理解する——などの複数のリテラシーが必要である。これらは，マルチリテラシーとして，相互に関連し一部は重なっている。たとえば，科学・リスク・数学リテラシーは，科学的方法論や確率論的な考え方に関して重なっている。これらを身につけ，生活の中で情報の信頼性評価を行い，行動に移すときには，図9-7の三角形の下段上部に示すように，その土台として批判的思考（次項参照）が働いている。

さらに，大学生が個別の学問領域において学習を進めるためには学問リテラシー（academic literacy）を身につける必要がある。それは，読み書きやコミュニケーション能力であるリテラシーを基盤とした汎用的な学習スキル，たとえば，読解，情報収集とレポートライティング，傾聴，討論とプレゼンテーションなどである。さらに，研究を進め，学術論文を読んだり書いたりする専門家として活動するためには，学問領域の高度な知識と研究遂行のためのスキルからなる研究リテラシー（research literacy）を獲得する必要がある（図9-7の三角形の頂点）。こうした学問・研究リテラシーは，専門分野において，信頼できる情報を収集し，それを活用して，信頼できる研究成果を生み出して，市民にわかりやすく伝えるという科学コミュニケーションを支えている[6]。

情報信頼性評価を支える批判的思考

批判的思考（critical thinking）とは，第一に，証拠に基づく論理的で偏りのない思考である。すなわち，証拠に基づくという点で客観的であり，偏りのないという点で多面的にものごとを捉える思考である。これらのことは，論理学，統計学，科学的方法論に依拠した規準（criteria）に基づく思考ということにつながる。第二に，「相手を批判する思考」とは限らず，むしろ自分の思考過程に偏りがないかを意識的に吟味する内省的（reflective）思考である。これはメタ認知的思考ともいうことができる。ここで「メタ認知」とは，認知の上位にあって，自分の思考が正しく行われているかをモニターして，偏りがあればそれを修正するためにコントロールすることを示す。第三に，汎用的な思考であり，かつ目標志向的に実行される思考である。これは，仕事，学習，生活などさまざまな場面において，その目標達成のために，情報収集し，情報を評価・分析し，推論して，質の高い問題解決や決定をする際に働く思考であるということである[7]。とくに，情報を集める際の情報信頼性判断においても重要な役割を果たしている。たとえば，食品の放射性物質のリスクに関する意思決定をするという目標があるとする。その場合は，リスクについて，テレビや新聞などのマスメディアや，まわりの人から情報を集めて，その情報信頼性を評価した上で，リスクの大きさを評価して，どのように行動するかを決定することになる。

批判的思考のステップは，つぎの4つに分けることができる。

明確化

情報の信頼性，とくに信用性を評価するためには，まず，

(a) 焦点化によって，問題，仮説，主題を明確化すること，
(b) 論証を分析すること（構造，結論，理由など），
(c) 明確化のための疑問（なぜ？何が重要か？事例は？など）

を提起することがある。

明確化を助ける情報のデザインとして，情報の

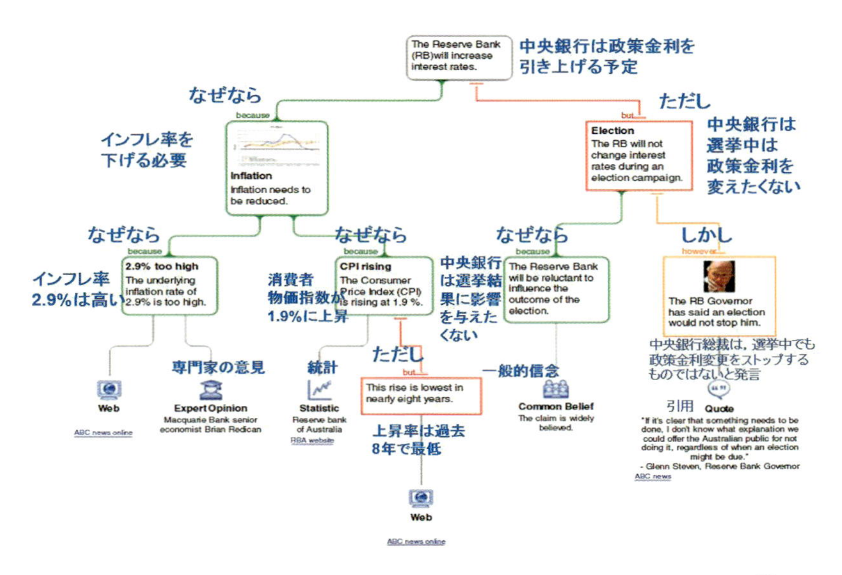

図 9-8　ソフト Rationale で用いられる論証マップ（http://austhink.com）[8]

視覚化がある。たとえば，論証マップ（argument mapping），概念マップ（conceptual mapping），マインドマップ（mind map）などがその例である[8]。図 9-8 に示す論証マップは，主張とそれをサポートする証拠（ボックスで表示）の関係（リンク）をツリー構造で図示することによって，推論を明示することができる。リンクには，「なぜなら」「しかし」などのリンク語がついている。図示することによって，論証の構造をチェックして評価をしたり，論証を組み立てたりすることが可能になる。これらの図示は，従来は紙の上で行っていた。近年は，ソフトウェアを使うことによって，図 9-8 に示したように，マップにおいて，専門家のウェブページや統計データを証拠として示すことができ，さらに，構造化した議論に基づくレポート作成の支援ができるものもある。

さらに，明確化は，図 9-9 の上部に示すように，4 つのプロセスの上位にあるメタ認知の影響を受けている。メタ認知は，自らの思考の各プロセスをモニターし，明確化が不十分な事柄を特定して，再度明確化を行うように，認知をコントロール（制御）する，自己制御の働きを担っている。したがって，明確化は最初の段階だけでなく，あとに続く 3 つのプロセスにおいても，「さらなる明確化」が行われる。

推論の土台の検討

推論を支える情報源としては，マスメディアやインターネットからの情報などがある。そこで，情報の信頼性を評価するためにまず行うことが，情報源の信用性を判断することである。ここでは，メディアリテラシー・インターネットリテラシーが働いている（図 9-7 参照）。信用性判断の規準は，その情報が専門家や専門的あるいは公的な組織によって出されたものか，広告や宣伝でないかなどである。判断の規準としては下記のものがある（9.3 節の仮定型の信頼性参照）。

(a) 発信者：個人（大学教員・研究者，院生，学生，市民）そして所属組織（教育機関［URL におけるサブドメイン例：ac, edu]，政府［gov，go］，研究所，会社［com］など），組織（大学，研究所，学会，行政，市民団体など）

(b) 発信者の目的（研究，教育，報道，趣味，宣伝など）

(c) 想定受信者（研究者，学生，学習者，市民，子供，顧客など）

情報源として，大学教授，博士，医師，有名人は，信頼されることが多い。しかし，情報発信者の肩書きや有名かどうかだけで信頼するのではなく，第二に述べる情報内容とその人の専門が一致しているかが重要である。また，情報源が利害関係者である場合には，そのことを信用性の判断において考慮する必要がある。

第二は，情報内容の専門性から信頼性を評価することで，専門領域の知識（高次のリテラシー）に基づいて行う。ここでは，情報が，一次資料（統計データ，研究論文など）か，二次資料（あるテーマに関する解説，記事，掲示板など）かを区別する必要がある。さらにその資料が，専門領域における手続き（科学的手法など）に基づいていることが重要である。たとえば，実験であれば，偏りのない十分なサンプル数，統制群の設定，結果の再現性，複数の要因を考慮していることなどが必要なことがらである。論文などの場合，査読付きの学術雑誌に掲載されている論文は，信頼度が高いということができる。内容については，情報の新しさや更新頻度，参考文献やリンク集などが充実していることも評価のポイントである。

推論

推論には，帰納（一般化，因果，類推など）や演繹の判断，価値判断がかかわる。情報の信頼性の判断には，帰納における一般化がかかわる。データが典型性や代表性をもつか，サンプリングに偏りがなく，十分な網羅範囲をもつかが判断の基準である。ここで，人は，自らの仮説や信念を確証する情報だけで結論を出したり，少数事例や偏った事例から過剰に一般化したりする確証バイアスという傾向をもつ（次節参照）。したがって，あらかじめ立てた仮説や見込みを，確証する情報だけでなく反証する情報も探索することが大切である。さらに，仮説検証では，仮説を支持する側の根拠と，仮説を支持しない側の根拠について，根拠の数と強さの両方を比較することが重要である。

演繹は，三段論法などの一般的な推論規則に従って，複数の前提を正しいと仮定したときに，その前提に基づいて，結論を導く推論である。情報信頼性にかかわる演繹の判断は，前提が正しいか，推論過程を簡略化していないか，論理的な矛盾はないかの判断が重要である。

価値判断では，多面的に信頼できる情報を集め，比較・統合して，背景事実，リスクとベネフィット，価値，倫理などを考慮に入れてバランスのとれた判断をすることである。

行動決定

(1) から (3) のプロセスに基づいて信頼できる情報から結論を導き，解決策を複数形成する。そして，何をすべきかの仮の決定をして，状況を考慮した上で，決定を行う。さらにこうした批判的思考に基づく結論を，他者に伝えるためには，信頼できる結論や考えを，明確に表現するコミュニケーションのスキルが重要である。

メタ認知は，(1) で述べたように，批判的思考を行うかどうかの判断から始まり，情報の信頼性のチェックをするかどうか，それがうまくいっているかの判断が各プロセスにおいて働いている。また，他者との相互作用が，(1) から (4) の認知プロセスそれぞれでかかわる。他者からのフィードバックは，内省を促し，情報の信頼性判

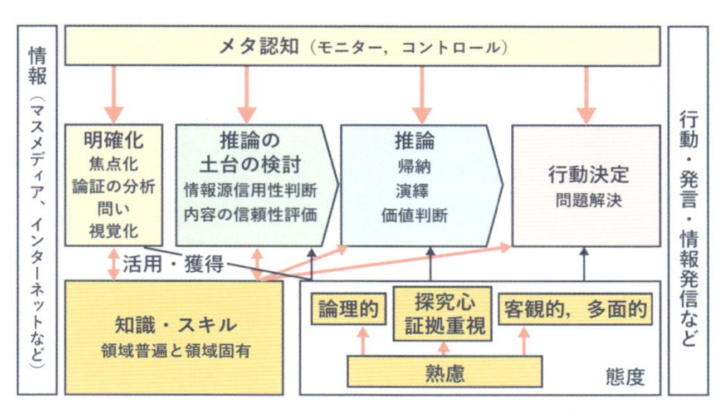

図 9-9　批判的思考のプロセスと構成要素（楠見[9]を改変）

断にかかわる自らのバイアスや誤りを修正することにつながる。

図 9-9 の左下に示す領域普遍的な知識・スキルは，批判的思考の 4 つのステップ（明確化，推論の土台の検討，推論，意思決定）を支える汎用的な知識とスキルである。たとえば，情報信頼性評価における信用度を評価するスキルはさまざまな領域で共通する。一方，領域固有知識・スキルは，ある領域の専門的知識とスキルであり，たとえば，医療・健康分野において情報の信頼性評価を行うためには，分野固有の事実に関する知識や方法論に関する知識が必要である。これらの知識は，大学などの専門教育，および仕事の経験を通して獲得される。そして，専門家は知識の情報源として，多くの情報をもっていることになる。一方で，市民は，生活に根ざしたローカル知識をもっている。これは科学的ではないが，その地域や仕事などにかかわる経験に基づく詳細な知識である（例：その地域の自然災害についての過去の経験や言い伝えなど）。科学的な専門知だけでなく，ローカルな知識も活かして，批判的思考を実行することが大切である。

図 9-9 の中段で示した批判的思考の各プロセスは，時間がかかり認知的努力が必要なため，意識的に行おうとする態度をもっていないと，情報信頼性評価のための批判的思考が実行されないことがある。とくに，衝動的に判断したり，あるいは先入観にとらわれたり，権威や多数意見に服従しやすい人は，情報信頼性評価にかかわる批判的思考を実行しにくいと考えられる。

批判的思考の各プロセスを支える批判的思考態度は，図 9-9 右下に示すように，大きくつぎの 5 つに分けることができる（カッコ内は測定する質問紙項目例[10, 11]）。

- 論理的思考態度：論理的に考えようとする態度
  （例：誰もが納得できるような論理的な説明をしようとする）
- 証拠の重視：証拠に基づいて考えようとする態度
  （例：判断を下す際は，できるだけ多くの事実や証拠を調べる）
- 探究心：多くの情報を探究しようとする態度
  （例：いろいろな考え方の人と接して多くのことを学びたい）
- 客観性：偏見や先入観にとらわれず客観的に考えようとする態度
  （例：物事を決めるときには，客観的な態度を心がける）
- 熟慮的態度：じっくり立ち止まって考えようとする態度であり，上記 4 つのすべてを支えている。

こうした批判的思考態度は，メディアリテラシーに影響を及ぼし，その結果としてメディア接触行動に影響を及ぼしている。批判的思考態度の質問項目について，大学生に回答を求め，その態度得点がメディアリテラシーやメディア接触行動にどのような影響を与えているかを検討したところ，批判的思考の「証拠の重視」「探究心」などの態度は，メディアリテラシーの「メディアのバイアス認知」「主体的情報収集」に影響を及ぼし，さらに，メディア接触行動「新聞を読む時間」などに影響を及ぼしていた。メディアのバイアスを認知することによって，信頼性の高い情報を求めて複数の情報源から主体的に情報を収集することにつながり，それが，メディア接触時間（新聞を読む時間，インターネット時間，ニュース視聴時間）を長くしていた[12]。

また，対立するウェブ上の情報を自由に探索できる課題において，批判的思考能力得点が高い大学生は，自分の信念に一致しないウェブ情報にも時間をかけて参照する傾向があるのに対して，批判的思考能力得点が低い大学生は，そうした傾向はなかった[13]。これは，時として誤った結論を導く可能性がある。したがって，誤った結論を導かないようにするには，信念に合致する情報だけでなく，信念に合致しない情報も収集した上で，情報の信頼性を評価し，意思決定を行うことが大切である。

6 情報の信頼性判断における認知バイアス

情報の信頼性評価において，評価に影響を及ぼす認知の一般的傾向としては，3つのバイアスがある。これらは，多くの人が共通して持つ情報処理の特徴であり，自覚するのは難しい。

第一の信念バイアスは，情報の内容的あるいは論理的な正しさよりも，自分の信念に当てはまるかどうかで，情報の妥当性や信頼性を判断してしまうことである。これは，人があらかじめ持つ情報源の信用度に関する信念や，専門的な知識にかかわる信念である。たとえば，情報の信頼性を判断する場合，情報源が大学教授，医師ということだけで，信頼できると判断するのは信念バイアスに含まれる。

第二の確証バイアスは，自分の信念に対して合致する情報を重視したり，集めたりする傾向である。情報収集の段階で，信念に反する情報を無視してしまい，また推論の段階で，情報の信頼度評価よりも，信念との合致度を重視するため，誤った結論を導いてしまうことがある。これら第一と第二のバイアスは，仮定型の信頼性にかかわる(9.3 節参照)。

第三のベテランバイアスは，経験が豊富であるベテランが，情報を解釈する上で，過去の経験が大きな影響を及ぼすことによって生じる判断の偏りである。ここで，ベテランの持つ過去の経験と現在の状況が大きく異なる場合，過去の経験は判断を誤らせることがある。ここには，ベテランによる経験に基づく仮説生成とその確証バイアスのプロセスも含まれる。経験豊富な専門家の情報が信頼できるかの判断には，専門家の行う過去の類似経験に基づく類推が適切かどうかの判断が必要である。

つぎに，ウェブページにおける情報の信頼性判断においてバイアスを引き起こす原因としては，流暢性の効果がある[14]。流暢性とは，人の情報処理過程において，知覚・言語・概念のレベルで，スムーズに処理できたという情報処理のしやすさに関するメタ認知的・主観的判断が，より複雑な領域固有の判断（情報の信頼性など）や価値などの判断（好き，頻度など）に置き換えられる現象である。たとえば，フォントの大きさ，デザイン，図表などによって読みやすいウェブページは，そうでないウェブページに比べて，信頼度が高く評価されることがある。これは外見型の信頼性にかかわる（3 節参照）。とくに，インフォグラフィックス（第 6 章参照）を用いて，情報，データ，知識が視覚的にわかりやすくインパクトがある形で表現されると，情報への信頼度が高まることがある。

ここで，人が思考や判断を行うプロセスは，大きく2つのシステムに分けて考えることができる[15]。流暢性の判断は，直観（システム1）の働きである。直観は，日常生活において自動的，無意識的にたえず行われている判断である。すばやく実行されるが，バイアスによるエラーを引き起こすことがある。一方，推論（システム2）は，熟慮的で論理的な判断である。批判的思考（5節参照）はその代表である。システム1の判断規準は，わかりやすさ，快などで，証拠の質や量はあまり影響しない。したがって，知覚的レベルで読みやすく，概念レベルで経験や信念に合致して，理解しやすいときは，心地よく感じ，信頼性が高いと錯覚し，信頼性への疑いをなくすことがある。

これまで述べてきた4つのバイアスを修正するためには，これらのバイアスがあることについて自覚すること，バイアスを引き起こす，自動的な処理による直観（システム1）を，熟慮的で論理的な批判的思考（システム2）によってコントロールして，バイアスを修正することが必要である。たとえば，インフォグラフィックスによるデータの表示では，システム1による直観的な把握だけではなく，システム2によって，元の数値データを吟味して，誇張や歪みがないかをチェックし，信頼できるかどうかを確認することが重要である。

7 情報の受け手のグループ分け

9.6 節で述べたように，人が行う情報の認知的処理にはバイアスがともなう。その原因としては，すべての人に共通する要因と，人の持つ知識（科学リテラシーなど）の限界や，価値観，性格（楽観主義など），年齢・男女による個人差に起因する要因がある。たとえば，情報の受け手が子どもであれば，発達の段階に応じた前提知識や語彙の水準に配慮した情報提供が必要である。また，食品のリスクに関する情報の認知においては，妊婦や母親は敏感であり，丁寧な説明やリスクを回避する情報提供が必要である。

ここでは，リスク情報の提供を例に挙げて，情報の受け手を，人口学的変数と心理学的変数に基づいて，それぞれグループ分けして，それぞれの特性に応じた情報のデザインを検討する。

表 9-1 に示すように，人口学的変数（年齢，性別，世帯規模，家族のライフサイクル，所得，職業，学歴など）によって分けたグループは，そうした属性を持つ人を明確に区分でき，どこにそのグループの人がいるかの所在が明確なことが多い。各グループの典型的なメンバーが持っている知識や情報ニーズを適切に把握すれば，それに応じた双方向的コミュニケーションが取りやすい。たとえば，学年別に児童・生徒に向けて，学校を通して，図入りのわかりやすい言葉を用いるなどして，表現を工夫して伝えることが考えられる。また，こうした図入りの表現は，他の年齢群の人にとってもわかりやすい。

表 9-2 で示す心理学的変数（心理特性，知識，価値観など）によるグループ分けは，そうした属性を持つ人を見つけることが難しい（質問紙への回答によって知ることができる）。また，そうした属性を持つ人が特定の場所に集まっているわけではないので，所在をとらえることも難しい。したがって，こうしたグループやその情報ニーズを把握することは難しい。たとえば，マスメディアや行政などへの信頼感が低い人に対しては，情報源への信頼を高めるために，中立的な専門家による客観的なデータに基づく情報発信をすること，さらに，9.8 節で述べるように，インターネット上の集合知を活用した情報信頼性分析システムの活用が考えられる。これは，マスメディアへの信頼感が低い人に適したシステムと考えられる。

また，インターネット上のコミュニティは心理学的変数によるグループへのアプローチの 1 つの手がかりである。Twitter，Facebook などの SNS は，ある事柄に関心を持つ人や価値観を共有する人が，地理的距離や年齢，職業などを超えて結びついたコミュニティである。参加者は若い年代に偏ってはいるが，心理学的変数によって結

表 9-1　情報の受け手の人口学的変数による分類

人口学的変数	受け手（対象者）の例	場所の例	担い手	媒体の例	考慮すべき点
年齢別	児童・生徒	学校	教員 専門家	授業，教材	発達段階を考慮
	高齢者	施設 地域 家庭	施設関係者 家族	対面，パンフレット，集会	実践できる方法をわかりやすく
ライフサイクル	妊婦，病人 その家族	病院 サークル	医師 看護師 知人	対面，パンフレット，集会 ネット	特別な関心，ニーズに焦点を当て，リスク低減方法を伝える
	小さいこどもの親	保育園 幼稚園 サークル	保育士 教員 知人	対面，パンフレット，集会 ネット マスメディア	
男女	女性	職場 サークル ネット	同じ立場の人 専門家など		
学歴，職業	職業人			文書，ネット， 集会	知識，経験 レベルに合わせる

表 9-2　情報の受け手の心理学的変数による分類

心理的変数	受け手（対象者）の例	場所の例	担い手の例	媒体の例	考慮すべき点
リスク 敏感性	リスクに敏感な人	地域 職場 家庭 ネット	専門家 関係者 マスメディア 知人 とくに 中立的専門家	電話相談，対話，集会，ネット	疑問，不安の解消
	リスクに鈍感な人			対話，マスメディア，パンフレット，ネット	リスクの存在と対処法を知らせる
リスク リテラシー	リスクリテラシーの低い人				
信頼感	信頼感の低い人			マスメディア ネット，対話 文書	情報源信頼を高める
ライフスタイル	家族，仕事，趣味 地域社会志向の人			マスメディア ネット，対話 文書	ライフスタイル，価値観に立脚した情報提供
価値観	経済型，論理型，社会型，宗教型，審美型の人				

びついたグループに，インターネット，ソーシャルメディアを通して直接働きかけることは，有効な手段である。

8

情報信頼性を高めるコミュニケーションデザイン

ここでは，信頼性の高い情報を，人が能動的に利用できるようにするコミュニケーションのデザインについて検討する。まず，人が情報の信頼性評価を適切にできるようにする能力育成が重要であるが，それには限界があること，さらに，人の情報の信頼性評価を支援するようにデザインされた情報信頼性分析システムの利用を通して，ユーザの批判的思考力や高次リテラシーを育成し，信頼性の高い情報をやりとりするコミュニティを形成することについて述べる。

9.6 節では，人の認知能力や知識には限界があることを述べたが，それを克服するにはつぎの 3 つの方法が考えられる。

第一は，小学校から大学までの教育によって，人の情報の信頼性評価を支える高次リテラシー（メディア，インターネット，科学リテラシーなど）や批判的思考のスキルや態度を，インターネット情報の活用を通して育成することである。とくに，各教科において，受動的に学ぶだけでなく，探究的な学習において，テーマを設定し，信頼できる情報を収集し，証拠に基づいて論理的に考えるスキルの育成が重要である。そのためには，教材として情報信頼性を分析するシステムを活用して，図 9-8 のように議論の構造を明確化し，対立情報を明示することが考えられる。学校教育は，大学生までの能力育成において重要であるが，学校を離れた社会人の支援は難しい（動機づけ，時間，コストの制約があるため）。そこで，つぎに述べる情報信頼性システムを活用して社会人の能力を継続的に高める方策が重要である。

第二は，情報信頼性分析システムによる認知的支援である[16]。ここでは，ユーザが情報信頼性評価を適切できるようにするために，システムが膨大なウェブ情報（集合知）から，信頼度の高い情報を適切な形で提示して，ユーザの信頼性評価を支援する。ここで，システムがウェブページの信頼性を評価する評価ルールとして，発信者（企業，政府，個人匿名など），ウェブページの外観（広告量，連絡先の有無など），科学的根拠の有無などについて明示化をする。それによって，ユーザはルールに自覚的になり，信頼性評価の基準を身につけることができる。また，情報信頼性分析システムには，論争的な問題について，情報を収集し，肯定意見と否定意見に分類し，それぞれの評価を示したり，情報が経験情報なのか伝聞情報なのかを分類するものもある（例：情報分析システム WISDOM，「みんなの経験」)。ユーザは，こうしたシステムが提示する情報を自ら利用して，対立する意見とそれを支持する証拠の強さや量，意見分布を知った上で，価値観を踏まえて，熟考し，行動決定ができるようになる。これはインターネットにおける集合知をうまく活用することによって，個人の知識の限界を超えることにつながる。また，従来，マスメディアが，編集の過程で行っていたことをシステムが行い，情報の分析や評価の過程を見える形でデザインし表示したものであるといえる。

6 節で述べたように，人は自分の持つ信念や情報処理における流暢性に左右されるため，信念に反する情報も，流暢性に配慮しながら呈示することが必要である。また，対象者別に，必要な情報，たとえば，放射能のリスクについては，子どものいる母親には，リスク低減行動に結びつく知識を，生活に結びつく形で提供することが考えられる。リスク情報は，センセーショナルな取り上げ方ではなく，多角的な視点で，対立する意見もふくめて，科学的根拠に基づいて解説することが必要である。

そして，第三は，コミュニティの形成である。家族，学校，職場，地域などの対面的な状況はもちろんのこと，インターネットにおいても，証拠に基づく信頼性の高い情報に基づいて，対話ができる場を作ることである。ここで，信頼性の高い情報を収集し，それを人に的確に伝えるためには，第一に述べた高次のリテラシー（メディア，インターネット，科学など）と批判的思考の育成が大きな役割を果たしている。SNS を用いた発信・対話の場としてのネットコミュニティでは，関心の近い仲間を，空間的・時間的制約を超えて広く求めることができる。こうしたコミュニティは，多様なリテラシーのレベルや信念をもつさまざまなユーザからなるため，相互の対立や誤解が起こりうる。そうしたことが起きないようなシステムを心理学の知見を取り入れて，デザインすることは今後の課題である。

9 まとめ

情報のデザインの目的は，信頼できる情報を，受け手にわかりやすく伝えるように，情報を表現することである。本章の前半では，情報学に基づいて，情報信頼性は信用性と専門性から成立すること，さらに，ウェブ情報の信頼性には4つの型（仮定型，外見型，評判型，獲得型）があることを述べ，最後に集合知の信頼性の問題を述べた。

後半では，認知心理学に基づいて，人の情報信頼性評価が批判的思考と高次リテラシー（メディアリテラシーや科学リテラシーなど）に支えられていること，人の認知には，仮定型の信頼性評価にかかわる信念バイアスや確証バイアス，外見型の信頼性評価にかかわる流暢性の効果などについて述べた。とくに，情報のデザインによる認知処理の流暢性の向上は，人が直観に基づいて，情報の内容の肯定的評価（情報信頼性など）を促進する可能性がある。そこで，人が流暢性を手がかりとした，情報信頼性の直観的判断に頼らずに，批判的思考と高次リテラシーと批判的思考に基づいて情報の信頼性を判断することが重要である。

情報のデザインにおいては，受け手のグループ分けに基づいた，個人差に適合したコミュニケーションデザイン（表示方法や支援など）も重要である。さらに，人は認知能力の限界であるバイアスを共通に持っている。その限界を情報信頼性システムの支援によって克服する。人は信念バイアスや確証バイアスがあるため，信念に合致した情報に着目し，それを他者に伝達しやすい。そこで，情報信頼性システムを活用し，集合知に基づいて対立情報とその情報信頼性を提示することを通して，ユーザが信頼できる情報を踏まえて，適切な判断を行うことが考えられる。さらに，システムの利用経験を通して，支援がなくても，情報信頼性判断ができるような能力を培うことが重要である。

演習問題

（問 1） 情報のわかりやすさ（理解容易性）と情報の信頼性は，本来異なるものである。そのことを示すような例を見つけよ（Web サイト，広告，質問応答サイト等）。

（問 2） Web サイトやネット広告などで，信頼性が高い（低い）と判断できる例を，仮定型，外見型，評判型，獲得型の各々に関して見つけよ。

（問 3） 賛成・反対が五分五分に分かれているような，つまり controversial な言説を表現する際には注意が必要である。たとえば，「○○はがっかり名所である」，「○○はがっかり名所じゃない」など）。そのような意見の表明が高い信頼度を獲得するためには何が必要か，考察せよ。

（問 4） 美しいデザインのウェブページにおける情報の内容が，そうでないデザインのウェブページよりも，内容，価値，信頼性が評価されることがあるのは，どのような認知プロセスによるものか。そこにはどのような問題点があるか。

（問 5） 情報のデザインによって，ユーザの批判的思考力と高次リテラシーを高めるためにはどのようにしたらよいか。

参考文献

[1] B.J. フォッグ（著），高良理，安藤知華（訳）：「実験心理学が教える人を動かすテクノロジ」，日経 BP 社，2005.
（B.J.Fogg: Persuasive Technology: Using Computers to Change What We Think and Do, Morgan Kaufmann, 2003.）

[2] ジェームズ・スロウイッキー（著），小高尚子（監修，監修，翻訳）：「みんなの意見」は案外正しい，角川文庫，2009.
（James Surowiecki: The Wisdom of Crowds: Why the Many Are Smarter Than the Few and How Collective Wisdom Shapes Business, Economies, Societies and Nations, Anchor, 2005.）

[3] OECD: OECD Programme for International Student Assessment（PISA）, http://www.pisa.oecd.org/（December 20, 2016）

[4] A.S.Palincsar & B.Ladewski: Literacy and the learning sciences. In K. Sawyer（Ed.）, Handbook of the Learning Sciences. New York: Cambridge University Press. pp.299-317（森 敏昭・秋田喜代美（監訳）『学習科学ハンドブック』，培風館 , 2006.）

[5] 楠見　孝：「科学リテラシーとリスクリテラシー」，日本リスク研究学会誌，23（1）, 1-8, 2013.

[6] 鈴木真理子，楠見孝　都築章子，鳩野逸生，松下佳代（編著）：『科学リテラシーを育むサイエンス・コミュニケーション：学校と社会をつなぐ教育のデザイン』，北大路書房，2015.

[7] 楠見　孝：「批判的思考と高次リテラシー」　楠見　孝（編）『思考と言語　現代の認知心理学 3』，pp.134-160，北大路書房，2010.

[8] M.Davies: Concept mapping, mind mapping and argument mapping: what are the differences and do they matter? Higher Education, 62（3）, pp.279-301, 2011.

[9] 楠見　孝：「心理学と批判的思考」　楠見　孝・道田泰司（編）『ワードマップ　批判的思考：21 世紀を生き抜くリテラシーの基盤』，pp.18-23，新曜社，2015.

[10] 平山るみ，楠見　孝：「批判的思考態度が結論導出プロセスに及ぼす影響：証拠評価と結論導出課題を用いての検討」，教育心理学研究，52（2）, pp.186-198, 2004.

[11] 楠見　孝，平山るみ：「食品リスク認知を支えるリスクリテラシーの構造：批判的思考と科学リテラシーに基づく検討」，日本リスク研究学会誌，23（3）, pp.1-8, 2013.

[12] 楠見　孝，松田　憲：「批判的思考態度が支えるメディアリテラシーの構造」，日本心理学会大会発表論文集，（70）858, 2007.

[13] 平山るみ，楠見　孝：「批判的思考能力と態度が対立情報からの結論導出プロセスにおける情報参照行動に及ぼす効果」，日本教育工学会論文誌，41（Suppl.），pp.205-208, 2017.

[14] A.L.Alter & D.M.Oppenheimer: Uniting the tribes of fluency to form a metacognitive nation. Personality and Social Psychology Review, 13(1), pp.219-235, 2009.

[15] D.Kahneman: Thinking, fast and slow, Macmillan, 2011.（村井章子（訳）『ファスト & スロー：あなたの意思はどのように決まるか?』（上・下）早川書房，2012.）

[16] 乾健太郎：「批判的思考を支援する情報システム」，楠見　孝，道田泰司（編）『ワードマップ　批判的思考：21 世紀を生き抜くリテラシーの基盤』，pp.276-279，新曜社，2016.

注

1 C.I.Hovland and W.Weiss: The Influence of Source Credibility on Communication Effectiveness, Public Opinion Quaterly, 15, 635-650（1951）.

2 ニールセン広告信頼度 グローバル調査 2015 年 9 月 http://www.nielsen.com/jp/ja/insights/reports/nielsen-Trust-in-Advertising-report1.html

3 E.Sillence, P.Briggs, L.Fishwick and P.Harris: Trust and Mistrust of Online Health Sites, ACM CHI 2004, pp.663-670, 2004.

4 R.Ramakrishnan, A.Tomkins: Towards a PeopleWeb, IEEE Computer, 40(8), pp.63-72, 2007.

5 E. Agichtein, C. Castillo, D. Donato, A. Gionis, G. Mishne: Finding High-Quality Content in Social Media, Proc. ACM WSDM' 08, 183-193, 2008.

6 P. Denning, J. Horning, D. Parnas, L. Weinstein: Wikipedia Risks, CACM, 48(12), p.152, 2005.

7 N. L. Waters: Why You Can't Cite Wikipedia in My Class, CACM, 50(9), 15-17, 2007.

8 M. S. Rajagopalan et al.: Patient-Oriented Cancer Information on the Internet: A Comparison of Wikipedia and a Professionally Maintained Database, Journal of Oncology Practice, 7(5), 2011.

9 First Monday, 17(1-2), Jan, 2012.

索　引

【英数字】

【あ】

【か】

【さ】

【た】

【な】

【は】

【ま】

【や】

【ら】

【わ】

執筆者一覧

田中 克己　京都大学 大学院情報学研究科社会情報学専攻 名誉教授
黒橋 禎夫　京都大学 大学院情報学研究科知能情報学専攻 教授
岡本 雅史　立命館大学 文学部人文学科言語コミュニケーション専攻 教授
木村 博之　株式会社チューブグラフィックス 代表取締役
山本 岳洋　京都大学 大学院情報学研究科社会情報学専攻 助教
颯々野 学　ヤフー株式会社 Yahoo! JAPAN 研究所 上席研究員，部長
小山田 耕二　京都大学 学術情報メディアセンター コンピューティング研究部門 教授
今泉 容子　筑波大学 人文社会科学研究科国際日本研究専攻 教授
林 正樹　ウプサラ大学ゲームデザイン学科 准教授，アストロデザイン（株）技術参与
楠見 孝　京都大学 大学院教育学研究科教育学環専攻 教授

【編者紹介】

田中克己（たなか かつみ）

1974年　京都大学工学部情報工学科卒業
1976年　京都大学大学院工学研究科情報工学専攻博士前期（修士）課程修了
1981年　京都大学工学博士
2001年　京都大学大学院情報学研究科社会情報学専攻 教授
2017年　京都大学大学院情報学研究科 名誉教授

黒橋禎夫（くろはし さだお）

1989年　京都大学工学部電気工学第二学科卒業
1994年　京都大学大学院工学研究科電気工学第二専攻博士後期課程修了
1994年　京都大学博士（工学）
2006年　京都大学大学院情報学研究科知能情報学専攻 教授（現在に至る）

京都大学デザインスクール
テキストシリーズ 4
情報デザイン

Kyoto University Design School
Text Series Vol.4
Information Design

2018年5月20日　初版　第1刷発行

編　者　田中克己・黒橋禎夫　© 2018

発行者　**共立出版株式会社**/南條光章
東京都文京区小日向 4-6-19
電話 東京(03)3947局2511番
〒112-0006/振替 00110-2-57035番
www.kyoritsu-pub.co.jp/

印　刷
製　本　藤原印刷

検印廃止
NDC 007.1, 500
ISBN978-4-320-00603-4

一般社団法人
自然科学書協会
会員

Printed in Japan